高等教育建筑装饰装修专业系列教材

装饰装修工程概预算和报价

（第三版）

主　编　许炳权
副主编　方　丽

中国建材工业出版社

图书在版编目(CIP)数据

装饰装修工程概预算和报价/许炳权主编.—3版.—北京:中国建材工业出版社,2010.3(2013.7重印)

(高等教育建筑装饰装修专业系列教材)

ISBN 978-7-80227-741-0

Ⅰ.①装… Ⅱ.①许… Ⅲ.①建筑装饰-建筑概算定额-高等学校-教材②建筑装饰-建筑预算定额-高等学校-教材③建筑装饰-工程造价-高等学校-教材 Ⅳ.①TU723.3

中国版本图书馆CIP数据核字(2010)第040936号

内容提要

本书的主要内容是建筑的装饰装修概预算,论述了建筑装饰装修预算定额、建筑装饰装修工程预算编制、建筑装饰装修工程量计算、装饰装修工程费用、建筑装饰装修工程预算估价、工程结算和竣工决算、招标及审计等,最后编入工程实例预算书以便广大同学对预算编制进行综合训练。

本书为大专、高级培训、高职各类学校装饰装修专业的教学用书。同时,也可以作为建筑装饰设计、装饰施工、材料营销等有关技术人员的首选参考书。

装饰装修工程概预算和报价(第三版)

主　编　许炳权

出版发行:中国建材工业出版社

地　　址:北京市西城区车公庄大街6号

邮　　编:100044

经　　销:全国各地新华书店

印　　刷:北京雁林吉兆印刷有限公司

开　　本:787mm×1092mm　1/16

印　　张:17.75

字　　数:438千字

版　　次:2010年3月第3版

印　　次:2013年7月第13次

书　　号:ISBN 978-7-80227-741-0

定　　价:39.00元

本社网址:www.jccbs.com.cn

本书如出现印装质量问题,由我社发行部负责调换。联系电话:(010)88386906

高等教育建筑装饰装修专业系列教材

编委会成员

《装饰装修工程概预算和报价》编写人员名单

主　　编:许炳权

副 主 编:方　丽

编写人员:许炳权　任彬彬　方　丽

李秋成　赵春梅　魏广龙

三版前言

本次“高校建筑装饰装修”系列教材是在2006年出版的第二版系列教材之后重新编写的，是上次的更新换代教材。由于建筑装饰装修行业近几年新技术、新构造、新材料的迅速发展，教材内容必须进行彻底更换，作为新教材供各校选用。

我们根据各校使用本教材后所反馈的信息，以及很宝贵的修改意见，在保证教材的系统性、基础性的前提下，对原有系列教材旧的内容进行了大量的删改，以适应新材料的发展形势，满足教学需要。

为帮助学生理解教材内容，掌握知识重点，此次修编过程中均在每个章节的最后增加了复习思考题和附录，以方便教学、复习和技术人员查找。

本书参编人员：

许炳权第一章；张余力第二章、第三章；魏广龙第四章、第六章；方丽第五、七章；任彬彬第八章、第九章；赵春梅第十章、第十一章。

再次向各校反馈信息的同志表示感谢，并希望各校继续将改进意见反馈给我们，以便今后更加完善。

系列教材编写组

2010年2月

二版前言

本次“高校建筑装饰装修”系列教材是在2002年出版的系列教材之后重新编写的，是上次的更新换代教材。由于建筑装饰装修行业近几年新技术、新构造、新材料的迅速发展，教材内容必须进行彻底更换，作为新教材供各校选用。

本系列教材均以现行的新规范为基础，体现“新”、“快”、“全”的特点；其“新”主要体现在增加了大量新内容，如软木静音地板、实木复合地板、人造石材、金属幕墙、阻热胶铝合金门窗型材等；其“快”主要体现在新出现并迅速得到推广的新材料、新的施工技术，如点式玻璃幕墙等；其“全”主要体现在装饰装修方式的改变，新材料、新的施工技术，如增加了初装修、绿色建材的发展方向，健康住宅的标准知识。此外，本书还体现“以人为本”的精神，增加了建筑材料对环境的污染以及解决处理方法等。在预算报价中增加了“工程量清单”使用和概预算电算化方法。

我们根据各校使用本教材后所所馈的信息，以及很宝贵的修改意见，对原有系列教材在保证教材的系统性、基础性的前提下，对旧的内容进行了大量的删改，以适应新材料的发展形势，满足教学需要。

为帮助学生理解教材内容，掌握知识重点，此次修编过程中均在每个章节的最后增加了复习思考题和附录，以便教学、复习和技术人员查找方便。

本书参编人员：

许炳权第一章；李建华第二章、第三章；张洋第四章、第五章；李秋成第六章；任彬彬第七章、第八章；孔俊婷第九章；胡英杰第十章、第十一章。

再次向各校反馈信息的同志表示感谢，并希望各校继续将改进意见反馈给我们，以便今后更加完善。

系列教材编写组

2006年1月

目　　录

第一章 绪 论

第一节 建筑装饰装修行业发展概况

近年来，我国建筑装饰装修业的兴起以及建筑装饰装修材料工业的发展，使得我国建筑业的现代化水平和建筑施工技术水平已同国际水平靠近了一大步。随着国民经济的发展，人们除了衣、食、用方面的消费外，改善工作和生活环境已成为另一消费重点。在一些经济发达地区，建筑装饰装修的投入更为可观，这种消费心理的形成，除了经济发展这一因素之外，还在于改革开放方针对人们的价值观念产生了深刻的影响。建筑装饰装修受到人们的关心和重视，成为人们理所当然的一种需要。由于我国国土辽阔、人口众多、地区差别较大，我国的建筑装饰装修业和装饰装修材质的发展与创新日新月异，但仍有大量的工作要做。原国家建材局提出的口号是"三星级饭店的装饰装修材料立足于国内"，可见，我们与"四星"、"五星"还有不小的差距。另外，还应看到，装饰装修材料的发展，与社会经济发展水平之间存在着一定的相互适应和相互依托的关系。

建筑装饰装修工程包含着美学因素，而且是主要因素，即美学功能，这种功能是抽象的和理念性的，难以用量化表示，它依托建筑装饰装修材料的发展而发展。建筑师或装饰装修工程设计者的设计是按照被设计对象的功能、环境、条件，以及委托人的愿望来构思的，或浓艳、或淡妆、或恬静、或炽烈、或高雅、或豪放。每一种装饰装修材料在体现总体风格中都扮演着一定的角色，从而构成一个相互依托、相互和谐的整体设计，而具体的表达方式又因人而异。因而建筑装饰装修材料工业应当给建筑师及装饰装修工程设计者提供尽可能多的装饰装修材料，以便使他们有充分的选择来表达和实现他们的艺术构思。任何建筑师都力图发挥他们的创造性，紧跟时代前进的步伐，因而永远不会停留在一个水平上，重复运用同样的表达形式。所以，无论是从横向还是纵深的角度来看，建筑师对装饰装修材料的选择可以说是"精益求精"，对装饰材料的创新要求是"无止境的"。装饰装修材料自身的美，并不一定能构成装饰装修效果的美，"美存在于协调之中"，只有各个部分的装饰装修材料相互依托、相互协调，才能构成一种和谐的美。所以，建筑装饰装修工程是集装饰装修材料生产、施工技术技巧、美学艺术于一体的综合性工程。

一、建筑装饰装修材料与技术的发展成就

1. 装饰装修行业初具规模、形成了品种门类比较齐全的工业体系

20 世纪 80 年代以前，我国建筑装饰装修材料基础比较差，品种单一、档次较低。80 年代以后，随着改革开放我国从国外引进了 1 000 多项建筑装饰装修材料的生产技术和设备，这些生产线的建成和投产，使我国建筑装饰装修材料的发展水平得到了很大提高。部分生产线已达到相当的规模，数量上已基本满足我国当前装饰装修工程的需要。至 2004 年底塑料壁纸形成 4 亿 m^2 的年生产能力；塑料地板形成 3 亿 m^2 的年生产能力；化纤地毯形成 8 000 万 m^2 的

年生产能力;塑料管道形成 70 万 t 的年生产能力;塑料门窗形成 500 万 t 的年生产能力。墙地砖形成 5.1 亿 m^2 的年生产能力;涂料形成 350 万 t 的年生产能力,基本形成了门类品种齐全的工业体系。

20 多年来,建筑装饰装修行业年均增长 33%,特别是进入 20 世纪 90 年代以来,行业年均增长速度达到了 58%,发展速度远远高于国民经济增长水平,行业总产值从 1978 年的 50 亿元左右,发展到 2005 年已突破 1 万亿元;装饰装修工程产值占建筑业总产值的比重,已经从当初的 3% 提高到了目前的 60% 左右;从业人员从当初的几万人,发展到 2005 年的1 400万人。改革开放前十年,装饰装修工程还仅限于高级宾馆饭店和商厦,而如今已经深入普及到普通老百姓的家中。据不完全统计,2005 年全国家庭装饰装修工程产值已达到 5 500 亿元,占整个行业的 55%。建筑装饰装修行业的发展,不仅为装点城市、美化人民生活环境做出了贡献,而且为扩大社会需求、拉动消费、增加就业机会也提供了空间,同时有力地带动了建材、轻工、纺织、化工、林业等相关行业的发展,成为国民经济新的增长点。

2. 建筑装饰装修材料档次有了显著的提高

20 世纪 80 年代初,我国建成的高级宾馆、饭店和体育建筑所用的各种中高档建筑装饰装修材料大都依靠进口,每年耗费巨额外汇。经过多年的努力,这种状况有了很大的改观。

我们不但打破了各种高档建筑装饰装修材料从国外进口的局面,还可部分出口,比如:广东玉兰墙纸厂生产的兰香牌墙纸、泰兴壁纸厂生产的郁金香牌壁纸、杭州装饰装修材料总厂生产的西湖牌塑料壁纸等产品部分出口东南亚、独联体、美国、加拿大等国家和地区。吉林市新型建材厂生产的涂料出口独联体、刚果、马达加斯加等国。常州建材总厂生产的"丽宝第"牌塑料卷材地板出口独联体,张家港市联谊塑料有限公司生产的 PVC 强耐磨地板年出口美国、加拿大 50 万片。广东中山市石岐玻璃厂、广东化州玻璃建材厂、山东德州振华玻璃厂等生产的玻璃锦砖和空心玻璃砖远销新加坡、美国等国家。我国装饰装修石材近年来年出口增长率在 50% 以上,远销日本、美国、新加坡、澳大利亚、加拿大、德国等国家和地区。广东中山市丹丽陶瓷洁具有限公司生产的高档陶瓷洁具出口欧美,进入世界洁具生产行列。上海民用建筑灯具厂生产的成套系列灯具部分出口美国、加拿大、埃及等国家。上海华东木器宾馆家具厂生产的总统客房、标准客房、餐厅、咖啡厅等 15 大类家具部分出口欧洲、日本等国。以上实例说明我国建筑装饰装修材料已进入了一个新的历史发展时期。

有关资料显示,未来 5 年至 15 年中国装饰装修材料年消费将超过千亿元,消费档次将进一步提高,装饰装修材料的生产供应将进一步向高质量、多品种方向发展。中国建筑装饰装修材料发展的总趋势是:产业集中度将明显提高,产品趋向高档化,绿色、环保、多功能、配套化、系列化将是装饰装修材料发展的主导方向,化学建材将成为装饰装修材料发展的主流之一,节约能源、资源将成为装饰装修材料发展的中心任务。

3. 建筑装饰装修技术水平有了显著的进步

20 世纪 80 年代初,我国的建筑装饰装修技术水平较低。当时,只能承包小型的装饰装修工程,比较高级的宾馆、饭店大部分被外商、港商承包。现在我们已经有能力承包五星级以上宾馆、饭店的装饰装修工程,如北京的前门饭店,广州的白云宾馆,上海的城市酒店、虹桥宾馆等的兴建、扩建、改建都是由国内企业承包的。另外,广东、深圳、北京、浙江、黑龙江、辽宁、江西等省市的装饰装修公司已步入国际市场,承包国外工程。我国浙江宁波、东阳,江西余江,广东汕头、深圳等地装饰装修工程公司打入西欧装饰装修市场,承包了在海外的中国饭店、餐馆的装饰装修工程，将我国的宫苑、楼阁、园艺、彩灯、家具萃聚一堂，这些工程以其特有的东方艺术魅力让洋人为之倾倒。辽宁省装饰装修工程公司为前苏联的“玛滋雅号”轮船装修取得非凡的效果。黑龙江艺术装饰工程公司为俄罗斯远东最大城市哈巴洛夫斯克装饰装修的哈尔滨餐厅，受到了前苏联艺术界的好评，莫斯科中央电视台还为此做了报道。我国协助古巴扩建的哈瓦那“太平洋大酒店”，已成为古巴最大最好的中国餐馆，受到了热烈的欢迎。

4. 建筑装饰装修队伍迅速壮大，逐渐从土建工程中分离而形成独立的装饰装修行业

据中国建筑装饰装修协会不完全统计，近年来，建筑装饰装修工程量直线上升，1991 年全国建筑装饰装修工程产值为 150 亿元，1992 年为 250 亿元，1993 年突破 400 亿元，2000 年已达 3 000 亿元。到 2005 年，全国建筑装饰装修行业总产值突破 1 万亿元，其中住宅装饰装修费用已经超过公共建筑的装饰装修，前者达到 5 500 亿元，后者达到 4 500 亿元，容纳了约 1 400 万劳动力就业。预计到“十一五”末期的年产值可达 2. 1 万亿元，住宅装饰装修产值将达到 1. 5 万亿元。这个建筑装饰装修大军，为改变我国城乡的建筑装饰装修的落后面貌，促进我国建筑装饰装修技术的进步，做出了积极的贡献。

5. 建筑装饰装修行业的产值和增长速度逐年提高，特别是进入 21 世纪以来，装饰装修工程产值发展更为迅猛

我国建筑装饰行业自改革开放以来，保持了较快的发展速度，特别是“十五”期间，由于国民经济整体维系于高增长态势，以及人民生活水平的提高、房地产的增长、城市化进程的发展等因素拉动，到 2004 年，全国建筑装饰行业产值达到 9 000 亿元左右，2005 年已突破 1 万亿元。建筑装饰行业经过 20 多年的发展，无论其经济规模，还是在促进消费、解决就业、改善人民生活和对国民经济其他部门的拉动等方面，都表现出了巨大的作用。

从改革开放到 20 世纪末，我国建筑装饰行业历经了四个发展阶段：

第一个发展阶段——大起，1978 ~ 1988 年，10 年，年均建筑装饰工程产值 150 亿元，年均行业发展速度达 25% 。

第二个发展阶段——大落，1989 ~ 1990 年，2 年，年均建筑装饰工程产值 70 亿元，年均行业发展速度达 4% 。

第三个发展阶段——恢复，1991 ~ 1993 年，3 年，年均建筑装饰工程产值 266 亿元，年均行业发展速度达 71% 。

第四个发展阶段——发展，1994 ~ 2000 年，7 年，年均建筑装饰工程产值 4 714 亿元，年均行业发展速度达 35% 。

进入 21 世纪，我国建筑装饰行业年均发展速度为 18% ，2000 ~ 2006 年七年分别为 5 500 亿元、6 600 亿元、7 200 亿元、8 500 亿元、10 030 亿元、11 800 亿元和 1. 4 万亿元。2000 ~ 2003 年全国建筑装饰行业的发展速度分别为 25% 、20% 、9% 和 18% 。2007 年我国 GDP 为 11. 4% ，全国建筑装饰行业可达 1. 65 万亿元（相当于当年全国国有企业利润的总和），约占当年我国 GDP 24. 66 万亿元的 6. 69% 。其中，公装、家装、幕墙分别为 6 780（相当于 2007 年比上年增长 25% 的全国海关税收）、9 000（相当于 2007 年比上年增长 12% 的北京市 GDP）和 720 亿元，分别占总产值的 41% 、55% 和 4% 。

2003 ~ 2007 年，我国 GDP 五年年均增长 10. 6% ，从世界第六位上升到第四位，经济跨上新台阶。2003 年是建筑装饰行业的一个极为重要转折点——从高速增长到大幅下降，再恢复

上升，此后年均保持18%的水平，年均行业总产值约占当年我国GDP的6%左右，其中，2000～2002年家装占全国建筑装饰行业年总产值分别为45%、50%、55%，2003年后年均保持在55%，约占我国GDP的3%。

2004～2007年，我国建筑装饰国际工程承包总额约在150亿元人民币，其中9省市21家幕墙企业承建或在施的90项幕墙约占总额的80%。建筑装饰仍然是全国661个城市最火的行业。全行业从业者约有1 500万人，其中，2万多家有装修承包企业资质（包括1 800家幕墙企业）的管理人员80万人，其中高管约10万人。286所高等院校与室内设计相关的毕业生年约3万人，现有从业设计人员100万人。此外，还创造了以农民工为主体的装修施工就业机会1300万个。

6. 20多年来，我国建筑装饰装修企业的发展，也经历了从小到大，从分散到集中，从无组织到取得资质等级，从低水平到高水平的发展过程

2000年，中国在工商登记的建筑装饰施工企业40万家，比上一年的35万家增长16%，所增长的5万家主要是家庭装饰企业。其中，从事公共建筑装饰的企业占20%，8万家；从事家庭装饰的企业占80%，32万家。

到2007年6月，全国共有一级装饰施工企业955家，甲级装饰设计企业585家，一级幕墙施工企业165家，甲级幕墙设计企业180家。同时具有一级装饰施工和甲级装饰设计资质的企业现有399家；同时具有一级幕墙施工和甲级幕墙设计资质的企业现有90家。

自1996年我国建筑装饰行业开始推行ISO 9000国际质量体系认证以来，到2007年2月，全国共有28个省市区的457家建筑装饰企业通过认证。其中，通过ISO 9001的416家，ISO 9002的40家，ISO 9000、ISO 14001和OHSAS 18001三项认证的有92家，ISO 90001和ISO 14001两项认证的有28家，ISO 9001和ISO 9002两项认证的有7家，ISO 14001的2家。

1999年7月16日至18日，中国建筑装饰协会在建设部的支持下，在北京中国人民革命军事博物馆举办"改革开放20年建筑装饰行业成就展暨优秀建筑装饰工程作品展"。经权威机构评审，70家装饰企业的147件作品分获一、二、三等奖，即一等奖27件、二等奖65件和三等奖55件。获一等奖的作品集中代表了我国建筑装饰行业的最高水平，90%以上为我国建筑装饰企业独立设计、施工，管理已接近国际先进水平，如人民大会堂香港厅、澳门厅、贵州厅、万人厅、全国人大常委会会议厅、全国政协四季厅以及上海国际网球中心、昆明云南烟草大厦、深圳五洲大酒店、大连国际会展中心、珠海市怡景湾大酒店、昆明光辉国际大酒店、桂林两江国际机场幕墙、上海智慧广场幕墙、武汉建银大厦、上海东方明珠幕墙、福州长东国际机场等，标志着我国现代建筑装饰装修行业经过20年的发展，有了质的飞跃，已达到或部分达到当今国际水平，这些建筑装饰装修企业将是中国建筑装饰行业的中坚、脊梁和名牌企业。

自1990年中国建筑业鲁班奖（国优）增加建筑装饰企业"参建奖"以来，到2006年，我国共有223家建筑装饰企业承建的418项装饰工程荣获鲁班奖（国优）。其中，沈阳远大铝业工程有限公司获得了26项，武汉凌云建筑装饰工程有限公司获得了17项，苏州金螳螂建筑装饰股份有限公司获得了13项。

中国的和平崛起使综合国力得到空前的提升，在国际社会的影响力日益增强，各种市场潜力巨大，国际性活动越来越频繁地在中国举办，形成了对建筑装饰不断增长的需求，特别是北京奥运会、上海世博会、广州亚运会等大型国际项目，对中国建筑装饰业的持续发展，有着极为重要的影响。

二、建筑装饰装修行业目前存在的主要问题

建筑装饰装修行业的迅速发展,为改变我国建筑装饰装修的落后面貌,推进我国建筑装饰装修技术的进步,做出了积极的贡献。但是,应该看到在迅速发展的浪潮中,建筑装饰装修行业也存在着一些令人担忧的问题。

1. 装饰装修施工有的无设计,施工中不按标准、规程作业,导致装饰装修质量差

一些施工单位不严格按设计、施工标准、操作规程作业,甚至无资质施工,越级施工,造成装饰装修质量低劣,人身伤害、财物损失事件时有发生,有的地区还相当严重。

2. 装饰装修施工有的危及建筑的安全

装饰装修施工中随意改变或破坏建筑结构体系,拆改原有设备,改变室内分隔,增加楼面等做法,破坏了原建筑的结构体系,超过了原设计承载能力,危及了建筑物的安全及人民生命财产的安全。

3. 建筑装饰装修难以满足防火的一些要求规范

建筑装饰装修材料使用一些可燃性装饰装修材料,布局不满足疏散要求。电气及有关设备的安装不符合安全用电规程,存在着火灾隐患,有的已造成了严重的损失。

4. 建筑装饰装修技术力量薄弱

建筑装饰装修市场的高速发展,使得建筑装饰装修技术人才的培养和成长相对滞后,尤其高级人才更显匮乏。反映在装饰装修工程上,出现了许多工程质量事故,粗制滥造,忽视安全,艺术性不高等问题。

5. 建筑装饰装修行业管理薄弱

一些不具备设计、施工和质量无保证能力的企业随意承揽装饰装修工程,有的项目被层层转包,或以包代管。一些大装饰装修公司热衷于宾馆、商场等中高档项目,而不承揽那些分散的、产值低的住宅装饰装修项目,为一些无照经营、无技术保证的承包商提供一定的市场,致使建筑装饰装修工程质量无法保证。住宅等装饰装修项目分散,量小面广,管理部门无法有效地进行管理与监督,住宅装饰装修市场严重失控。

三、建筑装饰装修市场潜力的评估

1. 住宅装饰装修热正在兴起

进入新世纪,我国国民经济有了很大发展,居民收入明显提高,人们希望自己的家中多几分舒适、温馨和安宁。因此,住宅装饰装修热已在我国迅速发展,装修档次在不断提高。如:一套三居室住宅一般装饰装修费用,深圳由 3 万元升为 8 万元左右,广州由 1 ~ 2 万元升为 8 万元,上海、北京上升为 10 ~ 12 万元。

以每年住宅竣工 300 万套计算,如果按 200 万 m^2 进行再装饰装修,以全国平均水平 1 万元计,则达 200 亿元以上。现在城镇居民 7 000 万户,按 10% 的住户进行再装饰装修,计有 700 亿元的装饰装修工程产值。

近年来,家庭装修已走入千家万户,成为一种潮流,住宅装修已成为住宅产业的一个重要组成部分,因而具有广大开发市场前景的新投资热点。目前,北京住宅装饰装修行业已经成为北京市国民经济发展的重要的支柱产业,每年家庭装修都在 50 万户,已经有 400 多亿经营消费,对扩大内需,增加就业,拉动相关产业的发展,发挥着重要的作用。

按照我国城市住宅建设的速度预算，到2010年，我国城市住宅存量达到150亿平方米以上，二次装修市场也将会有更大的发展空间。按每年有10%左右的存量住宅进行装饰装修，每平方米200元计算，2010年的家装二次装修市场年产值将达到3 000亿元。根据以上测算，仅住宅装饰装修这一部分，2010年，全国市场需求将达到8 000亿元以上的水平。这是一个很可观的数字，这说明今后我国装修行业的发展有很大的潜在市场。

此外，广大的农村住宅也需部分装饰装修，这将是很大的装饰装修市场，年装饰装修工程产值最少在50亿元以上。

2. 中高级宾馆、饭店的装饰装修进入更新改造期

20世纪80年代以来，为适应旅游业的发展，建造了2 400多家旅游饭店，计有40万套客房。若以5年更新10年改造计，每年将有8万套客房需要更新，4万套客房需要改造，资金投入约为90～100亿元。

3. 公共建筑、商业网点装饰装修市场潜力大

(1)我国每年竣工公共建筑面积平均约为5 000万 m^2，若10%需要装饰装修，年装饰装修工程产值约500亿元。

(2)我国现有商业网点170多万个，每年改造10成，约有上百亿元的产值。

(3)三资企业、开发区、度假区等的装饰装修工程产值约30亿元。

(4)装饰装修更新周期短，形成长期稳定的市场。

4. 城市环境装饰正逐步兴起

近年来，我国开始重视城市建筑物的形式、风格和色调，改变过去立面雷同、色调单一、缺少现代化的时代气息。山东威海市新的建筑形式和风格多样，色调丰富多彩。其建筑物分别采用涂料、面砖、玻璃锦砖等材料进行外墙的装饰装修，把整个威海市装扮得多姿多彩。北京、天津将市内沿街的所有建筑和围墙的外墙面重新装饰装修，扩大绿地、增加广场、改造河道、美化环境，整个城市面貌焕然一新。大连的城市环境与美化已成为全国的典范，其他城市纷纷效仿大连、威海等城市的做法进行城市环境改造。因此，我国的城市环境装饰装修将成为装饰装修业的又一巨大市场。

可以说，我国装饰装修市场潜力很大，建筑装饰装修业正步入发展的黄金时期。

四、建筑装饰装修材料将加快更新换代周期，以满足不同层次、不同建筑的需要，走绿色环保道路

涂料：将注重发展无毒、耐擦洗、装饰装修性能好的内墙涂料；耐久性好，保色性好的外墙涂料；防火、防水、防毒、隔热等功能性涂料，“绿色环保建材”已成为市场主流。

壁纸、壁布：主要增加花色品种，提高档次，提高装饰装修功能，发展防霉、透气、阻燃等功能性壁纸；图案方面追求素雅、大方、明快的格调，向简单的几何图形和抽象的图案方向发展；色彩方面将注重淡雅色彩，比如乳白色、米黄色、粉红色等色彩。

塑料门窗：推广应用面将进一步扩大，并开始发展双色、多色、复合型门窗。

塑料地板：增加花色品种，提高档次和装饰装修效果，同时注重发展防静电、耐磨、阻燃等功能地板。

塑料管道：注重发展上下水管道、煤气管、热水管、电缆穿管以及铝塑复合管等。

玻璃：向隔热、隔声、装饰装修等多功能发展，重点发展热反射玻璃、吸热玻璃、中空玻璃。

地毯：增加花色品种，提高档次和装饰装修效果，同时注重发展防静电、防污染、阻燃、防霉等功能地毯。

墙、地砖：增加花色品种，提高档次和装饰装修效果，同时注重发展仿大理石、花岗石瓷砖，大规格（400mm × 400mm、500mm × 500mm）、多形状（圆形、十字形、长方形、条形、三角形、五角形）的墙、地砖。

卫生洁具：向冲刷功能好、噪声低、节水型、占地少、造型美观、新颖大方、使用方便，特别要向彩色制品发展。

建筑胶粘剂：主要发展适合建筑业各种要求的专用胶粘剂，如墙体、木地板、墙地砖以及管道接口等专用胶粘剂。

五、建筑装饰装修技术进入高星级水平

"十五"期间，我国的建筑装饰装修技术水平上了一个新台阶。装饰装修设计和施工逐渐摆脱了旧的、单一的模式，设计质量、施工技术将达到"五星"级水平，同时继续发挥我国民族技艺，注重吸收西方高雅、明快、抽象、流畅的技巧，向着高档化、多元化方向发展。建筑装饰装修安装技术逐步以粘接技术为主，施工水平步入了高星级宾馆饭店之道，为发展我国的建筑装饰装修风格和特色，为国际建筑文化的发展做出新的贡献。

六、今后应采取的几项措施

面对全国装饰装修热的大好形势，面对装饰装修热所带来的种种问题，只有认真研究加以解决，才能更好地引导本行业健康快速向前发展。

1. 加强建筑装饰装修行业的管理

面对建筑装饰装修行业当前存在的问题，首要的工作是加强建筑装饰装修行业的行业管理。理顺体制，解决好部分城市建筑装饰装修市场中的无照经营，无证和无技术施工的混乱问题；对装饰装修施工队伍要进行清理、登记，坚决取缔无证、无照、无技术的"三无"装饰装修施工队；建立技术鉴定和监督部门；杜绝假冒伪劣、不合格的装饰装修材料及其制品流入市场；杜绝装饰装修施工中胡干蛮干、偷工减料、粗制滥造、违章事故的发生。加强行业培训，解决好发展和提高的问题。

2. 要努力提高建筑装饰装修设计水平

首先对传统的设计要进行改革，要转变传统的建筑装饰装修设计观念，在考虑建筑内部空间功能合理的同时，应注意考虑环境效益、艺术效果和时间效益。特别注意那些标准比较低的住宅，很难满足以后较长时间里人们对居住条件变化的不断需求，要以不变应万变，为居住者创造自行装饰装修和后期改造的条件，如开发大空间住宅体系等。

建筑装饰装修设计中，如何处理弘扬我国优秀传统文化和现代装饰装修相结合；如何处理大环境和小环境的关系，特别是在街区店铺的装饰装修设计中，如何改变"各扫门前雪"的杂乱无章、缺乏统一协调、整体美观的问题。

在居室装饰装修中，要研究适应不同层次消费者的需要，从装饰装修设计入手，因地制宜推出不同层次的样板间，供住户选择，以引导人们正确合理消费。

3. 组建各种各样专门性的装饰装修公司，承担装饰装修咨询、设计、施工等业务

为提高装饰装修质量，减轻居住者的负担，对新建住宅二次装修分离的做法进行改革。提

倡商品房按用户需要由用户选定的图样进行一次性装饰装修。甚至达到设备到位,用户提"皮箱"入住。这就要求建筑装饰装修的设计、施工技术应尽快提高。

4. 大力培养建筑装饰装修技术人才

为了提高建筑装饰装修行业队伍的素质必须先从培养人才入手。可开办各种形式的培训班和多等级的学校及专业,以培养多等级的专业技术人才,才能提高装饰装修行业各类人员的技术素质。

5. 开展科研,使装饰装修材料不断更新换代

国家应重视新型装饰装修材料的开发和研究,研制一些轻质、高强、耐火、无毒、美观、经济的装饰装修材料,满足装饰装修市场的发展需要。

6. 坚持管理创新、技术创新,建设资源节约和环保的建筑装饰工程

坚持管理创新,并以此为保障,推动技术创新。坚持以发展简洁、实用、安全、环保装饰装修工程为目标,推广应用节能、节水、节材、节地、环保,以及智能化产品,加快信息化建设,全面提升行业对既有技术的整合能力和新技术的研发能力。要通过工厂化生产,提高资源的利用效率,减少污染,推动行业的技术升级和换代。

7. 坚持以人为本,全面提升行业面向社会、市场的服务能力

"十一五"期间是全面建设小康社会的关键时期,要全面提升行业的诚信建设水平,加强行业法制建设和道德建设,满足广大消费者和从业者的基本利益。要以提高人民生活品质和对消费者负责的态度,积极引导科学消费、合理消费、快乐消费。全面提高劳动者素质,妥善处理企业内部劳资关系,调动各方面积极性,促进和谐社会的发展。

20 多年行业发展的历史证明,没有一定的发展速度就没有一定的规模,也就不会对国家经济社会发展发挥更大的作用。"十一五"期间要紧紧抓住国民经济持续增长的大好机遇,要充分挖掘行业可持续发展的市场潜力,正确把握经济发展趋势的变化,调整经营和服务模式,在积极支持扩大内需的过程中,努力开拓国际市场,促进行业又快又好的发展。

总之,在今后装饰装修市场大发展的形势下,更要加强全面管理,使建筑装饰装修材料绿色化,装饰装修设计、装饰装修施工技术上一个新台阶。

七、法制框架

改革开放 30 年来,我国建筑装饰装修行业的法制框架已基本构成,主要有以下内容:

1. 四部法律

(1)《中华人民共和国建筑法》1998 年 3 月 1 日起实施

(2)《中华人民共和国环境噪声污染防治法》1997 年 3 月 1 日起实施

(3)《中华人民共和国消防法》1998 年 9 月 1 日起实施

(4)《中华人民共和国招标投标法》2000 年 1 月 1 日起施行

2. 四部行业规章

(1)《建筑装饰装修管理规定》1995 年 8 月 7 日建设部第 46 号令

(2)《家庭居室装饰装修管理暂行办法》1997 年 4 月 15 日建设部(建建[1997]92 号)

(3)《住宅室内装饰装修管理办法》2002 年 3 月 5 日建设部令第 110 号

(4)《建筑工程施工发包与承包计价管理办法》2001 年 10 月 25 日建设部令第 107 号

3. 企业市场准入标准

(1)《建筑装饰工程施工企业资质等级标准》1989 年 5 月 30 日建设部[(89)建施字 224 号],1995 年 11 月 7 日建设部修订(建建[1995]666 号)

(2)《建筑幕墙工程施工企业资质等级标准》1996 年 12 月 3 日建设部(建建[1996]608 号)

(3)《建筑装饰设计单位资格分级标准》1990 年 11 月 17 日建设部[(90)建设字第 610 号],1992 年 11 月 9 日建设部修订(建设[1992]786 号),2001 年 1 月 9 日建设部修订(建设[2001]9 号)

(4)《建筑幕墙工程设计专项资质分级标准》2000 年 6 月 30 日建设部(建设[2000]126 号)

(5)《建筑装饰/幕墙工程设计施工一体化企业资质标准》2006 年 3 月 6 日建设部(建设[2006]40 号)

4. 技术规范

(1)《建筑内部装修设计防火规范》(GB 50222)1995 年 3 月 29 日建设部(建标[1995]181 号)

(2)《玻璃幕墙工程技术规范》(JGJ 102)1996 年 7 月 30 日建设部(建标[1996]447 号)

(3)《室内装饰工程质量规范》(QB 1838)

(4)《住宅装饰装修工程施工规范》(GB 50327)

(5)《建筑装饰装修工程质量验收规范》(GB 50210)(建标[2001]221 号)

(6)《全国建筑装饰装修工程量清单计价暂行办法》(建标[2001]271 号)

(7)《全国统一建筑装饰装修工程消耗量定额》(GYD 901)

(8)《建设工程工程量清单计价规范》(GB 50500—2008)2008 年 12 月 1 日起施行

(9)《民用建筑工程室内施工图设计深度图样》(GJBT 924),2006 年 6 月 1 日起施行

5. 价格标准

(1)《全国统一建筑装饰工程预算定额》1992 年 12 月 29 日建设部[建标(1992)925 号]

(2)《关于发布工程勘察和工程设计取费标准的通知》1992 年 12 月 29 日建设部、国家物价局([1992]价费字 375 号)

(3)《中华人民共和国价格法》

6. 市场交易准则

(1)《建筑装饰工程施工合同示范文本》1996 年 11 月 12 日建设部、国家工商总局(建监[1996]585 号)

(2)《建设工程设计合同》2000 年 3 月 1 日建设部、国家工商总局(建设[2000]50 号)

7. 行业社团授权

(1)《关于选择中国建筑装饰协会为建筑装饰行业管理中转变政府职能试点单位的通知》1994 年 10 月 24 日建设部(建人[1994]631 号)

(2)《关于委托中国建筑装饰协会协助做好家庭居室装饰有关管理工作的通知》1997 年 6 月 26 日建设部(建建[1997]149 号)

(3)《建设部关于加强勘察设计市场准入管理的补充通知》2000 年 1 月 11 日建设部(建设[2000]17 号)

(4)"关于印发《建设工程企业资质申报材料清单》、《建设工程企业资质申报示范文本》和《建设工程企业资质规定和标准说明》的通知"2006 年 5 月 8 日建设部(建办市函[2006]

274 号）

（5）《建筑装饰行业实现资源节约型和环境友好型工程建设指南（试行）》2006 年 6 月 15 日（中装协[2006]033 号）

（6）"关于发布《中国建筑装饰行业"十一五"发展规划纲要》的通知"2006 年 7 月 18 日（中装协[2006]041 号）

八、行业展望

加入 WTO 后，人们都在议论和研讨，究竟对行业会产生什么影响？如何抓住机遇，如何应对迎接更加严峻的挑战？

20 世纪 80 年代改革开放之初，随着国民经济的发展，特别是对外开放后，国际旅游的开拓，一批高标准的涉外酒店兴建起来（比如，北京的建国饭店、国贸中心和长城饭店等），高档次的现代建筑装饰也相应带动起来，国外的建筑装饰设计公司、装饰材料和设备企业，以及承建工程公司等，纷纷进入我国装饰市场。

我国政府规定了开放建筑市场（包括建筑装饰市场）的范围和措施。诸如：

1. 允许外商在中国举办合资合作的工程承包公司。

2. 允许外商在中国承包、联合承包或分包国外贷款或国外投资的项目。

3. 允许外企在中国派驻代表机构。

4. 加强法制建设。

建设部 1994 年 30 号文件《在中国境内承包工程的外国企业资质管理暂行办法》。1994 年建设部 410 号文件《在中国境内承包工程的外国企业资质暂行管理办法实施细则》。1995 年建设部、对外经济贸易部 533 号文件《关于设立外商投资建筑企业若干规定》。1996 年建设部 405 号文件《关于设立外商投资建筑企业若干规定实施意见》等。加入 WTO 后，我国政府又制定和修改了相应的政策法规。

我国建筑业的兴旺，带动了建筑装饰装修行业的发展，众多的外商进入装饰市场，对推进我国建筑装饰业的发展，提高我国建筑装饰业的技术和企业经营管理水平，起到了重要的推动作用。同时，也呈现出更加激烈的竞争态势。在国内，实际上形成了国际的竞争，国内企业和外资企业的竞争，国内已形成了国际市场。

加入 WTO 对建筑装饰行业，有什么影响？如何应对？关键是全面提高国内产品的国际竞争能力。比如建筑装饰材料和设备，现在国内的高档设施（如四星级以上的酒店），多从国外进口，加入 WTO 后，众多国外产品涌入我国市场，这就拉大了国内产品和国际产品的差距，不提高国内产品的档次，在优胜劣汰的态势下，就会败下阵来。

又比如装饰设计和施工的水平，在和外商的竞争中，只有提高水平，发挥自己的优势，才能生存发展。装饰企业必须认真申办 ISO 9000 国际质量体系认证，这是企业水平的标准，是国际竞争的通行证。加入 WTO 后，同样我国对外工程承包和劳务合作事业，也有大的发展机遇，我国的建筑装饰行业也会随着对外承包事业的发展大有作为，近几年在国外承包的装饰装修工程也取得了很大的经济效益。

第二节　建筑装饰装修工程等级和标准

增加建筑的美观和舒适的工程称为建筑装饰装修工程,通常也称为装饰工程。建筑装饰装修工程是建筑工程重要的延续工程。它是在建筑主体结构工程完成之后,对建筑物进行的美化、装饰工作,以满足人们对产品的物质要求和精神需要。有关建筑装饰装修等级和标准见表1-1、表1-2、表1-3和表1-4。

表1-1　建筑装饰装修等级

建筑装饰装修等级	建　筑　物　类　型
高级装饰装修等级	大型博览建筑,大型剧院、纪念性建筑,大型邮电、交通建筑,大型贸易建筑,体育馆,高级宾馆,高级住宅
中级装信装修等级	广播通信建筑,医疗建筑,商业建筑,普通博览建筑,邮电、交通、体育建筑,旅馆建筑,高教建筑,科研建筑
普通装饰装修等级	居住建筑,生活服务性建筑,普通行政办公楼,中、小学建筑

表1-2　高级装饰装修建筑的内外装饰标准

装饰部位	内装饰材料及做法	外装饰材料及做法
墙　　面	大理石、各种面砖、塑料墙纸(布)、织物墙面、木墙裙、喷涂高级涂料	天然石材(花岗石)、饰面砖、装饰混凝土、高级涂料玻璃幕墙
楼 地 面	彩色水磨石、天然石料或人造石板(如大理石)、木地板、塑料地板、地毯	
天　　棚	铝合金装饰板、塑料装饰板、装饰吸声板、塑料墙纸(布)、玻璃顶棚、喷涂高级涂料	外廊、顶棚底部参照内装饰
门　　窗	铝合金门窗、一级木材门窗、高级五金配件、窗台板、喷涂高级油漆	各种颜色玻璃铝合金门窗、钢窗、遮阳板、卷帘门窗、光电感应门
设　　备	各种花饰、灯具、空调、自动扶梯、高档卫生设备	

表1-3　中级装饰装修建筑的内外装饰标准

装饰部位		内装饰材料及做法	外装饰材料及做法
墙　　面		装饰抹灰、内墙涂料	各种面砖、外墙涂料、局部天然石材
楼 地 面		彩色水磨石、天然石料或人造石板(如大理石)、塑料地板、地毯	外廊、顶棚底部参照内装饰
天　　棚		胶合板、铝塑板、吸声板、各种涂料	
门　　窗		窗帘盒	普通钢、木门窗、主要入口铝合金
卫生间	墙面	水泥砂浆、瓷砖内墙裙	
	楼地面	水磨石、马赛克	
	天棚	混合砂浆、纸筋灰浆、涂料	
	门窗	普通钢、木门窗	

表 1-4　普通装饰装修建筑的内外装饰标准

装饰部位	内装饰材料及做法	外装饰材料及做法
墙　　面	混合砂浆、纸筋灰、石灰浆、大白浆、内墙涂料、局部油漆墙裙	水刷石、干粘石、外墙涂料、局部面砖
楼 地 面	细石混凝土、局部水磨石	
天　　棚	直接抹水泥砂浆、水泥石灰浆或喷浆	外廊、顶棚底部参照内装饰
门　　窗	普通钢、木门窗，铁制五金配件	

第三节　建筑装饰装修预算的分类和作用

一、装饰装修工程预算的概念

装饰装修工程预算，就是指在执行基本建设程序过程中，根据不同设计阶段的装饰装修工程设计文件的内容和国家规定的装饰装修工程定额，各项费用的取费率标准及装饰装修材料预算价格等资料，预先计算和确定每项新建或改建装饰装修工程所需要的全部投资额的经济文件。建筑装饰装修工程按不同的建设阶段和不同的作用，编制设计概算、施工图预算（预算造价）、施工预算和工程决（结）算。在实际工作中，人们常将装饰装修工程设计概算和施工图预算统称为建筑装饰装修工程预算或装饰装修工程概预算。

装饰装修工程预算主要研究装饰装修工程施工生产和消耗之间的定量关系。即从研究完成一定装饰装修工程任务的施工消耗数量的规律着手，合理地确定单位装饰装修工程产品的计划价格，并在此基础上加强装饰装修企业管理和经济核算，把装饰装修工程施工过程中投入的人力、物力和财力，科学、合理地组织起来，在确保安全施工的前提下，以最少的人力、物力和财力消耗，生产出数量更多、质量更好的装饰装修产品。

按照基本建设阶段和编制依据的不同，装饰装修工程投资文件可分为工程估算、设计概算、施工图预算、施工预算和竣工决算五种形式。

二、工程估算

根据设计任务书规定的工程规模，依照概算指标所确定的工程投资额、主要材料总数等经济指标，称为“工程估算”。它是设计或计划任务书的主要内容之一，也是审批项目或立项的主要依据之一。

三、设计概算及其作用

1. 设计概算（或预算造价）

设计概算是指在初步设计或扩大初步设计阶段，由设计单位根据工程的初步设计图纸、概算定额或概算指标、各项费用取费标准，概略的计算和确定装饰工程全部建设费用的经济文件。

设计概算是控制工程建设投资、编制工程计划的依据，也是确定工程最高投资限额和分期拨款的依据。

设计概算文件应包括建设项目总概算、单位工程概算以及其他工程费用概算。设计单位在报送设计图纸的同时,还要报送相应种类的设计概算。

2. 设计概算的作用

(1)设计概算是国家确定和控制装饰装修工程基本建设投资的依据

设计概算是初步设计文件的重要组成部分。经上级有关部门审批后,就成为该项工程建设投资的最高限额,建设过程中不能突破这一限额。

(2)设计概算是编制基本建设计划的依据

国家规定每个建设项目,只有当它的初步设计和概算文件被批准后,才能列入基本建设年度计划。因此,基本建设年度计划以及基本建设物资供应、劳动力和建筑安装施工等计划,都是以批准的建设项目概算文件所确定的投资总额和其中的建筑安装、设备购置等费用数额以及工程实物量指标为依据编制的。

(3)设计概算是选择最佳设计方案的重要依据

一个建设项目及其单项工程或单位工程设计方案的确定,须建立在几个不同的可行方案的技术经济比较的基础上。另外,设计单位在进行施工图设计与编制施工图预算时,还必须根据批准的总概算,考核施工图的投资是否突破总概算确定的投资总额。

(4)设计概算是实行建设项目投资大包干的依据

建设单位和建筑安装企业签订工程合同时,对于施工期限较长的大中型建设项目,应首先根据批准的计划,初步设计和总概算文件确定建设项目的承发包造价,签订施工总承包合同,据以进行施工准备工作。

(5)设计概算是工程拨款、贷款和结算的重要依据

建设银行要以建设预算为依据办理基本建设项目的拨款、贷款和竣工决算。

(6)设计概算是基本建设核算工作的重要依据

基本建设是扩大再生产增加固定资产的一种经济活动。为了全面反映其计划编制、执行和完成情况,就必须进行核算工作。

四、施工图预算及其作用

1. 施工图预算

建筑装饰装修工程施工图预算或称建筑装饰装修工程预算造价,是在施工图设计完成之后,在工程开工之前,由施工单位根据施工图计算的工程量、装饰装修工程施工组织设计和国家(或地方主管部门)规定的现行装饰装修预算定额、单位估价表以及各项费用定额(或取费标准)等有关资料,预先计算和确定装饰装修工程费用的文件。

施工图预算是确定工程造价、签订承包合同、实行经济核算、进行拨款决算、安排施工计划、核算工程成本的主要依据,也是工程施工阶段的法定经济文件。

施工图预算的内容应包括单位工程总预算、分部和分项工程预算及其他项费用预算等三部分。

2. 施工图预算的作用

(1)施工图预算是确定装饰装修工程预算造价的依据

装饰装修工程施工图预算经有关部门审批后,就正式确定为该工程的预算造价,即计划价格。

(2)施工图预算是签订施工合同和进行工程结算的依据

施工企业根据审定批准的施工图预算,与建设单位签订工程施工合同。工程竣工后,施工企业就以施工图预算为依据向建设单位办理结算。

(3)施工图预算是建设银行拨付价款的依据

建设银行根据审定批准后的施工图预算办理装饰装修工程的拨款。

(4)施工图预算是企业编制经常计划的依据

施工企业的经常计划或施工技术财务计划的组成以及它们的相应计划指标体系中部分指标的确定,都必须以施工预算为依据。

(5)施工图预算是企业进行“两算”对比的依据

“两算”是指施工图预算和施工预算。施工企业常常通过“两算”的对比,进行正审,从中发现矛盾,并及时分析原因予以纠正。

五、施工预算及其作用

1. 施工预算

施工预算是施工单位内部编制的一种预算,指在施工前,在中标合同价或施工图预算的控制下,施工单位(队)根据施工图计算的分项工程量、施工定额、单位工程施工组织设计等资料,通过工料分析、预先计算和确定完成一个单位工程或其中的分部工程所需的人工、材料、机械台班消耗量及其相应费用的经济文件。

施工预算是签发施工任务单、限额领料、开展定额经济包干、实行按劳分配的依据。也是施工企业开展经济活动分析和进行施工预算与施工图预算的对比依据。

施工预算的主要内容包括工料分析、构件加工、材料消耗量、机械台班等分析计算资料,使用于劳动力组织、材料储备、加工订货、机具安排、成本核算、施工调度、作业计划、下达任务、经济包干、限额领料等项管理工作。

2. 施工预算的作用

(1)施工预算是计划管理的依据

它是施工企业对装饰装修工程实行计划管理,编制施工、材料、劳动力等计划的依据。编好施工作业计划是改进施工现场管理和执行施工计划的关键措施。

(2)施工预算是经常核算和考核的依据

施工预算中规定:为完成某分部或分项工程所需的人工、材料消耗量,要按施工定额计算。因管理不善而造成用工、用料量超过规定时,将意味着成本支出增加,利润额减少。因此,必须以施工预算规定的相应工程的用工用料量为依据,对每一个分部或分项工程施工全过程的工料消耗进行有效控制,以达到降低成本支出的目的。

(3)施工预算是检查与督促的依据

它是施工队向班组下达工程施工任务书和施工过程中检查与督促的依据。

(4)施工预算是施工单位进行“两算对比”和降低工程成本的依据。

六、竣工决算及其作用

1. 竣工决算

竣工决算是指一个单位工程、分部工程或分项工程完工,并经建设单位及有关部门的验收后，由施工企业根据施工过程中发生的增减变化内容（包括增减设计变更，现场工程更改签证，材料代用等资料），按合同及工程造价计算的有关规定，对原合同价或施工图预算进行调整编制的工程造价文件，也常称为工程决算，或工程竣工决算。它是由施工企业编制的最终付款凭据，经建设单位和建设银行审核无误后生效。

2. 竣工决算的作用

(1)全面反映竣工项目的建设成果和财务情况的总结性文件；

(2)投资管理的重要环节；

(3)竣工验收报告的重要组成部分；

(4)建设单位向使用单位办理交付使用财产的重要依据；

(5)全面考核和分析投资效果的依据；

(6)向投资者报账的依据。

七、设计概算、施工图预算、施工预算和工程决算的比较分析

分析上述各类预算可以发现它们是属于不同层次的预算文件，有相同之处，更有其区别，表1-5是对比分析结果。

表1-5 装饰设计概算、施工图预算、施工预算和工程决算的比较

项次及内容	设计概算	施工图预算	施工预算	工程决(结)算
1. 编制时间	初步设计阶段后	施工图设计后	项目开工前	工程竣工后
2. 编制单位	一般为设计单位	一般为施工企业	施工单位(队)	施工企业
3. 定额及图纸依据	概算定额、概算指标，初步设计图纸	预算定额，施工图纸	施工定额、施工图纸	预算定额、竣工图纸
4. 编制对象范围	装饰(工程)项目	装饰单位工程	单位工程或分部(分项)工程	装饰单位工程
5. 编制目的	控制装饰项目总投资	工程造价(工程预算成本，标底)	内部经济核算(工程计划、成本、报价)	最后确定工程实际造价
6. 编制深度	工程项目总投资概数	详细计算的造价、金额比概算的精确	准确计算工、料，是考虑节约、提效后的计划成本额	与建筑装饰实体相符的详细造价，精度同施工图预算

复习题

1. 装饰装修预算的作用和分类，它们的区别是什么？
2. 当前建筑装饰装修行业的发展状况如何？
3. 装饰装修近几年颁布的有关法制框架有哪些内容？你认为还应补充哪些法律法规？
4. 建筑装饰装修等级和标准有哪些规定？

第二章　装饰装修工程费用

第一节　装饰装修工程费用的构成与特点

一、装饰装修工程费用的构成

装饰装修工程的费用按国家现行规定,由直接费用、间接费用、利润、其他费用和税金五部分构成,每个部分又包括许多内容。各省、市、自治区可以根据国家主管部门规定的费用构成和取费标准,结合地方具体情况,对装饰装修工程费用予以补充和调整。例如,某省装饰装修工程费用由直接费用、间接费用、利润、其他费用及税金五部分构成,其具体内容详见表2-1。为了与一般土建单位工程中的普通装饰装修(以下简称"土建装饰装修工程")相对比,现将土建装饰装修工程的费用构成同时列出,见表2-2。

表2-1　装饰装修工程费用构成

项　　目	费　　用　　构　　成	
直 接 费	定额直接费	定额人工费 定额材料费 定额机械费 定额综合费
	其他直接费	冬季施工增加费 雨季施工增加费 预算包干费
间 接 费	施工管理费 临时设施费 劳动保险基金	
利　　润		
其他费用	远地工程增加费 异地施工补贴费 定额内流动资金贷款利润 公有房产集中供暖费 材料预算价格与市场价差 地区差价	
税　　金		

表2-2　土建装饰装修工程费用构成

项　　目	费　　用　　构　　成	
直 接 费	定额直接费	定额人工费 定额材料费 定额机械费

续表

项　　目	费　　用　　构　　成	
直 接 费	其他直接费	冬季施工增加费 二次搬运费 城市运输干扰费 其他增加费五项费用
间接费	施工管理费 临时设施费 劳动保险基金	
利　　润		
其他费用	远地工程增加费 异地施工补贴费 定额内流动资金贷款利润 房产税、土地使用税 公有房产集中供暖费 材料预算价格与市场价差 地区差价	
税　　金		

二、装饰装修工程费用的特点

从上述两表对比可以看出,装饰装修工程的费用与一般土建装饰装修工程费用的构成很相似,但由于装饰装修工程的施工与一般土建装饰装修工程的施工相比有许多特殊性,因此,装饰装修工程的费用也有其特点。

1. 预算定额基价构成不同

有些地区装饰装修工程预算定额基价中,除含人工费、材料费和机械使用费以外,还包含一些综合费用,而土建装饰装修工程预算定额基价中不含有此项费用。

2. 费用构成不同

土建装饰装修工程中计取的二次搬运费、城市运输干扰费及夜间施工增加费,在装饰装修工程费用中均不计取。

3. 其他直接费和间接费的计算基础不同

在土建工程中,不同单位工程的各分部工程,其直接费用相差较大,但综合成为单位工程时,各单位工程的直接费用是较为稳定的,各种差别相互抵消。因此,土建工程以直接费或定额直接费作为其他费用的计算基础。

建筑装饰装修工程作为土建工程中的一个分部工程,其取费基础与土建工程相同,费用包含在土建费用之中。但是,在装饰装修工程中,各种材料的价值很高,价差很大,直接费数量受材料价格影响大,很不稳定,但其中的人工费的数量则是比较稳定的。因此,装饰装修工程以定额人工费作为其他费用的计算基础。例如,装饰装修工程费用中的其他直接费、施工管理费、计划利润等,都是以定额人工费为基础计算的。

第二节 装饰装修工程各项费用的组成

一、直接费

直接费，是指装饰装修工程施工中直接消耗于工程实体上的人工、材料、机械使用等费用的总称。直接费由人工费、材料费、机械使用费和其他直接费构成。

装饰装修工程直接费一般根据施工图、装饰装修工程预算定额基价或地区单位估价表，按装饰装修工程分项工程进行计算。将各分项工程的定额直接费汇总，再加上其他直接费，即为装饰装修工程的直接费，可用下式表示：

$$\text{直接费} = \sum(\text{预算定额基价} \times \text{分项工程工程量}) + \text{其他直接费}$$

（一）人工费

人工费，是指从事装饰装修工程施工的人工（包括现场运输等辅助人工）和附属施工工人的基本工资、附加工资、工资性津贴、辅助工资和劳动保护费。但是，人工费不包括材料保管、采购、运输人员、机械操作人员、施工管理人员的工资。这些人员的工资，分别计入其他有关的费用中。

人工费的计算，可用下式表示：

$$\text{人工费} = \sum(\text{预算定额基价人工费} \times \text{分项工程工程量})$$

（二）材料费

材料费，是指完成装饰装修工程所消耗的材料、零件、成品和半成品的费用，以及周转性材料摊销费。

材料费的计算可用下式表示：

$$\text{材料费} = \sum(\text{预算定额基价材料费} \times \text{分项工程工程量})$$

（三）施工机械使用费

装饰装修工程施工机械使用费，是指装饰装修工程施工中所使用各种机械费用的总称。但是，它不包括施工管理和实行独立核算的加工厂所需的各种机械的费用。

施工机械使用费的计算，可用下式表示：

$$\text{施工机械使用费} = \sum(\text{预算定额基价机械费} \times \text{分项工程工程量})$$

此外，还必须指出，有些地区的装饰装修工程预算定额基价中，规定了一项综合费用。其内容包括建筑物七层（高度22.5m）以内的材料垂直运输和高度3.6m以内的脚手架，按通常施工方法考虑了材料水平运输、通讯设施、卫生设施等的费用。

（四）其他直接费

其他直接费，是指装饰装修工程定额直接费中没有包括的，而在实际施工中发生的具有直接费性质的费用。其中，包括冬季施工增加费、雨季施工增加费五项费用及预算包干费等。这些费用，通常按各地区的规定进行计算。

1. 冬季施工增加费

冬季施工增加费,是指为进行冬季施工所增加的直接费。它包括材料费、燃料费、人工费、保温设施及建筑物门窗洞口封闭费等。但是,它不包括特殊工程必须采取暖棚法而增加的费用和混凝土现场进行的蒸汽养护费用,以及室内施工的取暖费。装饰装修工程冬季施工增加费以定额人工费为计算基础,一般可按下式计算;

$$\text{冬季施工增加费} = \text{冬季施工期实际完成的定额直接费中的人工费} \times \text{冬季施工增加费费率}$$

2. 雨季施工增加费

雨季施工增加费,是指在雨季施工期所增加的直接费。它包括防雨措施、排除雨水、工效降低等费用。

装饰装修工程雨季施工增加费以定额人工费为计算基础,其计算公式如下:

雨季施工增加费 = 定额人工费 × 雨季施工增加费率

3. 流动施工补贴费

由于装饰装修工程施工一般都是流动作业,没有固定的比较正规的就餐条件和地点,职工就餐费用较高,因此,设立此项费用作为职工的生活补贴。

流动施工补贴费的计算,可用下式表示:

流动施工补贴费 = 定额人工费 × 流动施工补贴费费率

4. 施工工具用具使用费

施工工具用具使用费,是指施工所需但不属于固定资产的施工工具,检验、试验用具等的购置、摊销和维修费,以及支付给工人自备工具的补贴费。

装饰装修工程施工工具用具使用费的计算,可用下式表示:

工具用具使用费 = 定额人工费 × 施工工具用具使用费费率

5. 检验试验费

检验试验费,是对装饰装修材料、构件和装饰装修施工物品进行一般鉴定、检查的费用。其内容包括自设试验室进行试验所耗用的材料和化学药品费用,以及技术革新和研究试验费(但是它不包括新结构、新材料的试验费);建设单位要求对具有出厂合格证明的材料抽样检验的费用,对构件进行破坏性试验及其他特殊要求检验试验的费用。检验试验费的计算,可用下式表示:

检验试验费 = 定额人工费 × 检验试验费费率

6. 工程定位复测、工程点交、场地清理费

它们通常又称“三项费用”,可用下式表示:

三项费用 = 定额人工费 × 三项费用取费率

7. 预算包干费

预算包干费,是指预算定额中未包括,而在工程实际施工中可能发生的各项费用。其内容包括装饰装修工程施工和土建、设备安装交叉作业的影响;特殊装饰装修工程对工人的保护、

保健;对过冬施工工程采取保护措施,以及在除冬季施工以外时间因气候变化而增加的费用;建筑吊车、运输车行驶道路;因电力不足而发生周期性停水、停电,每周累计不超过 8h;建设单位原因,材料、施工图等供应不上影响施工,在 1 个月内累计不超过 3d。

实际施工中,以上项目可能发生,也可能发生上述项目以外的内容。原则上,预算包干费及其计算内容,应以双方签订的工程承包合同为准。包干系数经双方协商后,报请当地造价管理部门批准。装饰装修工程预算包干费,通常以定额人工费为计算基础,取费率为 3% ~9%。为防止重复取费,对以工程决算替代预算的工程、实报实销工程、执行预算加施工签证的工程和全部工程大包干签约工程,均不计取预算包干费。

必须强调指出,土建装饰装修工程其他直接费的计算,均与土建工程相同,即以定额直接费为计算基础。

另外,在工程施工中发生下列费用,应按实际计算:

(1)设计变更费;

(2)设计或建设单位原因造成的返工损失费用;

(3)因工程停建、续建造成的损失费用;

(4)因不可抗拒的自然灾害造成的损失费用;

(5)不可预见的地下障碍物的拆除与处理费用。

【例】 某高级酒店装饰装修工程的定额直接费为 485 000 元,其中定额人工费为 71 000 元,已知该地区装饰装修工程的其他直接费费率如表 2-3(其中预算包干费由双方协商而定),无冬季施工。试计算各项其他直接费。

表 2-3　其他直接费费率

序　号	其他直接费名称	计算基础	取费率(%)
1	冬季施工增加费	冬季实际完成定额人工费	15
2	雨季施工增加费	定额人工费	1.5
3	流动施工补贴费	同上	11
4	施工工具用具使用费	同上	6
5	检验试验费	同上	1.5
6	三项费用	同上	4
7	预算包干费	同上	10

【解】 根据各项其他直接费的计算公式可得:

冬季施工增加费 = 0

雨季施工增加费 = 71 000 × 1.5% = 1 065(元)

流动施工补贴费 = 71 000 × 11% = 7 810(元)

施工工具用具使用费 = 71 000 × 6% = 4 260(元)

检验试验费 = 71 000 × 1.5% = 1 065(元)

三项费用 = 71 000 × 4% = 2 840(元)

预算包干费 = 71 000 × 10% = 7 100(元)

上述各项其他费用的总和为:

$$0 + 1\ 065 + 7\ 810 + 4\ 260 + 1\ 065 + 2\ 840 + 7\ 100 = 24\ 140(元)$$

二、间接费

装饰装修工程间接费，是指装饰装修工程施工企业为组织和管理装饰装修工程施工所需要的各种费用，以及为企业职工施工生活服务所需支出的一切费用。它不直接地作用于装饰装修工程的实体，也不属于某一分部分项工程，只能间接地分摊到各个装饰装修工程的费用中。装饰装修工程间接费，包括施工管理费、临时设施费和劳动保险基金。

(一)施工管理费

施工管理费，是指施工企业为组织和管理装饰装修工程施工所需的各种费用。施工管理费内容繁多，可以归纳为非施工性费用、为施工服务的费用、为工人服务的费用和其他管理费等几方面。其具体内容如下：

1. 工作人员工资

工作人员工资，是指施工企业的行政、技术管理人员、警卫消防、炊事服务人员以及管理部门司机等的基本工资、辅助工资和工资性质的补贴。它不包括材料采购、保管人员、职工福利基金开支的管理人员以及工会经费和营业外开支人员的工资。

2. 工作人员工资附加费

工作人员工资附加费，是指按国家规定计算的支付给工作人员的职工福利基金和工会经费。

3. 工作人员劳动保护费

工作人员劳动保护费，是指按国家有关部门规定标准发放的劳动保护用具的购置费、修理费和保健费、防暑降温费等。

4. 职工教育经费

职工教育经费，是指按国家有关规定，在工资总额1.5的范围内掌握开支的在职职工的教育经费及书刊费补贴。

5. 办公费

办公费是指行政管理办公用的文具、纸张、账表、印刷、邮电、书报、会议、水电、烧水和集体取暖(包括现场临时宿舍取暖)用煤等的费用。

6. 差旅交通费

差旅交通费，是指职工因公出差，调动工作的差旅费、住勤补助费，市内交通费和工作人员误餐补助费，职工探亲路费，劳动力招募费，职工退休、离休、退职一次性路费，工作人员就医费，工地转移费，以及行政管理部门使用的交通工具的油料、燃料、养路费、车船牌照税等。

7. 固定资产使用费

固定资产使用费，是指行政管理部门和试验部门使用的固定资产(房屋、设备、仪器等)的折旧基金、大修理基金、维修、租赁费等。

8. 行政工具用具使用费

行政工具用具使用费，是指行政管理使用的、不属于固定资产的工具、器具、家具、交通工具和检验、试验、测绘、消防用具等的购置、维修和摊销费。

9. 上级管理费

上级管理费，是指装饰装修工程施工企业按国家规定向上级主管部门交纳的管理费用。

10. 工程造价管理费

工程造价管理费，是指按规定计取的定额、预算编制管理的费用。

11. 其他费用

其他费用，是指上述项目以外的其他必要的费用支出，包括定额测定、支付劳动部门临时工的管理费、合同签(公)证费、市内卫生费、印花税等费用。

(二)施工管理费的计算

1. 装饰装修工程施工管理费

装饰装修工程施工管理费 = 定额人工费 × 施工管理费费率

2. 临时设施费

临时设施费，是指因建筑施工需要而搭设的生产和生活各种设施的费用。临时设施包括临时宿舍、文化福利及公用事业房屋，以及仓库、办公室、加工厂，施工现场规定范围内的道路、管线等设施。临时设施费的计算，可用下式表示：

装饰装修工程临时设施费 = 定额人工费 × 临时设施费费率

3. 劳动保险基金

劳动保险基金，是指国有施工企业福利基金以外的，由劳动保险条例规定的离退休职工的退休金和医药费，6 个月以上的病假工资及按上述职工工资提取的职工福利基金。对不实行劳动保险待遇的企业，不计取此项费用。若该项费用实行了社会统筹，则按当地有关部门的规定计取。劳动保险基金的计算，可用下式表示：

装饰装修工程劳动保险基金 = 定额人工费 × 劳动保险基金费率

【例】 某高级酒店装饰装修工程的定额直接费为 485 000 元，其中定额人工费为 71 000 元，已知该地区装饰装修工程间接费费率分别为施工管理费费率 68%，临时设施费费率 8%，劳动保险基金费率 9%。试计算各项间接费。

【解】

根据各项间接费的计算公式可得：

施工管理费 = 71 000 × 68% = 48 280(元)

临时设施费 = 71 000 × 8% = 5 680(元)

劳动保险基金 = 71 000 × 9% = 6 390(元)

间接费用为上述三项费用之和，即：

48 280 + 5 680 + 6 390 = 60 350(元)

三、利润

在装饰装修工程费用中扣除装饰装修成本后的余额，称之为盈利。成本包括直接费、间接费、其他费用，盈利包括利润与税金。成本是物质消耗的支出和劳动者为自己劳动所创造价值的货币体现；而盈利，则是装饰装修企业职工为社会劳动所创造的价值在装饰装修工程造价中的体现。

所谓利润，就是指装饰装修工程施工企业按国家规定的计划利润或法定利润率计取的利润(此处不包括企业因降低成本等而得到的经营利润)。这项费用(利润)不但可以增加施工企业的收入,改善职工的福利待遇和技术设备,调动施工企业广大职工的积极性,而且还可以增加社会总产值和国民收入。

按照国家规定,自1989年起,为了实行招标投标承包制,将国有施工企业原有的法定利润改为计划利润,其实质同施工管理费、临时设施费一样,允许施工企业在投标报价时向下浮动,以利于建筑市场的竞争,而对集体施工企业,国家规定按法定利润率计取利润。

装饰装修工程利润以定额人工费作为计算基础,即实行工资利润率。其计算可用下式表示:

计划利润 = 定额人工费 × 计划利润率

法定利润 = 定额人工费 × 法定利润率

四、税金

税收是国家财政收入的主要来源。它与其他收入相比,具有强制性、固定性与无偿性等特点。通常装饰装修工程施工企业也要像其他企业一样,按国家的规定缴纳税金。

装饰装修工程税金,是指国家按照法律规定,向装饰装修工程施工企业或个体经营者征收的财政收入。按照装饰装修工程施工的技术经济特点,装饰装修工程施工企业应向国家缴纳六种税金,即营业税、城市建设维护税、房产税、土地使用税、教育费附加税和所得税。其中,前五种属于转嫁税,应列入装饰装修工程费用中;后一种属于利润所得分配税,由施工企业所得收入中支付。上述某些税金项目若在前面的费用中已经列支,则在缴纳税金时不再列入。例如,某省规定装饰装修工程费用中的税金由营业税、城市建设维护税、教育费附加税三部分构成(房产税、土地使用税已计入其他费用中)。在实际计算和征收税金时,为简化计算,上述三种税金之和以不含税装饰装修工程造价减去直接列入工程造价中的专用基金的差额作为计税基础,其计算可用下式表示:

税金额 =(不含税工程造价 - 直接列入工程造价中的专用基金)× 税率

其中,不含税造价,是指现行的工程预算造价(包括材料价差及利息等);直接列入工程造价中的专用基金,指临时设施费、劳动保险基金和施工机构迁移费;税率按纳税的装饰装修工程施工企业所在的地点不同分别确定。例如,某省规定纳税企业所在地为市区时,税率为3.38%;所在地为县镇时,税率为3.31%;所在地不为市区、县镇时,税率为3.19%。

五、其他费用

其他费用,是指装饰装修工程施工中实际发生的,以上费用中均未包括的支出费用。按照国家规定,其他费用可根据各地方的实际情况加以确定。一般包括远地工程施工增加费、异地施工补贴费、材料预算价格与市场价格的差价、地区差价等。其他费用不得作为其他直接费和间接费的计算基础。

(一)远地工程增加费

远地工程增加费,是指施工企业派出施工力量离开施工企业基地25km以外或离开城市到远郊区,以及偏僻地区承担施工任务所需增加的费用。其中,包括施工力量调遣费、管理费、临时设施费等。但对施工地点离企业基地不超过25km,以通勤为主的,则不计取此项费用(另计取异地工程施工补贴费)。

装饰装修工程远地工程增加费,可按以下规定计取:

1. 施工力量调遣费和管理费

它包括调遣职工的往返差旅费,调遣期间的工资,施工机具、设备和周转性材料的运杂费,以及在施工期间因公、因病、探亲、换季而往返于施工地与原驻地间的差旅费和职工在施工现场食宿而增加的水电费、采暖费和主副食运输费等。例如,某省规定施工力量调遣费和管理费,以定额人工费为计算基础,离驻地25km以上,100km以内者,按定额人工费的22%计取;超过100km,每增加50km,增加费率3%,超过500km不再增加取费率。

2. 增加的临时设施费

按定额人工费增加一定的费率计算。例如,某省规定,按定额人工费增加11%计算。

(二)异地施工补贴费

异地施工补贴费在各省、市、自治区均有相应的规定,在此不再赘述。

(三)材料预算价格与市场价格的价差

材料预算价格与市场价格的价差,是指预算定额中规定的材料预算价格与当前市场材料价格之间的差值。由于材料的价格每年均有上下浮动,势必造成同种类、同规格、同质量的材料预算价格与市场价格的差异。这部分材料价格差值要计入工程费用中,由建设单位承担。在计算这部分费用时,承发包双方应参照市场价格或材料价格调整系数,商定包干或按照公布的最高限价进行调整,并将调整额在合同中注明。

(四)地区价差

装饰装修工程预算定额一般是依据省、市、自治区政府所在城市的建筑工人工资标准,材料、机械台班价格等为标准编制的。但由于同一省内不同城市或地区的工人的工资标准、材料价格、机械台班价格标准是不同的,因此产生了地区差价。该部分差额,应按当地工程造价主管部门规定的工人工资标准、材料价格及机械台班价格标准,编制地区单位估价表或按有关规定进行调整。

除上述各项其他费用以外,有的省、市、自治区还考虑了定额流动资金贷款利息,房产、土地使用费,公有房产集中供暖费等几项其他费用。在编制装饰装修工程预算时,应按照本地区工程造价主管部门的有关规定进行增减,以利于客观地反映装饰装修工程预算造价。

第三节 装饰装修工程费用的计算程序

装饰装修工程费用的计算程序,见表2-4。

表2-4 装饰装修工程费用的计算程序(包工包料)

代号	费用名称	计 算 式	备 注
(一)	直接费	(1)+(2)	
(1)	定额直接费	按预算定额项目计算的直接费用之和	
A	其中:定额人工费	按预算定额项目计算的人工费用之和	
(2)	其他直接费	①~③之和	
①	冬季施工增加费	冬季施工实际完成量中定额人工费×15%	

续表

代号	费用名称	计 算 式	备 注
②	雨季施工增加费五项费用	A×24%	此项费用包干使用
③	预算包干费	A×(9% ~18%)	较复杂、特殊工程18% ~30%
(二)	间接费	(3)~(5)之和	
(3)	施工管理费	A×68%	
(4)	临时设施费	A×8%	
(5)	劳动保险基金	A×9%	以统筹的按省市规定计算
(三)	计划利润	A×38%	集体14%
(四)	其他费用	(6)~(12)之和	均不计取其他直接费和间接费
(6)	远地施工增加费	④+⑤	
④	其中:施工力量调遣费及管理费	A×(33% ~46%)	
⑤	临时设施费	A×11%	
(7)	异地施工补贴费	定额工日数×1.3×1.5元/人	按合同执行
(8)	定额内流动资金贷款利息	按各省市规定执行	
(9)	房产税、土地使用税		
(10)	公用房产集中供暖费		
(11)	材料预算价格与市场价差		
(12)	地区差价		
(五)	税金	[(一)+(3)+(三)+(四)-⑤]×3.38%	3.31%、3.19%
(六)	合计	(一)~(五)之和	

据表所知,构成装饰装修工程费用的五种费用之间存在着密切的内在联系。其中,前者是后者的计算基础。因此,费用计算必须按一定的程序来进行,避免漏项或重项,做到计算清晰、结果准确。另外,由于各地区情况不同,取费的项目、内容可能发生变化,而且费用的归类也可能不同,如寒冷地区应计取的冬季施工增加费在南方不计取;有的地区列入其他费用的项目在另外地区可能被列入间接费或其他直接费。因此,在进行费用计算时,要按照当地当时的费用项目构成、费用计算方法、取费标准等,遵照一定的程序计算。

复习题

1. 装饰装修工程费用由哪五部分组成?
2. 直接费用包含哪些内容?
3. 间接费用的概念?
4. 人工费如何计算?
5. 哪些费用属于“其他费用”?
6. 何为利润?

第三章　建筑装饰装修工程造价估算

所谓工程造价估算,就是在仅有少量基础资料(但设计施工图纸或需装饰建筑的实体及装饰要求必不可少)的情况下,根据工程要求,能在很短的时间内,迅速地报出接近工程实际预算的造价,因此也称为"预算估价"。

造价估算的基本要求有两点,一是迅速,用的时间越短越好;二是准确,越接近实际预算越好。估价质量的高低,集中代表预算员业务的水平。

在激烈的工程竞争中,高质量的预算估价,往往能起到决定成败的作用。对建设单位而言,高质量的造价估算,在初期决策中,占有举足轻重的地位。

第一节　工程造价估算概述

一、工程造价估算的概念

建筑生产活动是一项多环节、多因素、涉及广泛、内部和外部联系密切的复杂活动。一个拟建项目,在立项之前和立项之后,建筑产品的形成一般都要经过设计前期、方案(规划)设计、初步或扩大初步设计、施工图设计及招标(或发包)、施工及安装、试车、试运转、竣工验收等阶段,而每个阶段都要对建筑产品形成所需要的费用进行估算。这种随着设计深度的不同所进行的工程建设所需费用的一系列计算过程就叫做工程造价估算。

从世界范围来看,工程造价的估算大体可分为两大体系,一种是由国家或地区主管基本建设有关部门制定和颁发估算指标、概算定额、预算定额以及与其配套使用的建筑材料预算价格和各种应取费用定额,再由工程技术人员依据设计技术资料和图纸,并结合工程的具体情况,套用估算指标和定额(包括各项应取费用定额),按照规定的计算程序,最后计算出拟建工程所需要的全部建设费用,即工程造价。另一种是工程造价的估算不是依据国家和地区制定的统一定额,而是依据大量已建成类似工程的技术经济指标和实际造价资料,当时当地的市场价格信息和供求关系、工程具体情况、设计资料和图纸等,在充分运用估算师的经验和技巧的基础上估算出拟建工程所需要的全部费用,即工程造价。两大体系的主要区别是:(1)估价依据不同;(2)估算人员所发挥的主观能动性不同,前者套用定额、按规定计取费用均属执行政策,后者凭借估算师的实际经验和技巧。

二、工程造价估算的内容

建筑产品由于实体庞大,结构复杂,并具有与一般工业产品不可相比拟的一些技术经济特点,因而对建筑产品的设计是分阶段进行的。相对应有不同设计阶段,按需要和可能具有的条件,编制出粗细要求和具体作用有所不同的估价文件,以适应有关建筑产品的计划和组织生产工作的需要。

工程造价估算的内容,按设计深度可划分为设计前期估算、方案(规划)设计估算;按不同要求和方法可划分为工程招标估算、工程投标估算、商品房估算等。

设计前期估算,是指在提出项目建议书、进行可行性研究报告或设计任务书编制阶段,按照规定的投资估算编制办法,投资估算指标或参照已建成类似工程的实际造价资料等,对拟建项目造价所作的估算。

方案(规划)设计估算,是指设计人员提出一种或数种设计方案,并提出主要设备类型、数量后供优选,估算人员则依据设计人员提供的设计草图、设备类型等技术资料及参数,依据估算指标或参照已建成类似工程造价和现行的设备材料价格等,并结合自身所积累的实践经验对建设项目所作出的估算。方案设计估算除估算出工程项目总造价外,还要提出有关单位工程的造价,以便从中优选出技术与经济最佳方案。

在英、美、法、德等西方国家,对实行招标工程的标底价并不是以施工图预算价作为标底价的,而是由估算师按照施工图纸及设计说明书与工程量计算办法,计算出全部工程量。同时按照每一工程的具体情况,列出各种费用的项目名称,对其单价及金额部分都空着,以此作为招标文件的组成部分,分发给各有关承包商作投标报价之用。各投标商收到这些未套价的预算书后,即组织力量,依据自己积累和收集的各方面的情报信息及估算资料来编制单价、计算金额,落实各分包商的承包价格、编制各种费用项目的定额,然后对送来未套价的预算书进行套价,并以此做投标者的投标报价。也就是说,工程投标报价,是由承包商的估算师来完成的。

综上所述,工程估算从设计前期估算到方案设计估算,是一项由粗到细,由浅到深,逐步确定拟建项目价格的过程。设计前期和方案设计各阶段估算所确定的价格,均属建设项目的计划价格,而一次包死的定标价和承包竣工决算价属建设项目的实际价格。两种价格的实质就在于此。工程估价内容的实质就在于依据拟建项目不同设计阶段的内容,对该建设项目进行投资造价的确定。

三、工程造价估算的分类

一项完整的建设项目一般都包括有建筑工程、设备安装工程和装饰装修工程三大类。因此,工程估算也就分为建筑工程估算、设备安装工程估算和装饰装修工程估算三大类。

(一)建筑工程估算

所谓建筑工程估算,是指永久性和临时性的各种房屋和构筑物。如厂房、仓库、住宅、学校、剧院、矿井、桥梁、电站、铁路、码头、体育场等新建、扩建、改建或复建工程;各种民用管道和线路敷设工程;设备基础、炉窑砌筑、金属结构构件(如支柱、操作台、钢梯、钢板栏杆等)工程,以及农田水利工程等项目的造价估算。

(二)设备安装工程估算

所谓设备安装工程估算,系指永久性和临时性生产、动力、起重、运输、传动、医疗、实验和体育等设备的装配、安装工程,以及附属于被安装设备的管线敷设、绝缘、保温、刷油等工程的估算。

(三)装饰装修工程估算

所谓建筑装饰装修工程估算系指建筑物室内外环境装饰美化工程,如庭园绿化、美化、文化设施。建筑物内外装饰装修、雕塑、灯光、声讯等工程的造价估算。

上述三类工程通过施工活动才能实现,属于创造物质财富的生产性活动,是基本建设工作的重要组成部分。因此,也是估算内容的重要组成部分。

四、工程造价估算的影响因素

影响工程造价估算的因素很多,建筑产品的价格确定就是众多影响因素相互作用的结果。因此,工程造价估算人员必须熟练地掌握各种影响因素以及它们如何影响工程的造价估算。影响工程造价估算的因素一般包括:

(一)建设地区自然因素

所谓建设地区自然因素,是指对工程造价估算有影响的反映工程本身自然物理状况的因素。这些因素有:

1. 工程所处地理位置;
2. 工程地质情况;
3. 地下水文情况;
4. 气象等条件。

(二)建设地区技术经济因素

建设地区技术经济因素主要指地方材料、构配件,施工用电、用水,可租赁的机械设备和施工力量等因素。

(三)拟采用的施工方案

拟采用的施工方案一般涉及各主要分部分项工程的施工方法、施工机械选定等因素。

(四)经济因素

经济因素主要有经济发展状况、投资水平、财政收入以及金融状况、物价(尤其指建筑材料价格)、当地建筑人工费、居民收入等。这些因素对工程造价估算的影响都较复杂。

(五)工程造价估算人员自身素质

包括工程造价估算人员学识,实际工作经验,对工程实地的了解、掌握情况,对物价调整的估计,一些不可预见因素及包干因素的考虑,有关费用的计取及费用的确定。

五、建筑工程造价估算方法

建筑工程造价估算的方法有:

(1)根据建筑工程估算指标编制造价估算;

(2)根据类似工程预(决)算进行造价估算;

(3)根据经验公式进行造价估算;

(4)运用模糊数学方法进行造价估算;

(5)运用统计对比法进行造价估算;

(6)异地估算方法。

以上六种估算方法均有各自的优缺点和适用范围,其精确度也不尽相同,这里仅介绍几种常用的造价估算方法。

第二节　根据估算指标进行工程造价估算

一、估算指标分类及其内容和作用

估算指标主要包括建筑装饰装修安装工程直接费估算指标和建筑装修装饰安装工程造价

估算指标两部分。它是根据近几年所编施工图预算、竣工工程决算的资料和图纸经过分析、调整、计算而成的，具有真实性、可靠性和实用性的特点。

(一)直接费估算指标

建筑装饰装修安装工程直接费估算指标由下列内容组成：

1. 工程概况及示意图

此表主要提供估算人员依据拟建工程项目结构特征与表列工程结构特征及示意图相对照选用指标。

2. 每平方米建筑面积定额直接费指标

此表供工程经济人员依据建筑项目所在地的各种费率计算单位工程估算造价指标。

3. 一般土建各分部工程占直接费的比率表

该表可供估算人员调整换算分部工程量之用。

4. 一般土建工程主要工程量统计表

它由各分部工程(如基础工程、砖石工程等)及主要分项工程每 $100m^2$ 建筑面积中的工程量组成。此表所列工程量数值一方面可用来估算拟建工程主要分项工程的数量(设计具有一定深度时)，即拟建工程主要工程量的参考值可用相应分项工程量乘以拟建工程的建筑面积求得，进而套用工程所在地预算单价求出单位工程的直接费用，再按规定计算出各项应取费用，直接费加各项应取费用后，单位工程的一般土建工程费用则可求得。另一方面每 $100m^2$ 建筑面积中的工程量指标可以供工程经济人员换算与拟建工程不相符合的工程量之用。

5. 工料消耗指标

它由每 $100m^2$ 建筑面积和每万元消耗人工与主要材料消耗量组成。每 $100m^2$ 建筑面积消耗量指标乘以拟建工程的建筑面积，即可求出拟建工程的主要人工、材料数量，可供工程经济人员计算工料使用。

(二)造价估算指标

造价估算指标由下列内容组成：

(1)工程规模(建筑面积)、结构类型、建设地点、竣工日期等。

(2)工程概况。它主要表明工程的结构特征，如基础形式与构造、墙体材质与厚度、梁柱型式与材质、门窗材质等。它可供估算人员选用相应的单项工程造价指标。

(3)工程造价与工程费用组成。它由每平方米建筑面积的造价和各种费用占造价的比率组成，并分土建、采暖、电气照明等部分列项。

(4)土建部分分部构成比率及主要工程量。它由每平方米建筑面积主要工程量和各分部工程直接费占单位工程直接费的百分比组成，其作用与上述“直接费估算指标”中的3、4两项基本相同。

(5)工料消耗指标。它的用途与上述“直接费估算指标”中的第5项相同。

二、直接费估算指标的运用

由于该指标是个“半成品”指标，各地区、部门在使用之前，必须依据本地区、本部门规定的各项费用标准计算出完整的造价后方可使用。对于指标中已调入的系数可进行差异调整后，再进行各种费用(如其他直接费、间接费等)的计算。其计算方法，各地区、部门基本都规定有工程造价取费计算程序。因此,按规定计算程序进行,则可以求出单位工程的完整造价。这里,仅就一般土建工程地区之间的差价调整方法介绍如下:

根据欲估工程的特征寻找工程结构特征与其类似的参照工程(此类工程的各项指标已有),然后依据工程所在地材料价格参照工程指标编制地的材料价格之差及指标中的材料用量计算材料差价。

除采用上述方法调整差价外,还可采用差价系数进行调整。系数的求法是将两地各种材料单价分别乘以材料消耗指标之积相加并相除而求得。计算方法以公式表示为:

$$\text{材料差价系数} = \frac{\text{工程所在地材料价格之和}}{\text{指标编制地材料价格之和}} \times 100\%$$

根据材料差价即可对每 $1m^2$ 建筑面积中的直接费进行调整,每 $1m^2$ 建筑面积中的直接费调整完毕后,即可进行每 $1m^2$ 建筑面积的造价计算,其计算方法用计算式表示为:

$$\begin{matrix}\text{每 }1m^2\text{ 建筑}\\\text{面积的造价}\end{matrix} = \text{每 }1m^2\text{ 建筑面积中的直接费} \times (1 + \text{其他直接费率} + \text{间接费率} + \text{计划利润率} + \cdots)$$

每 $1m^2$ 建筑面积的造价计算出来后,就可以对拟建项目的投资进行计算,方法为:

$$\text{拟建工程投资} = \text{每 }1m^2\text{ 建筑面积的造价} \times \text{建筑面积}$$

应当指出,上述方法是拟建工程结构特征及作法与参照工程结构特征及作法完全相符或基本相符采用的方法,若两者有局部结构或作法不同时,则应对不同部分进行调整换算后再进行造价的计算。其方法是从原来确定的每 $1m^2$ 建筑面积中的直接费(指一般土建工程而言)指标中减去建筑面积中与设计不同结构部分或作法的价值,换入设计所要求的结构部分或作法的价值,求出调整后每 $1m^2$ 建筑面积中的直接费。其方法用计算式表示为:

$$\text{调整后的每 }1m^2\text{ 建筑面积中的直接费} = \text{原每 }1m^2\text{ 建筑面积中的直接费} - \text{换出价值} + \text{换入价值}$$

式中 $$\text{换出、换入价值} = \left(\begin{matrix}\text{每 }100m^2\text{ 建筑面积中换出、}\\\text{换入部分的工程量}\end{matrix} \times \text{工程所在地的概(预)算单价}\right) \div 100m^2$$

三、造价估算指标的运用

工程经济人员根据设计单位提供的建设工程项目一览表中每一工程项目的建设条件(如地耐力等)和结构特征,从本估算指标工程造价参考指标中查找出与拟建项目最类似的参照工程之后,即可依据参照工程的工程造价及费用组成表,运用国家或地区主管部门发布的本地区或工程所在地区的建筑装饰装修安装工程价格指标,计算出拟建工程每 $1m^2$ 建筑面积的造价(以下简称"新价")。

(一)利用施工产值价格指数调整的方法

近年来,国家对建筑装饰装修安装产品的造价已广泛地实行了动态管理。国家或地区发布的建筑装饰装修安装工程价格指数中的"施工产值价格指数",正是反映建筑装饰装修安装产品价格变动的综合性指标。因此,可以利用它来调整参照工程每 $1m^2$ 建筑面积的造价(以下简称"老价")。但由于公布的指数是年度价格指数,而参照工程多数则是数年以前的竣工工程,这就需要先计算出参照工程竣工年度至估算(或概算)编制年度的施工产值综合价格指数,见式(3-1)。

$$y=(1+x_1)\times(1+x_2)\times\cdots(1+x_n)\times100\% \tag{3-1}$$

式中 x_1——参照工程竣工后的第一年施工产值价格指数;

x_2——参照工程竣工后的第二年施工产值价格指数;

x_n——参照工程竣工后的第 n 年施工产值价格指数;

y——从 x_0 年至 x_n 年的施工产值综合价格指数。

依据上述计算公式计算出参照工程竣工年度至估、概算编制年度的施工产值综合价格指数后,即可将“老价”换算为“新价”,见式(3-2)。

$$新价=老价\times y \tag{3-2}$$

1. 参照工程“老价”可以调整为估、概算编制年度“新价”,也可调整为预期年度造价(以下简称预期价),对于工期较长的跨年度工程,有必要把建设期间的价格变动指数也考虑进去。至于预期年度或建设期间的施工产值价格指数的预测,可依据最近两年价格指数变动趋势和市场材料价格等变动因素加以确定。

2. 把参照工程“老价”调整至估、概算编制年度或预期年度的“新价”或“预期价”,只是调整了价格变动因素。而所估价工程与参照工程的局部结构不同之处是技术经济人员也需要另加分析、调整。

(二)利用直接费价格指数调整的方法

参照工程竣工年度至估、概算编制年度(或预期年度)直接费综合价格指数的计算方法,与参照工程竣工年度至估、概算编制年度(或预期年度)施工产值综合价格指数的计算方法相同,计算式也一样,只要把计算式中的施工产值指数更换成直接费价格指数即可。

计算出参照工程竣工年度至估、概算编制年度(或预期年度)直接费综合价格指数后,即可计算出参照工程在估、概算编制年度(或预期年度)每 $1m^2$ 建筑面积的直接费,见式(3-3)。

$$Q=Q'\cdot Y' \tag{3-3}$$

式中 Q——参照工程在估、概算编制年度(或预期年度)每 $1m^2$ 建筑面积的直接费;

Q'——参照工程在竣工年度每 $1m^2$ 建筑面积的直接费;

Y'——从 x'_0 年至 x'_n 年的直接费综合价格指数。

式中,参照工程在竣工年度每 $1m^2$ 建筑面积的直接费(即 Q')等于其在竣工年度每 $1m^2$ 建筑面积的直接费占每 $1m^2$ 建筑面积的造价(元/m^2)的百分比乘以其在竣工年度每 $1m^2$ 建筑面积的造价,见式(3-4)。

$$Q'=W'\cdot i' \tag{3-4}$$

式中 W'——参照工程在竣工年度每 $1m^2$ 建筑面积的造价(元/m^2);

i'——参照工程在竣工年度每 $1m^2$ 建筑面积的直接费占每 $1m^2$ 建筑面积的造价(元/m^2)的百分比(%)。

计算出参照工程在估、概算编制年度(或预期年度)的“新直接费”(Q)后,估算人员还应当对所估算(或概算)工程与参照工程的不同之处加以调整;然后按工程所在地区的现行各项费率标准计算出各项应取费用和利税额；最后将每 $1m^2$ 建筑面积的直接费加各项取费加利税后，即为拟建工程每 $1m^2$ 建筑面积的造价（元/m^2）。拟建工程每 $1m^2$ 建筑面积的造价乘以拟建工程的建筑面积，即为拟建工程的总造价。用计算式表达为：

$$T = W \cdot F \tag{3-5}$$

式中 T——拟建工程总造价；

W——拟建工程每 $1m^2$ 建筑面积的造价；

F——拟建工程的建筑面积。

（三）利用材料价格指数调整方法

在一般建筑工程中材料费占工程造价的比重很大。因此，可简化地认为，对参照工程造价（或直接费指标）中的材料费依据国家或地区分布的材料价格指数进行调整后，即可将“老价”换算为“新价”。但本法忽略了人工费、机械使用费以及其他费用的调整，因此，准确度较差。这里应该说明，前文中所介绍的材料价差调整是一种静态的调整。为了适应经济规律和价值规律的要求，国家对建筑产品的价格广泛地实行了动态管理，所以采用材料价格指数调整建筑安装工程造价（或直接费指标）中的材料费用差价的方法是一种动态方法。这种方法与上述产值指数、直接费指数的调整方法也是一样的。材料费的综合差价指数的计算，可用公式表示为：

$$A = (1 + a_1) \times (1 + a_2) \times (1 + a_3) \times \cdots (1 + a_n) \times 100\% \tag{3-6}$$

式中 A——从 a_0 年到 a_n 年的材料差价综合指数；

a_1——参照工程竣工后第一年的差价指数；

$a_2, a_3, \cdots, a_n$——分别为参照工程竣工后第二年、第三年至第 n 年的材料差价系数。

计算出参照工程竣工年度至估、概算编制年度的综合材料差价系数后，就可以计算出参照工程估、概算编制年度每 $1m^2$ 建筑面积的造价（或直接费指标）。

$$\frac{\text{参照工程估、概算编制年度每}1m^2}{\text{建筑面积的造价（或直接费指标）}} = \frac{\text{参照工程竣工年度每}1m^2\text{建筑面积}}{\text{的造价（或直接费指标）}} \times \text{材料差价综合指数}$$

除采用上述方法通过计算材料综合指数调整参照工程造价或直接费指标外，还可以通过计算人工费综合价格指数、其他费用综合价格指数来调整参照工程的造价或直接费指标。其综合价格指数的计算方法与上述方法相同。

上述材料价格综合指数是指直接费价格指数中的材料价格指数，即：

$$\text{直接费价格指数}\begin{cases}\text{人工费价格指数}\\\text{材料费价格指数}\\\text{机械使用费价格指数}\end{cases}$$

另外，还可采用建筑安装工程中主要材料费用价格指数——钢材价格指数、木材价格指数、水泥价格指数、地方材料价格指数和其他材料价格指数来调整参照工程造价或直接费指标。其方法与前述几种综合价格指数的计算方法基本相同。

综上所述，采用此三种综合价格指数调整参照工程每 $1m^2$ 建筑面积的造价或直接费指标与前文所述方法相比准确度高，但对各种价格指数（产值价格指数、直接费价格指数等）不易掌握。因为这些指数，国家或地区除在国民经济发展公报中公布外，一般都不公开公布。在实际工作中，除重点和大型工程向主管部门能够索要到外，其他大量的中、小型工程不必、且不易索要到各种价格指数（因具有保密因素在内）。因此，在目前的实际工作中，一般都多采用材料递增综合价格指数进行计算。它的计算方法为：

$$Q=(1+i)^n \tag{3-7}$$

式中 Q——综合价格指数；

i——材料价格年递增指数；

n——参照工程从竣工至估、概算编制年度的年数。

目前，从事工程技术经济工作人员，多依据各自的经验指数进行调整，所以各自所采用指数很不一致，但一般常用的多在6%～8%之间，而有些材料也有采用20%～30%，少数在50%，甚至一倍以上。

四、运用土建分部工程构成百分比及主要工程量调整直接费和造价的方法

此方法即根据分部分项工程的工程量及其占直接费的百分比对参照工程进行调整。具体方法详述如下：

（一）步骤

1. 找出拟建工程与参照工程的不同之处。

2. 将参照工程中需调整的分项工程列出“需调出分项工程表”。表中应列出分项工程名称、单位、每$1m^2$建筑面积的工程量、分项工程直接费占总直接费的比率（%）、总直接费（元/m^2）、分项工程直接费（元/m^2）。其中：

分项工程直接费＝总直接费×分项工程直接费占总直接费的比率（%）

3. 从本“估算指标”中的其他单项工程造价中，查找出与拟建工程相同的分项工程有关数据，并分列成“需调入分项工程表”。其形式与“需调出分项工程表”类似。

（二）方法

应调出与应调入分项工程每$1m^2$建筑面积的直接费计算出来后，则可对参照工程每$1m^2$建筑面积的直接费进行调整。具体方法以公式表示为：

$$W=Q-\sum(Q_1)+\sum(Q_2) \tag{3-8}$$

式中 W——调整后参照工程每$1m^2$建筑面积的直接费；

Q——参照工程每$1m^2$建筑面积中原有直接费；

$\sum(Q_1)$——参照工程中与拟建工程不同并应调减的分项工程每$1m^2$建筑面积的直接费之和；

$\sum(Q_2)$——参照工程中应调增的分项工程每$1m^2$建筑面积的直接费之和。

调整完毕参照工程每$1m^2$建筑面积的直接费后，则可采用前文所述方法来调整和计算拟建工程每$1m^2$建筑面积的造价（元/m^2）和拟建工程总造价。

五、运用工料消耗指标估算工程造价的方法

运用工料消耗指标估算工程造价的方法有两种。一种是采用系数调整参照工程中的人工费、材料费和施工机械费,从而计算出工程经济人员所需求的造价;另一种是将工料消耗指标中所列的数据套上拟建工程所在地的单价或报告期的单价分项计算并汇总后,求出工程经济人员所需要的造价。

(一)三项系数的计算

所谓"三项"系数,是指人工费调整系数、材料费调整系数和施工机械使用费调整系数的计算。它们的计算方法分述如下:

1. 人工费调整系数。

$$P = \frac{P_1 - P_2}{P_2} \times 100 \tag{3-9}$$

式中 P——人工费调整系数;

P_1——报告期综合人工单价;

P_2——参照工程综合人工单价。

$$P_1 = \text{报告期土建工日单价} \times \text{权数} + \text{报告期安装工日单价} \times \text{权数}$$

$$P_2 = \frac{\text{每 } 1\text{m}^2 \text{ 建筑面积定额人工费}}{\text{每 } 1\text{m}^2 \text{ 建筑面积定额用工量}}$$

式中,"权数"是指每1m^2 建筑面积用工量中,土建、安装用工各占的百分比,可依据参照工程每 1m^2 建筑面积人工耗用量数据求得。

计算出人工费调整系数后,可按下式将参照工程的人工费调整到报告期水平:

调整后的每 1m^2 建筑面积人工费 = 参照工程每 1m^2 建筑面积人工费 × $(1 \pm P)$

2. 材料费调整系数。

材料费调整系数计算公式为:

$$m = \frac{\sum(y \cdot P) - n}{n} \times 100\% \tag{3-10}$$

式中 m——材料费调整系数;

y——表列每 1m^2 建筑面积材料量;

P——现行材料单价;

n——表列每 1m^2 建筑面积材料金额之和。

$\sum(y \cdot P)$ 是指参照工程"工料消耗指标"表中各项材料分别乘当地材料现行价格之和;n 是参照工程"工料消耗指标"表中各项材料的金额之和。

计算出材料费调整系数后,可按下式调整参照工程的材料费:

调整后的每 1m^2 建筑面积材料费 = 参照工程每 1m^2 建筑面积材料费 × $(1 \pm m)$

式中,参照工程每 1m^2 建筑面积材料费可根据参照工程的"工程造价及费用组成"表有关数据求得,即每 m^2 建筑面积造价乘材料费占造价的比率。

3. 机械费调整系数

每一个参照工程的"工料消耗指标"表中往往并未列出机械费的实物消耗量，因此，调整起来困难就大一些。但是，可以考虑采用综合价格系数调整方法进行调整。各地区都有本地区的施工机械台班费用定额，而且都是依据全国统一的施工机械台班费用定额和本地区的人工、燃料（电力）等价格编制的，这就为估价人员调整机械费用提供了方便，其具体方法可采用：

$$G = G_1 \times (1 \pm i) \times (1 \pm G_p) \tag{3-11}$$

式中　G——调整后的每 $1m^2$ 建筑面积机械费；

G_1——参照工程每 $1m^2$ 建筑面积机械费；

i——报告期机械台班费用定额综合水平较基期升降系数。此系数是指本地区现行机械台班费用定额综合水平较参照工程编制期使用的机械台班费用定额综合价格水平上升或下降的百分比率。在实际工作中，这个升降系数各地区一般都有现成的，不必再进行测算，估算人员可向工程所在地的定额管理部门索取；

G_p——报告期机械费调整系数。此系数是指工程所在地定额管理部门在本地区现行机械台班费用定额基础上定期发布的机械费综合调整系数。

上述三项系数计算出来并对三项费用进行调整后，则可以计算调整后的每 $1m^2$ 建筑面积直接费（简称新的直接费）。

$$A = B + C + D + E \tag{3-12}$$

式中　A——调整后的每 $1m^2$ 建筑面积直接费；

B——调整后的每 $1m^2$ 建筑面积人工费；

C——调整后的每 $1m^2$ 建筑面积材料费；

D——调整后的每 $1m^2$ 建筑面积机械费；

E——调整后的每 $1m^2$ 建筑面积其他有关费用（如其他直接费等）。

通过调整，估算出拟建工程的每 $1m^2$ 建筑面积直接费（A）后，再依据工程所在地的各项应取费用标准（如间接费等）计算各项应取费用。最后将每 $1m^2$ 建筑面积的直接费、间接费、计划利润、税金等相加后即为拟建工程每 $1m^2$ 建筑面积的造价。拟建工程每 $1m^2$ 建筑面积的造价乘以拟建工程的建筑面积，则为拟建工程的总造价。

（二）计算人工材料综合价格

人工材料的综合价格计算，就是把参照工程中的"工料消耗指标"表内所列的每 $1m^2$ 建筑面积人工、材料数量乘以工程所在地的人工、材料单价后的总和，再乘以（1＋次要材料费率），即可得出参照工程每 $1m^2$ 建筑面积新的直接费。最后再加上上述各项费用，则可得出拟建工程每 $1m^2$ 建筑面积的造价和拟建工程总造价。

第三节　根据类似工程预（决）算进行工程造价估算

一、考虑的因素

利用类似工程预（决）算进行工程造价估算，是一种快而简捷的方法。一般在估算过程中，要考虑一些因素的变化，其主要因素为：

1. 拟建工程项目与类似预(决)算工程在构造上的差异;
2. 拟建工程项目与类似预(决)算工程在建筑面积、层数以及层高等方面的差异;
3. 拟建工程项目与类似预(决)算工程在施工方法上的差异;
4. 地区工资标准的差异;
5. 材料(预算)价格的变化;
6. 机械使用费的变化;
7. 间接费和其他一些费用的调整变化等。

二、估算方法和步骤

利用类似工程预(决)算编制工程造价估算,关键是对上述因素确定出修正系数,以调整拟建工程项目与类似工程预(决)算资料的差异部分,使所估算的工程造价更加准确,符合实际。常用的调整方法为综合系数法。本法系考虑建设地点不同,引起人工费、材料费、机械使用费和间接费等项费用的差别,采用上述各项费用在类似工程预(决)算价值中所占比重的综合系数进行调整。具体调整过程如下:

$$\text{类似工程预(决)算工资比重 } B_1 = \frac{\text{人工工资总额}}{\text{类似工程预(决)算价值}} \times 100\%$$

$$\text{类似工程预(决)算材料费比重 } B_2 = \frac{\text{材料费}}{\text{类似工程预(决)算价值}} \times 100\%$$

$$\text{类似工程预(决)算机械使用费比重 } B_3 = \frac{\text{机械使用费}}{\text{类似工程预(决)算价值}} \times 100\%$$

$$\text{类似工程预(决)算间接费等比重 } B_4 = \frac{\text{间接费等项费用总和}}{\text{类似工程预(决)算价值}} \times 100\%$$

$$\text{工资修正系数 } K_1 = \frac{\text{拟建工程所在地区工资标准}}{\text{类似工程所在地区的工资标准}}$$

$$\text{材料价格修正系数 } K_2 = \frac{\sum(\text{类似工程主要材料用量} \times \text{拟建工程所在地区材料预算单价})}{\sum \text{类似工程主要材料费用}}$$

$$\text{机械使用费修正系数 } K_3 = \frac{\sum(\text{类似工程主要机械台班数} \times \text{拟建工程所在地区机械台班价格})}{\sum \text{类似工程主要机械使用费}}$$

间接费等项费用修正系数 K_4 可根据地区、企业和投标策略等实际情况进行调整确定。则:

$$\text{综合修正系数 } K = B_1 \times K_1 + B_2 \times K_2 + B_3 \times K_3 + B_4 \times K_4 = \sum_{i=1}^{4} B_i \times K_i \tag{3-13}$$

当所估价项目与类似工程的某些分项工程不同时,可计算出两者之间的差值(即应增或应减值),再求出修正后的总造价。即:

$$\text{修正后的类似工程总造价} = (\text{类似工程造价} \pm \sum \text{分项工程增减值}) \times K$$

$$\text{拟建工程项目的估算单价} = \frac{\text{修正后的类似工程总造价}}{\text{类似工程建筑面积}}$$

$$\text{拟建工程项目的估算单价} = \text{估算单价} \times \text{拟建工程项目建筑面积}$$

第四节　根据经验公式进行工程造价估算

估算工程造价的经验公式较多，现介绍其中常用的两种。

一、特定权重法

首先需选定相似工程。所谓相似工程，是指自然条件及用途、面积、层数、高度、结构特征、工艺等主要指标与欲估工程相同或相近的已往典型工程。它可由专家根据自己的经验挑选。然后用式(3-14)计算欲估工程的工程造价：

$$E = \lambda \sum_{i=1}^{1} W_i E_i \tag{3-14}$$

式中　E——欲估工程的工程造价；

λ——考虑修建年代或物价水平等因素的调整系数；

W_i——第 i 个相似工程对欲估工程的影响权重；

E_i——第 i 个相似工程的实际工程造价；

1——估算时所用的相似工程个数。

该方法中的影响权重 W 是一组特定值，一般由专家确定。这种估算方法最为简单，其估算精度取决于所选取的相似工程是否准确以及各个权重系数是否选取恰当、是否适合欲估工程情况。

二、指数平滑法

(一)概述

通常的预测方法，都是根据观测时序建立模型，再利用模型来进行预测计算。假如我们不知道时间序列的模型，那么如何由时间序列以往的观测数据预测下一步时间序列的值，这就是指数平滑预测方法要解决的问题。它的基本思想是用以往观测数据的指数加权组合来直接预测时间序列的将来值。

(二)指数平滑预测公式推导

设已知到时刻 t 为止的时间序列的观测值 $x(t)$，$x(t-1)$，…，自然可用它们的加权组合作为 $x(t+1)$ 的预测估值，见式(3-15)。

$$\hat{x}(t+1/t) = c_0 x(t) + c_1 x(t-1) + c_2 x(t-2) + \cdots \tag{3-15}$$

其中 c_i 是加权系数序列。根据观测数据的记忆衰减方法，应加大新近数据的权系数，减小陈旧数据的权系数，以体现过程的时变性。因此，我们采用指数衰减权系数，见式(3-16)。

$$c_i = a(1-a)^i; \qquad i = 1, 2, \cdots \tag{3-16}$$

其中常数 a 满足 $0 < a < 1$，见式(3-17)。

$$\sum_{i=0}^{\infty} c_i = 1; \qquad 当\ i \to \infty\ 时, c_i \to 0 \tag{3-17}$$

将式(3-16)代入式(3-15),得到预测估值,见式(3-18)。

$$\hat{x}(t+1/t) = \sum_{i=0}^{\infty} a(1-a)^{i_x}(t-i) \tag{3-18}$$

其中 a 叫衰减因子。a 小时,是强调过去数据的作用;a 大时,是强调新近数据的作用。例如,当 $a=0.9$ 时,各权系数分别为 0.9,0.09,0.009,…。在极端情形下 $a=1$,则以往数据对预测没有任何影响,此时见式(3-19)。

$$\hat{x}(t+1/t) = x(t) \tag{3-19}$$

严格地说,式(3-18)是无限个过去观测值的加权之和,但在实际中仅有有限个观测数据可利用,而且此式在应用上并不方便。故此式可改为式(3-20)。

$$\begin{aligned}\hat{x}(t+1/t) &= ax(t) + (1-a)[ax(t-1) + a(1-a)x(t-2) + \cdots] \\ &= a\hat{x}(t) + (1-a)x(t/t-1)\end{aligned} \tag{3-20}$$

即式(3-21):

$$\begin{aligned}\hat{x}(t+1/t) &= ax(t) + (1-a)x(t/t-1) \\ \hat{x}(t+1/t) &= x(t/t-1) + a[\hat{x}(t) - \hat{x}(t/t-1)]\end{aligned} \tag{3-21}$$

指数平滑预测方法计算公式(3-21)表明:可利用前一时刻的预测值 $\hat{x}(t/t-1)$ 和现在时刻的观测值 $x(t)$ 对未来 $t+1$ 时刻进行预测 $\hat{x}(t+1/t)$。不仅如此,式(3-21)中含有校正预测的含义,即新的预测值 $\hat{x}(t+1/t)$ 等于原来的预测值 $\hat{x}(t/t-1)$ 与校正值之和,而校正项又等于预测误差 $\hat{x}(t)-\hat{x}(t/t-1)$ 与 a 的乘积。

(三)工程造价估算公式推导

工程造价估算可以看作是对拟建工程的造价进行预测。因此,可以运用预测技术中的指数平滑法原理推导工程造价估算公式。根据指数平滑法预测原理,可选择若干个与拟建工程类似的已建典型工程,用这些工程的造价来估算拟建工程的造价。这些典型工程的造价值对应于指数平滑预测公式中的以柱时间序列观测数据 $x(t), x(t-1), \cdots$。指数平滑预测公式权系数 c_i 中的衰减因子口对应于工程间的相似程度。

选取近期的 k 个与拟建工程类似的已建工程 $A_i(I=1,2,\cdots,A)$,它们与拟建欲估工程月的相似程度为 $B(0\leqslant a\leqslant l$,其具体值可由专家确定或用其他方法求得)。将 a_i 从大到小排列成一个有序数列,令为 $a_1, a_2, \cdots, a_k$,相对应的已建工程每平方米建筑面积的造价值为 $E_1, E_2, E_3, \cdots, E_k$,设第 i 个类似工程 A_i 每平方米建筑面积的造价预测值为 E_i^*,其预测误差为 $E_i - E_i^*$,则根据指数平滑预测公式(3-21),得第 $i-1$ 个类似工程 A_{i-1},每平方米建筑面积的造价预测值为式(3-22)。

$$E_{i-1}{}^* = E_i^* + a_i(E_i - E_i^*) \tag{3-22}$$

上式意义是对第 i 个类似工程 A_i,每平方米建筑面积的造价预测值 E_i^* 进行修正,方法是加上预测误差 $E_i - E_i^*$ 和该工程与拟建工程的相似程度值 a_i 的乘积,然后把修正后的造价值作为与拟建工程类似的第 $i-1$ 个类似工程 A_{i-1} 每平方米建筑面积的造价预测值。式(3-22)可改写为式(3-23)。

$$E_{i-1}{}^* = a_i E_i + (1 - a_i) E_i^* \tag{3-23}$$

将上式以次类推并展开,则可得拟建工程每平方米建筑面积的造价预测值为见式(3-24)。

$$\begin{aligned} E_g &= a_1 E_1 + (1 - a_1) E_1^* \\ &= a_1 E_1 + (1 - a_1)[a_2 E_2 + (1 - a_2)] E_2^* \\ &= a_1 E_1 + a_2(1 - a_1) E_2 + a_3(1 - a_1)(1 - a_2) E_3 + \cdots + \\ &\quad a_k(1 + a_1)(1 - a_2)\cdots(1 - a_{k-1}) E_k + (1 - a_1)(1 - a_2)\cdots(1 - a_k) E_k^* \end{aligned} \tag{3-24}$$

其中 E_k^* 为预测初始值,取为 k 个典型工程每平方米建筑面积的造价的算术平均值,见式(3-25)。

$$E_k^* = 1/K \sum_{i-1}^{k} E_i \tag{3-25}$$

一般只要取与拟建欲估工程最相似的 3 个已建工程就完全可以满足拟建工程的造价估算精度要求,则拟建欲估工程每平方米建筑面积的造价估算公式,见式(3-26)。

$$E_g = a_1 E_1 + a_2 E_2(1 - a_1) + a_3 E_3(1 - a_1)(1 - a_2) + (1 - a_1)(1 - a_2)(1 - a_3)(E_1 + E_2 + E_3)/3 \tag{3-26}$$

式(3-26)可改写为式(3-27)。

$$\begin{aligned} E_g = &[a_1 + 1/3(1 - a_1)(1 - a_2)(1 - a_3)] E_1 + \\ &[a_2(1 - a_1) + 1/3(1 - a_1)(1 - a_2)(1 - a_3) E_2] + \\ &[a_3(1 - a_1)(1 - a_2) + 1/3(1 - a_1)(1 - a_2)(1 - a_3)] E_3 \end{aligned} \tag{3-27}$$

从式(3-27)看出,拟建欲估工程每平方米建筑面积的造价估算值 E_g 实际上就是与其最相似的三个典型工程每平方米建筑面积的造价值的加权平均值。其中,E_1 的权值为 $W_1 = a_1 + W$,E_2 的权值为 $W_2 = a_2(1 - a_1) + W$,$E_3 = a_3(1 - a_1)(1 - a_2) + W$,这里,$W = 1/3(1 - a_1)(1 - a_2)(1 - a_3)$。由于,$a_1 \geqslant a_2 \geqslant a_3$,又 $0 \leqslant a_i \leqslant 1$,所以有 $a_1 \geqslant a_2(1 - a_1)(1 - a_2)$,从而 $W_1 \geqslant W_2 \geqslant W_3$,这说明此公式中,与欲估工程相似的典型工程其权值越大,与欲估工程相似程度小的典型工程其权值也小;换句话说,它对相似程度大的典型工程更为重视,这显然很有道理。

从上面对估算公式的推导和说明中可以看出,这个估算公式有充分的理论依据,足可以应用的。

第五节　统计对比法工程造价估算简介

进行统计对比法进行工程造价估算,必须有大量的已建成工程造价的统计资料、有一些单位交流的建筑经济资料和工程造价资料、有各种杂志发表的工程造价资料和信息,这要依靠单位多年的资料积累。不仅有单位工程整体项目,还要有分项工程的经济资料。(如"工程经济信息"、"建筑工程技术经济"、"建筑经济"等)

分项工程是整个工程的组成部分,同时对某些工程又能单独出现。统计对比估价是建立在分项工程单位造价基础上的统计对比估价。

所谓分项工程单位造价，就是分项工程定额基价，按照各地规定的取费标准，及同类表的计算程序计算后而得到的预算造价。

分项工程单位造价也可以用其他方法求得。将某项工程（综合性较强的工程实例较好）预算书中造价除定额直接费，则得到一个大于 1 的系数，称这个系数为综合系数 C，C = 预算造价/定额直接费 ×100%；将分项工程的定额基价乘以 C 就是该分项工程的单位造价，即：

$$分项单位造价 = 分项定额基价 \times C$$

把历年各次工程的分项工程单位造价列表积累，从中找出变化态势，通过计算或估价工程量，就可以估价分项工程乃至全部工程的预算造价。

分项工程单位造价对比统计表见表 3-1。

表 3-1 分项工程单位造价对比统计表

竣工时间	项目	单位造价	变动额	变化率	项目	单位造价	变动额	变化率

工程预算资料的统计和积累表是一项艰苦细致的工作，须持之以恒。同时，这也是预算估价的基础，且对提高预算员的业务水平起着至关重要的作用。

第六节 异地估价方法

一、异地估价的含义

一个施工企业到外地投标工程，首先需要的就是预算估价，以为企业决策或竞标提供依据。异地预算估价是建立在预算工作人员熟悉本地工程预算估价并有较丰富经验的基础上的估价方法。

分析建筑装饰工程的预算造价，主要有以下四部分组成，这在全国各地一般都是相同的。

1. 人工费：指直接从事工程的工人工资。

2. 机械费：指完成工程而需要的机械设备所消耗的费用。

3. 材料费：指用于工程的全部材料费用。

4. 综合费率费用：指按照有关规定计取的各种费用的总和。

在上述四项费用中，人工费是参照《全国统一劳动定额》的工日制定的，所以工日消耗基本是一致的，其差别主要在工日的工资水平上。由于人工费在整个工程中占的比重较小。即便较大的情况，由于异地预算估价是建立在对本地工程预算估价的基础上，所以这种因素已被包括在内，其根本差别还是在工日工资水平上。当工日工资水平差别不太大，异地预算估价时，人工费项目可以忽略。只是在工日工资水平差别较大时，才将这一项考虑在内。

机械使用费在建筑装饰工程中所占的比例很小，且各地预算定额取定又基本相同，本地与异地施工机械费项目相差甚微，故可以略去不计。

材料费在建筑装饰工程预算造价中占绝大部分。据统计，一般平均占工程造价的70%以上。但具体而言，不同的部位、不同的装饰做法差异也较大。一般来说，装饰标准越高，材料费占的比例越大，反之则越小。

在一项工程预算中，材料费与该工程预算造价的比值称为“材料费比例系数”，以 C_1 表示。

$$C_1 = \frac{\text{材料费}}{\text{预算造价}} \times 100\%$$

综合费率费用在装饰工程预算估价中占有相当的比例，综合费率费用在预算造价中所占的比例叫做“综合费率费用比例系数”，以 C_2 表示。

$$C_2 = \text{综合费率费用}/\text{预算造价} \times 100\%$$

综合以上分析，在熟悉本地装饰装修工程预算估价的基础上，就可以估价异地工程预算造价。

二、方法和步骤

1. 通过市场调查和了解当地主管部门制定的材料价格并与本地材料价格相比较，从而获得一个“材料价格相对变动系数”，以 K_1 表示。

$$K_1 = \text{异地综合材料价格}/\text{本地综合材料价格} \times 100\%$$

2. 通过了解当地主管部门制定的“综合费率”（须经计算求出）与本地综合费率相比较，从而获得一个“综合费率费用相对变动系数”，以 K_2 表示。

$$K_2 = \text{本地综合费率}/\text{异地综合费率} \times 100\%$$

3. 当人工工资水平与本地人工工资水平差异较大时，将异地人工工资与本地人工工资相比，从而获得一个“人工工资相对变动系数”，以 K_3 表示。

$$K_3 = \text{异地人工工资}/\text{本地人工工资} \times 100\%$$

4. 异地工程预算估价

$$\text{异地工程预算估价} = \text{本地工程预算估价} \times (K_1 \times C_1 + K_2 \times C_2 + K_3 \times C_3)$$

上式中，C_3 为人工费比例系数，一般可取0.05～0.1之间。

上面介绍了几种估价方法，但不论哪种估价方法，都是建立在大量的统计工作和丰富的经验积累的基础上。其中特定权重法、统计对比法均属于较粗的快速估算方法，为决策者快速提供稳妥的、可靠的报价，为承揽工程起促进作用。

由于地区的差异、估算人员素质的差异、装饰工程内容的差异等诸多因素，其估价结果往往也会有很大差异，当然，还有许多估价方法，这就需要预算工作人员不断总结，灵活运用。

第七节　工程估价表的编制

不管哪一种估算方法，其最终都要编制单位工程估价表，用以说明对某工程的估算结果。

它是工程建设各阶段的重要经济文件。

一、单位估价表的作用和内容

单位估价表是在编制预算时,用以确定每一个工程(单位工程)的单价,例如,地面铺大理石 $1m^2$,墙面贴壁布 $1m^2$ 的单价等。它是按照预算定额的编号和项目编制的,并根据预算定额所规定的人工、材料及机械台班数量、地区的建筑安装工人工资标准和材料预算价格计算出来的。在表内详细列出每一个工程项目所需的人工、材料和机械台班数量与其单价的合价。

(一)单位估价表的作用

1. 单位估价表是确定工程造价的基本依据之一

按设计施工图计算出分项工程量后,分别乘以相应单位估价表,得出分项直接费,汇总各部分项直接费,再按规定计取各项费用,即得出单位工程全部预算造价。

2. 单位估价表是对设计方案进行技术经济分析的基础资料

各分项工程,如各种墙面、顶棚、地面、灯饰等的装饰装修,同部位选择什么样的设计方案,除考虑生产、功能、坚固、美观等条件外,还要考虑经济条件。这就需要采用单位估价表进行衡量比较,在同样条件下,当然要选择经济合理的方案。

3. 单位估价表是施工企业进行经济核算的依据

企业为了考核成本执行情况,必须按单位估价表中所规定的单价进行比较。如某工程地面铺贴花岗岩每 $1m^2$ 按单价表查出预算单价为 390.73 元。其中,人工费 8.43 元,材料费 382.30 元,以上数字表明预算价格,而实际耗用的工料费即为实际价格。对两者作一比较,即可算出降低成本的多少,并找出原因。

4. 单位估价表是进行已完工程结算的依据之一

建设单位和施工单位按单位估价表核对已完工程的单价是否正确,以便进行分部分项工程结算。

总之,合理地确定预算单价,正确使用单位估价表,是准确确定工程造价,促进企业加强经济核算,提高投资效益的重要环节。

(二)单位估价表的内容

单位估价表由预算定额计量单位和预算价格两部分组成。其表达形式,见表3-2。

表 3-2　镶贴釉面砖单位估价表

定额编号				1-50		1-51		1-52	
项目名称		单位	单价(元)	外墙贴釉面砖					
				墙面、墙裙		梁柱面		挑檐天沟	
				数量	合价	数量	合价	数量	合价
合计		元			3 964.11		4 042.82		4 029.24
其中	人工费	元	7.11	39.37	279.92	50.44	358.63	48.53	345.05
	材料费	元			3 661.04		3 661.04		3 661.04
	机械使用费	元			23.15		23.15		23.15

续表

定 额 编 号				1－50		1－51		1－52	
项目名称		单位	单价（元）	外墙贴釉面砖					
				墙面、墙裙		梁柱面		挑檐天沟	
				数量	合价	数量	合价	数量	合价
材料	水泥砂浆 1：1	m^3	169.04	0.100	16.90	0.100	16.90	0.100	16.90
	混合砂浆 1：1：2	m^3	133.30	0.720	95.98	0.720	95.98	0.720	95.98
	水泥砂浆 1：3	m^3	107.22	1.830	196.21	1.830	196.21	1.830	196.21
	石灰膏	m^3	118.19	0.24	28.37	0.24	28.37	0.24	28.37
	彩釉外面砖 152×75	千块	337.86	9.02	3 047.50	9.02	3 047.50	9.02	3 047.50
	水泥 42.5 级综合	kg	0.19	1 107.00	210.33	1 107.00	210.33	1 107.00	210.33
	中砂（净）	m^3	29.380	2.012	59.11	2.012	59.11	2.012	59.11
	水	m^3	0.390	0.579	0.23	0.579	0.23	0.579	0.23
	其他材料	元	1.00		6.41		6.41		6.41
机械	砂浆搅拌机 200L	台班	15.740	0.460	7.24	0.460	7.24	0.460	7.24
	单筒快速卷扬机 1t	台班	24.110	0.660	15.91	0.660	15.91	0.660	15.91

注：1. 施工面积 $100m^2$。
2. 工作内容略。

1. 定额计量单位

装饰装修工程定额计量单位以米、平方米、立方米、个、组、根、条等表示。

2. 预算价格

即同人工、材料及机械台班的消耗量相对应的价格，是由地区工资等级标准、地区材料预算价格、建筑机械台班预算价格所决定的。

编制单位估价表，就是以确定三种（人工、材料、机械）消耗量与相应的三种价格的乘积组成的，用公式表示如下：

预算单价 = 人工费 + 材料费 + 机械费

人工费 = $\sum$（工日数量 × 工资等级标准）

材料费 = $\sum$（材料数量 × 材料预算价格）

机械费 = $\sum$（机械台班数量 × 机械台班价格）

二、单位估价表的种类

单位估价表一般分为两大类：一种是地区单位估价表；另一类是通用单位估价表。

地区单位估价表，按地区编制分部分项工程各种构配件的单位估价。它是预算定额在本地区执行的具体化，而且对定额中留的活口也作出具体规定。地区单位估价表与预算定额一样具有法令性质，凡在规定区域内施工的工程必须执行，不得任意修改。

通用单位估价表，是由国家统一颁布的单位估价表，适用于各地区、各部门的建筑及设备安装工程的单位估价，一般用于专业工程的单位估价表，应调整地方差价。

单位估价表是在定额基础上编制的，因定额种类繁多，按工程定额性质、使用范围及编制依据不同，可划分如下种类：

（一）按定额性质划分

（1）按建筑工程预算定额（包括装饰装修工程预算定额）编制的单位估价表，适用于一般工业与民用建筑的新建、扩建、改建工程。

（2）按设备安装工程预算定额编制的单位估价表，适用于机械设备、电气设备安装工程、给排水工程、采暖工程、煤气工程、通风工程、电气照明工程等。

（3）按园林工程预算定额编制的单位估价表，适用于园林、绿化工程、园林小品及花卉等。

（4）按市政工程定额编制的单位估价表，适用于市政土石方工程、道路工程、给排水工程、煤气管道工程、桥涵工程等。

（5）按房屋修缮工程预算定额编制的单位估价表，适用于房屋的大修、维修以及建筑面积不超过 $200m^2$ 的翻修工程，不适用于新建、改建工程。

（二）按使用范围划分

（1）按全国统一定额编制的单位估价表，适用于各地区、各部门的建筑及设备安装工程。

（2）按地区统一定额编制的单位估价表，仅限于本地区范围内使用。

（3）按地区统一定额或全国统一定额，结合工程建设项目特点，编制工程项目单位估价表，仅适用于土木工程项目范围。

（4）按专业工程定额编制的单位估价表，仅适用于专业工程的建筑及设备安装工程。

（三）按编制依据划分

（1）按全国统一定额或地区统一定额编制的单位估价表，具有法令性文件，可在规定的时间内和地区内多次使用。

（2）补充单位估价表是指定额缺项，没有相应项目可使用时，按照设计图资料，根据定额、单位估价表的编制原则，编制补充单位估价表。由于新结构、新工艺、新材料以及高级装修的产生，现有定额单价已不能满足工程项目的需要，必须补充一些定额单价，即称为补充单位估价表。它的作用、内容、编制依据及表示都与定额单位估价表相同，仅适用于编制补充单位估价表的工程（即一次性使用）。

三、单位估价表的编制

（一）单位估价表的编制依据

单位估价表是确定单位价格和建筑产品直接费用的文件。建筑安装工程单位估价表，一般按地区编制，其编制主要依据如下：

1. 地区统一建筑工程预算定额；
2. 地区现行建筑安装工人工资标准；
3. 地区建筑材料预算价格；
4. 地区机械台班费用定额。

（二）地区单位估价表的编制

编制单位估价表的工作较繁琐，工作量较大，为了尽量简化编制工作，目前，我国一些较大城市，都编制地区统一使用的单位估价表。如果工程所在地区材料预算价格与地区单位估价表中所采用的材料预算价格出入较大时，可根据实际情况将地区统一单位估价表中主要材料价格进行换算，或采用价差系数进行调整，这样，可以简化编制工作。

另外，有些地区还根据当地的实际情况，以及建筑市场的动态，编制补充单位估价表。单位估价表的价格由三部分组成，即人工费、材料费及机械费。它的项目、名称、顺序排列应按预算定额，并结合地区工程建设的需要进行编制。

1. 人工工资的计算

地区单位估价表的人工工资，包括建筑安装工人基本工资、附加工资和工资性津贴。

(1)基本工资

按预算定额的工人等级和地区现行建筑安装工人工资标准计算。

(2)附加工资

按地区的规定和现行企业标准综合确定。

(3)工资性质的津贴

包括粮煤补助及副食品价格补贴，按照主管部门的规定计算，综合列入地区单位估价表内。

2. 材料、构件及配件预算价格的确定

(1)材料预算价格

按地区建筑材料预算价格计算。

(2)构件及配件预算价格

金属结构、混凝土预制构件和门窗配件等，凡由独立核算加工厂制作的，其原价按批准的产品出厂价格计算，凡由建筑企业内部附属加工厂制作的，应按预算定额和材料预算价格编制地区单位估价表。

(3)材料场外运输

已综合考虑在预算定额内，在编制地区单位估价表时，按定额规定运距计算。

(4)材料场内运输

综合考虑在预算定额内，在编制地区单位估价表时，按定额规定运距计算。

(5)材料的规格和单价的取定

①凡预算定额附表内，已列明规格可供参考者，一般的说，应按定额附表的规格取定；凡定额附表内未列明规格的，可根据地区一般常用材料规格，结合经验资料，取定其规格的单价。

②木材规格和单价，可根据预算定额和材料预算加大所列材料品种、等级，结合地区近期供应情况，综合取定其规格和单价，工程材料和模板已列入单位估价表。

③钢筋按预算定额的规定，结合实际情况，分别按 $\phi5$ 以内、$\phi10$ 以内、$\phi10$ 以上列入地区单位估价表。

3. 机械费的确定

按照建筑工程预算定额中的机械台班计算，凡预算定额规定的特种机械，如进口塔式起重机等几个允许换算者，应按机械台班费用编制办法和特种机械价格编制地区单位估价表。

装饰装修定额中所用机具以手动、电动小工具为主，该部分内容在其他直接费中的工具用具使用费中解决。

4. 单位估价汇总表

在单位估价表编制完以后，应编制单位估价汇总表见表3-3。单位估价汇总表，是指把单位估价表中分项工程的主要货币指标（基价、人工费、材料费、机械费）及主要工料消耗指标，汇总在统一格式的简明表格内。单位估价汇总表的特点是所占篇幅少，查找方便，简化了装饰装修工程预算编制工作。单位估价汇总表的内容，主要包括单位估价表的定额编号、项目名称、计量单位，以及预算单价和其中的人工费、材料费、机械费和综合费等。

表3-3 单位估价汇总表

序号	定额编号	项目	单位	单价（元）	其中			
					人工费（元）	材料费（元）	机械费（元）	综合费（元）
1	1-50	墙面、墙裙镶贴釉面砖	m^2	39.64	2.8	36.61	0.23	
2	1-51	梁柱面镶贴釉面砖	m^2	40.43	3.59	36.61	0.23	
3	1-52	挑檐天沟镶贴釉面砖	m^2	40.29	3.45	36.61	0.23	

编制单位估价汇总表，要注意计量单位的换算。单位估价汇总表中的计量单位，均以“个”单位表示。即定额中以 $100m^3$（或 $100m^2$、10m）表示的，除个别外，均改用 $1m^2$（或 m^3、1m）表示，以免在计算工程量与定额的计量单位换算中出差错。

（三）编制单位估价表的要求

（1）熟悉图纸和设计资料，了解单位估价表项目的工作内容和要求。

（2）了解施工组织设计对项目的质量标准及技术措施。

（3）了解安全操作规程及该项目所采取的安全施工措施。

（4）了解该项目施工方法、工艺流程，并详细列出全部的施工工序。

（5）了解该项目所需的消耗材料名称、品种、规格、数量。

（6）确定材料在施工现场堆放地点、运距。

（7）计算该项目所需人员的劳动组织和配备情况，按人员的工种、等级、工资标准计算。

（8）计算该项目所需的施工机械种类、台班数量，确定机械费。

（9）最后，以人工费、材料费、机械费汇总为单位估价表。

四、装饰装修工程补充单位估价表

凡国家、省、自治区、直辖市颁发的统一定额和专业部门主编的专业性定额中所缺少的项目，各地区可自行根据具体情况编制补充单位估价表。补充单位估价表的编制原则、使用范围及编制方法等均与预算定额编制相同。

（一）编制与使用补充单位估价表前应明确的问题

（1）补充单位估价表的工程项目划分，应按预算定额（或单位估价表）的分部工程归类其计量单位、编制内容和工作内容等，也应与预算定额（或单位估价表）一致。

（2）由建设单位、施工企业双方编制好的补充单位估价表，必须报当地建委审批后，方可作为编制该装饰装修工程施工图预算的依据。

（3）补充单位估价表只适用同一建设单位的各项装饰装修工程，即为“一次性使用定额”。

（4）如果在同一设计标准的装饰装修工程编制施工图预算时，使用该补充单位估价表，其人工、材料和机械台班数量不变，但其预算单价必须按所在地区的有关规定进行调整。

（二）补充单位估价表的编制方法和步骤

1. 准备工作阶段

由建设单位、施工企业共同临时编制小组，搜集编制补充单位估价表的基础材料，拟定编制方案。

2. 编制工作阶段

（1）根据施工图的工程内容和有关编制补充单位估价表的规定，确定工程项目名称、补充定额编号、工作内容和计量单位，并填写补充在单位估价表各栏内。

（2）根据施工图、施工定额和现场测定资料等，计算完成定额计量单位的各工程项目相应的人工、材料、施工机械台班的消耗指标。

（3）根据工人、材料、机械台班消耗指标与当地的人工工资标准、材料预算价格、机械台班价格，计算人工费、材料费和施工机械使用费，将上述人工费、材料费和施工机械使用费相加所得之和，就是该补充单位估价表项目的预算单价。

（4）编写文字说明。

3. 审批工作阶段

补充单位估价表经审核，上报主管部门批准后方可执行。

（三）人工、材料和机械台班消耗指标的确定

1. 人工消耗指标

补充单位估价表的人工消耗指标，是指完成某一分项工程项目的各种用工量的总和。它是由基本用工量、材料超运距用工量、辅助用工量和人工幅度差等组成，一般可按下列公式计算：

$$\text{人工消耗指标} = (\text{基本用工量} + \text{超运距用工量} + \text{辅助用工量}) \times (1 + \text{人工幅度差系数})$$

$$\text{基本用工量} = \sum(\text{工序工程量} \times \text{相应时间定额})$$

$$\text{超运距用工量} = \sum(\text{超运距材料用量} \times \text{相应时间定额})$$

$$\text{辅助用工量} = \sum(\text{加工材料数量} \times \text{相应时间定额})$$

$$\text{人工幅度差} = (\text{基本用工量} + \text{超运距用工量} + \text{辅助用工量}) \times \text{人工幅度差系数}$$

2. 材料消耗指标

补充单位估价表中的材料消耗量，一般以施工定额的材料消耗定额为计算基础。如果某些材料，如成品或半成品、配件等没有材料消耗定额时，则应根据施工图通过分析计算，分别以直接性消耗材料和周转性消耗材料，求出材料消耗指标。

（1）直接性消耗材料

直接性消耗材料，是指直接构成装饰装修工程实体的消耗材料。它是由材料设计净用量和损耗量组成的。其计算公式如下：

$$\text{材料总消耗量} = \text{材料净用量} \times (1 + \text{损耗率})$$

式中　材料净用量——是指在正常的施工条件、节约与合理地使用材料的前提下，完成单位合格成品所必须消耗的材料净用数量，一般可按材料消耗净定额或采用观察法、试验法和计算法确定；

损耗率——是通过材料损耗量计算的。

材料损耗量，是指在装饰装修工程施工过程中，各种材料不可避免地出现的一些工艺损耗以及材料在运输、贮存和操作过程中产生的损耗和废料。材料消耗量一般可按材料损耗定额或采用观察法、试验法和计算法确定：

$$材料损耗率 = \frac{损耗量}{净用量} \times 100\%$$

(2)周转性消耗材料

在装饰装修工程施工中，除了直接消耗在构成工程实体上的各种材料外，还要耗用一部分反复周转的工具性材料。周转性消耗材料以摊销量表示。其计算公式如下：

$$摊销量 = 周转使用量 - 回收量$$

$$周转使用量 = 一次使用量 \times [1 + (周转次数 - 1) \times 损耗率]/周转次数$$

$$回收量 = 一次使用量 \times (1 - 补损率)$$

式中　一次使用量——周转性材料一次使用的基本数量；

周转次数——周转性材料可以重复使用的次数。

3. 机械台班消耗指标

它是在合理的劳动组织和合理使用机械正常施工的条件下，由熟练的工人操作机械，完成补充单位估价表计量单位的合格工程量所必须消耗的机械台班数量。一般是以施工常用机械规格综合选型，以 8h 作业为台班计算单位，结合施工定额或指定资料计算的工程量定额，可按下式计算：

$$机械台班消耗指标 = \frac{补充单位估价表计量单位的工程量}{机械工程量定额}$$

复习题

1. 什么是工程造价估算？
2. 工程造价估算如何分类？
3. 建筑工程造价估算的方法？
4. 估算指标如何分类？
5. 造价估算指标如何运用？
6. 运用工料消耗指标估算工程造价的方法。
7. 请概述两种工程造价的经验公式？

第四章　装饰装修设计概算编制简介

第一节　概　　述

一、装饰装修工程项目设计概算的作用

设计概算是设计文件的重要组成部分，是在投资估算的控制下由设计单位根据初步设计图纸及说明、概算定额（或概算指标）、各项费用定额（或取费标准）、设备、材料预算价格等资料，用科学的方法计算、编制和确定的建设项目从筹建至竣工交付使用所需全部费用的文件。采用两阶段设计的建设项目，初步设计阶段必须编制设计概算；采用三阶段设计的，技术设计阶段必须编制修正概算。

设计概算的编制应包括编制期价格、费率、利率、汇率等确定的静态投资和编制期到竣工验收前的工程和价格变化等多种因素的动态投资两部分。静态投资作为考核工程设计和施工图预算的依据；动态投资作为筹措、供应和控制资金使用的限额。

设计概算的主要作用可归纳为如下几点：

（1）设计概算是编制建设项目投资计划、确定和控制建设项目投资的依据。国家规定：编制年度固定资产投资计划，确定计划投资总额及其构成数额，要以批准的初步设计概算为依据，没有批准的初步设计及其概算的建设工程不能列入年度固定资产投资计划。

经批准的建设项目设计总概算的投资额，是该工程建设投资的最高限额。在工程建设过程中，年度固定资产投资计划安排，银行拨款或贷款、施工图设计及其预算、竣工决算等，未经按规定的程序批准，都不能突破这一限额，以确保国家固定资产投资计划的严格执行和有效控制。

（2）设计概算是签订建设工程合同和贷款合同的依据。《中华人民共和国合同法》明确规定，建设工程合同是承包人进行工程建设，发包人支付价款的合同。合同价款的多少是以设计概预算为依据的，而且总承包合同不得超过设计总概算的投资额。

设计概算是银行拨款或签订贷款合同的最高限额，建设项目的全部拨款或贷款以及各单项工程的拨款或贷款的累计总额，不能超过设计概算。如果项目的投资计划所列投资额或拨款与贷款突破设计概算时，必须查明原因后由建设单位报请上级主管部门调整或追加设计概算总投资额，凡未批准之前，银行对其超支部分拒不拨付。

（3）设计概算是控制施工图设计和施工图预算的依据。经批准的设计概算是建设项目投资的最高限额，设计单位必须按照批准的初步设计和总概算进行施工图设计，施工图预算不得突破设计概算。如确需突破总概算时，应按规定程序报经审批。

（4）设计概算是衡量设计方案技术经济合理性和选择最佳设计方案的依据。设计概算是设计方案技术经济合理性的综合反映，据此可以用来对不同的设计方案进行技术与经济合理性的比较，以便选择最佳的设计方案。

(5)设计概算是工程造价管理及编制招标标底和投标报价的依据。设计总概算一经批准,就作为工程造价管理的最高限额,并据此对工程造价进行严格的控制。以设计概算进行招投标的工程,招标单位编制标底是以设计概算造价为依据的,并以此作为评标定标的依据。承包单位为了在投标竞争中取胜,也以设计概算为依据,编制出合适的投标报价。

(6)设计概算是考核建设项目投资效果的依据。通过设计概算与竣工决算对比,可以分析和考核投资效果的好坏,同时还可以验证设计概算的准确性,有利于加强设计概算管理和建设项目的造价管理工作。

二、概算的种类

1. 建设项目总概算是确定某一建设项目从筹建到建成的全部建设费用的总和,是将组成该项目的各单项工程的综合概算、装饰装修工程的其他费用概算综合而成,总概算是国家控制建设项目投资的重要依据。

2. 单项工程综合概算是确定某一单项工程建设费用的综合性经济技术文件。它是总概算的组成部分,综合概算又由不同专业的单位工程概算汇编而成。

3. 单位工程概算是确定某一单位工程的费用文件,是由不同的分部、分项工程费用组成。

4. 工程建设其他费用概算,它与建筑安装工程或设备不直接发生关系,但其费用组成对整个建设项目的完成来说是不可缺少的。因此,必须列入总概算中。

三、设计概算的编制依据

1. 批准建设项目的可行性研究和主管部门的有关规定。

2. 设计单位提供的初步设计或扩大初步设计图纸文件、说明及主要设备材料表,其中:

(1)土建工程:建筑专业平面、立面、剖面图和初步设计文字说明,包括工程做法及门窗表,结构专业的布置草图、构件截面尺寸和特殊构件配筋率;

(2)给排水、电气、采暖、通风、空调等专业的平面布置图、系统图、文字说明、设备材料表等;

(3)室外工程:室外平面布置图、土石方工程量、道路、围墙等构筑物断面尺寸。

3. 国家现行的建筑工程和专业安装工程概预算定额及各省市地区经地方政府或其授权单位颁发的地区单位估价表和地区材料、构件、配件价格、费用定额及有关费用规定。

4. 现行的有关设备原价及运杂费率等。

5. 现行的其他费用定额、指标和价格。

6. 建设场地的自然条件和施工条件。

四、设计概算的组成

(一)概算的编制说明

1. 工程概况:概算组成,建设项目的规模、结构、功能、特点及建设目的等内容。

2. 编制依据:工程计算的依据、套用的相关定额、单位估价表、费用标准及费率,以及上级机关下达的有关文件和各省市地区的材料价格信息等内容。

3. 各分部分项工程的投资比例情况。

4. 主要技术经济指标及主要材料设备数量。

5. 概算书中存在的问题及其他需说明的问题。

（二）总概算的项目组成

第一部分，建筑安装工程和设备购置费，包括：

1. 主要工程项目；
2. 辅助工程项目；
3. 室外配套项目；
4. 场外工程项目（规划红线以外）。

第二部分，其他费用不属于建筑安装工程费、设备购置费的其他必需的费用支出，如土地征购费等。

五、概算的编制方法

（一）按概算定额编制

按概算定额编制的前提条件必须是初步设计图纸中的建筑结构、构造、做法有明确规定，图纸的内容必须比较齐全完善，能准确计算出工程量。此类概算其编制步骤为：

1. 熟悉图纸及施工现场情况；
2. 计算工程量；
3. 套用相应定额计算工程造价；
4. 编制设备价格；
5. 计算其他取费项目；
6. 编制设备清单及主要材料表。

（二）按概算指标编制

此类概算编制是指拟编制项目不具备按概算定额编制条件，而又需计算工程造价的一种估算方法，其前提条件是：

1. 具备符合本地区情况的概算指标或指按本地区情况调整后的其他地区概算指标；
2. 被编制项目的工程内容与概算指标中的内容基本一致。

其编制方法是用各种概算指标分别乘以建筑面积计算出建筑安装工程费用，设备费另行编制。

（三）按类似工程预算编制

此类项目编制的前提是既不具备按当地的概算定额编制的条件，又没有当地概算指标的情况下，可根据工程预算或其他地区的概算指标编制。如类似工程与拟编制项目有差距，可用系数进行调整。这些系数可分为由于结构或构造做法等引起的人工、机械、材料的差异系数、地区价格类别系数、以往和现在价格浮动系数、建筑材料及设备材料由于时间不同、产地不同而产生的差价系数及取费标准不同产生的系数等。

第二节　概算定额和概算指标

一、概算定额

（一）概算定额的概念和作用

1. 概算定额的概念

装饰装修工程概算定额，是规定一定计量单位的扩大分项工程或扩大结构构件所需人工、材料、机械台班消耗量和货币价值的数量标准。概算定额是在相应预算定额的基础上，根据有代表性的设计图纸及通用图、标准图和有关资料，把预算定额中的若干相关项目合并、综合和扩大后编制而成的，以达到简化工程量计算和编制设计概算的目的。

编制概算定额时，为了能适应规划、设计、施工各阶段的要求，概算定额与预算定额的水平应基本一致，即反映社会平均水平。但由于前者是在后者的基础上综合扩大而成，因此，两者之间必然产生并允许留有一定的幅度差，这种扩大的幅度差一般在5%以内，以便根据概算定额编制的设计概算能对施工图预算起控制作用。目前，全国尚无编制概算定额的指导性统一规定，各省、市、自治区的有关部门是在总结各地区经验的基础上编制概算定额的。

2. 概算定额的主要作用

(1)它是在初步设计阶段编制单位工程概算，扩大初步设计(技术设计)阶段编制修正概算的依据；

(2)它是对设计方案进行技术经济比较和选择的依据；

(3)它是建筑安装企业在施工准备阶段编制施工组织总设计或总规划的各种资源需要量的依据；

(4)它是编制概算指标的基础。

(二)概算定额的内容

各地区概算定额的形式、内容各有特点，但一般包括下列主要内容。

1. 总说明：主要阐述概算定额的编制原则、编制依据、适用范围、有关规定、取费标准和概算造价计算方法等。

2. 分章说明：主要阐明本章所包括的定额项目及工程内容，规定了工程量计算规则等。

3. 定额项目表：这是概算定额的主要内容，它由若干分节定额表组成。各节定额表表头注有工作内容，定额表中列有计量单位、概算基价、各种资源消耗量指标、以及所综合的预算定额的项目与工程量等。某地区概算定额项目表摘录如表4-1所示。

表4-1 墙体工程概算定额表(摘录)

工程内容：××××

定额编号			2-1	2-2
项目		单位	砖墙	
			混合砂浆	水泥砂浆
			m^3	
概算基价		元	226.58	232.46
其中	人工费	元	43.94	43.94
	材料费	元	177.78	183.66
	机械费	元	4.86	4.86
人工及主要材料	人工	工日	1.69	1.69
	标准砖	千块	0.514	0.514
	水泥(32.5级)	kg	47.83	58.84
	石灰	kg	14.57	
	钢筋(ϕ10以内)	kg	6.21	6.21
	钢筋(ϕ10以外)	kg	1.53	1.53

续表

定额编号			2-1	2-2
项目		单位	砖墙	
			混合砂浆	水泥砂浆
			m^3	
人工及主要材料	石子	m^3	0.01	0.01
	中砂	m^3	0.01	0.27
	细砂	m^3	0.26	
	模板摊销费	元	26.55	26.55
综合项目	砖砌墙	m^3	0.978	0.978
	钢筋混凝土过梁	m^3	0.013	0.013
	钢筋加固	kg	5.25	5.25

（三）概算定额的编制

1. 概算定额的编制依据

（1）现行的设计标准、规范和施工技术规范、规程等法规；

（2）有代表性的设计图纸和标准设计图集、通用图集；

（3）现行的装饰装修工程预算定额和概算定额；

（4）现行的人工工资标准、材料预算价格、机械台班预算价格及各项取费标准；

（5）有关的施工图预算和工程结算等经济资料。

2. 概算定额的编制方法

（1）定额项目的划分：应以简明和便于计算为原则，在保证准确性的前提下，以主要结构分部工程为主，合并相关联的子项目。

（2）定额的计量单位：基本上按预算定额的规定执行，但是该单位中所包含的工程内容扩大。

（3）定额数据的综合取定：由于概算定额是在预算定额的基础上综合扩大而成，因此，在工程的标准和施工方法确定、工程量计算和取值上都需综合考虑，并结合概、预算定额水平的幅度差而适当扩大，还要考虑到初步设计的深度条件来编制。如混凝土和砂浆的强度等级、钢筋用量等，可根据工程结构的不同部位，通过综合测算、统计而取定出合理数据。

二、概算指标

（一）概算指标的概念和作用

1. 概算指标的概念

概算指标按项目划分有单位工程概算指标（如土建工程概算指标、水暖工程概算指标等），单项工程概算指标，装饰装修工程概算指标等。按费用划分有直接费概算指标和工程造价指标。

在建筑工程中，概算指标是以建筑面积（$1m^2$ 或 $100m^2$）或建筑体积（$1m^3$ 或 $100m^3$）、构筑物以座为计量单位，规定所需人工、材料、机械台班消耗量和资金数量的定额指标。概算指标是按整个建筑物或构筑物为对象编制的，因此，它比概算定额更加综合。依据概算指标来编制设计概算也就更为简便，概算指标中各消耗量的确定，主要来自各种工程的概预算和决算的统计资料。

2. 概算指标的主要作用

(1)在建设项目可行性研究阶段，它可作为编制项目投资估算的依据；

(2)在初步设计阶段，当设计深度不够，不能准确计算工程量时，它可作为编制设计概算的依据；

(3)它是建设单位编制基本建设计划、申请投资拨款和主要材料计划的依据；

(4)它也是设计和建设单位进行设计方案的技术经济分析、考核投资效果的标准。

(二)概算指标的内容

1. 编制说明：主要从总体上说明概算指标的作用、编制依据、适用范围和使用方法等。

2. 示意图或文字说明：表明工程的结构类型、层数、层高、建筑面积等，工业项目还表示出吊车起重能力等。

3. 经济指标：说明该单项工程单价指标及其中土建、给排水、采暖、电照等各单位工程单价指标。

4. 构造内容及工程量指标：说明该工程项目的构造内容(可作为不同构造内容进行换算的依据)和相应计算单位的扩大分项工程的工程量指标，以及人工、主要材料消耗量指标。

某地区某单项工程概算指标如表4-2至表4-5所示。

(三)概算指标的编制

概算指标构成的数据，主要来自各种工程概、预算或决算资料。编制时首先选定有代表性的工程图纸，依据预算定额或概算定额编制工程预算或概算，然后求出单位造价指标及工、料消耗指标。或者根据工程决算的统计资料，经过综合、分析、调整后，求出各项概算指标。例如每$1m^2$造价指标，就是以整个建筑物为对象，根据该项工程的全部预算(或概算、决算)价值除以总建筑面积而得的数值。而每$1m^2$面积所包含的某种材料数量就是该工程预算(或概算、决算)中此种材料总的耗用量除以总建筑面积而得的数据。

(四)概算指标的应用

概算指标的应用比概算定额具有更大的针对性。由于它是一种综合性很强的指标，不可能与拟建工程的建筑标准、结构特征、自然条件、施工条件完全一致。因此，在选用概算指标时要十分慎重，注意选用的指标与设计对象在各个方面尽量一致或接近，这样计算出的各种资源消耗量才比较可靠。如果设计对象的结构特征与概算指标的规定有局部不同时，则需对该概算指标的局部内容进行调整换算，再用修正后的概算指标进行计算，以提高设计概算的准确性。例如：某学院学生宿舍建筑安装工程概算指标见表4-2至表4-5。

表4-2 某学院学生宿舍建筑安装工程概算指标工程概况

<table>
<tr><td colspan="3">结构类型：砖混结构</td><td colspan="5">建筑面积：5 277.99m²</td></tr>
<tr><td rowspan="3">基本特征</td><td rowspan="2">檐高(m)</td><td rowspan="2">层 数</td><td colspan="3">层 高 (m)</td><td>基础类型</td><td>利润率(%)</td></tr>
<tr><td>首 层</td><td>标准层</td><td>顶 层</td><td rowspan="2">桩承台</td><td rowspan="2">7.5</td></tr>
<tr><td>20.55</td><td>6</td><td>3.45</td><td>3.3×4</td><td>3.45</td></tr>
</table>

表 4-3　工程造价指标

工程造价（元）		每 1m² 价格		各项费用所占比例（%）					
		元	%	人工费	材料费	机械费	费　用	利　润	税　金
4 063 999.52		769.99	100	18.20	52.41	5.84	13.25	7.00	3.30
其中	建筑工程	667.02	100	18.54	52.01	6.54	12.86	6.75	3.30
	给排水工程	25.96	100	14.25	60.90	1.75	12.66	7.13	3.31
	采暖工程	29.84	100	14.25	58.51	1.61	14.43	7.90	3.30
	照明工程	47.17	100	18.07	49.46	0.83	18.31	10.02	3.31

表 4-4　主要结构做法及工程量指标

项　目　名　称					单　位	数　量		基价合计（元）	
						合　计	平方米含量	合　计	平方米含量
土建工程	基础	土　方		人　工	m³	—	—	—	—
				机　械	m³	1 442.90	0.273	21 829	4.14
		砖　基　础			m³	40.90	0.008	9 312	1.76
		混凝土基础				315.33	0.06	230 301	43.63
	主体	墙　体		砌　体	m³	1 871.10	0.355	466 258	88.34
				混凝土	m³	—	—	—	—
		钢筋混凝土结构	柱	现　浇	m³	52.80	0.01	46 241	8.76
			梁	预　制	m³				
				现　浇	m³	143.81	0.027	162 181	30.73
			板	预　制	m³	269.53	0.051	182 621	34.60
				现　浇	m³	164.40	0.031	133 964	25.38
	屋面	改性沥青卷材		—	m²	—	—	—	—
		热做法沥青卷材		—	m²	958	0.182	121 019	22.93
	门窗	木　门　窗		—	m²	522.89	0.099	89 256	16.91
		钢　门　窗		—	m²	562	0.106	133 646	25.32
		铝合金门窗		—	m²	120	0.023	39 085	7.41
	地面	地 面 垫 层		—	m³	36.48	0.007	12 554	2.38
		面　层	水　泥	—	m²	2 322	0.44	45 195	8.56
			水 磨 石	—	m²	2 216	0.42	148 097	28.06
	墙面	内　墙	水泥砂浆	—	m²	3 406	0.645 5	1 994	9.85
			混合砂浆	—	m²	17 449	3.306	217 864	41.28
			瓷　砖	—	m²	876	0.166	63 005	11.94
			涂　料	—	m²	17 455	3.307	57 524	10.90
		外　墙	水泥砂浆	—	m²	1 327	0.251	19 886	3.77
			涂　料	—	m²	1 327	0.251	12 155	2.30

续表

项目名称				单位	数量		基价合计(元)	
					合计	平方米含量	合计	平方米含量
安装工程	照明	插座	—	个	587	0.11	5 714.72	1.08
		PVC 塑料管	—	m	5 054	0.96	28 126.64	5.33
		钢管	—	m	584	0.11	11 568.38	2.19
		绝缘线	—	m	25 604	4.85	31 152.93	5.90
		灯具	—	套	421	0.08	40 771.46	7.72
		开关	—	个	225	0.04	1 521.40	0.29
	给排水	镀锌钢管	—	m	690	0.13	24 196.51	4.58
		铸铁管	—	m	520	0.10	39 682.58	7.52
		地漏	—	个	54	0.01	1 643.32	0.31
		阀门	—	个	76	0.01	5 594.93	1.06
		洁具	—	套	84	0.02	17 057.73	3.23
	采暖	焊接钢管	—	m	1 517	0.29	28 983.75	5.49
		阀门	—	个	277	0.05	7 309.11	1.38
		散热器(柱型 813)	—	片	2 712	0.51	60 865.75	11.53

表 4-5　每平方米建筑面积主要工、料消耗量指标

材料名称			单位	消耗量		主要部位平方米用量		
				合计	平方米	基础	主体	装饰
土建工程	人工		工日	20 729	3.93	0.34	1.54	1.609
	水泥	综合	kg	640 973	121.44	19.51	51.69	40.63
	钢材	钢筋	t	89.84	0.017	0.002 6	0.012 6	—
		钢材	t	—	—	—	—	—
	木材	锯材	m^3	7.988	0.001 5			0.001 5
		模板	m^3	48.222	0.009	0.000 7	0.008	—
	玻璃		m^2	781.65	0.148	—	—	0.148
	普通油毡		m^2	3 219	0.61	—	0.61	—
	石油沥青		kg	13 929	2.639	—	2.639	—
	砖砌块	机砖	千块	1 010.51	0.192	0.004	0.187	—
		加气混凝土块	m^3	—	—	—	—	—
	白灰		kg	165 573	31.37	0.006	5.423	25.93
	砂子		t	2 337.86	0.443	0.046	0.196	0.187
	石子		t	1 136.43	0.215	0.079	0.122	—
	装饰材料	106 涂料	kg	6 716.68	1.272 6	—	—	1.272 6
		无机涂料 JH-80-1	kg	1 327	0.251 4	—	—	0.251 4
		面砖	千块	—	—	—	—	—
		水磨石板	m^2	292.27	0.055	—	—	0.055

复 习 题

1. 设计概算的作用。
2. 概算的编制方法。
3. 何为概算定额?
4. 概算定额一般包括哪几部分?
5. 概算指标的含义。
6. 概算指标的内容。

第五章　建筑装饰装修工程预算定额

第一节　建筑装饰装修工程定额的基本知识

一、建筑装饰装修工程定额的概念与性质

(一)装饰装修工程定额的概念

装饰装修工程定额,是指在一定的施工技术与建筑艺术综合条件下,为完成该项装饰装修工程质量合格的产品,消耗在单位装饰装修基本构造要素上的人工、材料和机械的数量标准与费用额度。这里说的基本构造要素,就是通常所说的分项装饰装修工程或结构构件。

以楼地面装饰装修工程作为一个分部工程为例,该分部工程中的找平层、整体面层、块料面层及面饰,就是该分部装饰装修工程中的分项工程。

分项工程往往还可按照不同结构部位的结构构件及不同的装饰装修工艺,细分为若干项。例如,“镶贴块料面层”这一分部工程,又可分为大理石、花岗石、汉白玉、蓝田石、预制水磨石等项。

各类建筑安装工程概预算定额,按工程基本构造要素规定的人工、材料、机械的消耗量,主要是为了满足编制各类工程概预算的需要。装饰装修工程定额不仅规定了数据,而且还规定了工作内容、质量和安全要求。

(二)装饰装修工程定额的性质

装饰装修工程定额是建筑工程定额的组成部分。它涉及装饰装修技术、建筑艺术创作,也与装饰装修施工企业的内部管理,以及装饰装修工程造价的确定关系密切。因此,装饰装修定额具有以下几个性质:

1. 科学性

装饰装修工程定额是装饰装修工程进入科学管理阶段的产物。随着改革开放和科技进步,装饰装修工程定额在借鉴各类工程定额科学管理的基础上,不断地吸取了现代定额管理的最先进的管理成果,为正确地反映装饰装修工程造价和所需劳动与物化劳动的消耗量,促进装饰装修工程质量的不断提高,提供了科学的依据和手段。

2. 法规性和强制性

装饰装修工程定额的法规性,是指国家为适应市场经济体制确定装饰装修工程造价,授权工程建设管理部门负责编制技术经济法规性质的装饰装修工程定额。任何单位或个人只要在其规定的范围内,都应严格认真地贯彻执行。既然装饰装修工程定额具有法规性,也就具有了强制性的特点。强制性反映了在定额执行中的一种刚性约束,从某种意义上说也是法制经济的一种严肃性。

3. 统一性和时效性

装饰装修工程定额的统一性和时效性,主要表现在国家对装饰装修工程定额的管理,由行

政职能向宏观调控职能转换的客观需要上。在市场经济条件下的装饰装修定额,除要发挥作为微观管理和计价的基础、手段外,尚需借助定额实物消耗量指标、价格参数,对装饰装修工程造价和建筑市场的范围做到消耗有标准、计价有依据。只有统一尺度,才能实行上述职能的转换,才能利用定额的统一性对项目装饰装修决策、装饰装修设计和装饰装修工程招标、投标进行比较和引导。

装饰装修工程定额的统一性与装饰装修工程本身的资金投入巨大和装饰装修工程的艺术性、民族性有关。因此,它的统一性还表现在既要有全国统一的装饰装修定额,也应有地区统一和部门统一的装饰装修定额。这样来理解定额的统一性,也是市场经济规律对各具特色的装饰装修工程的客观要求。

4. 定额的群众性

装饰装修定额的制定和执行,具有广泛的群众基础。定额的水平是装饰装修行业群体生产技术水平的综合反映;定额的编制,是在职工群众直接参与下进行的,使得定额既能从实际出发,又能把国家、企业、个人三者的利益结合起来;而且,当定额一旦颁发,要运用于实践中,则成为广大群众的奋斗目标。总之,定额来自群众,又贯彻于群众。

5. 定额的可变性与相对稳定性

定额水平的高低,是根据一定时期的社会生产力水平确定的。随着科学技术的进步,社会生产力的水平。当原有的定额已不适应生产需要时,就要对它进行修改和补充。但社会生产力的发展有一个由量变到质变的过程,因此,定额的执行也有一个相应的实践过程。所以,定额既不是固定不变的,但也决不能朝定夕改,既有时效性,又有一定的稳定期。

装饰装修工程定额的上述性质,是互为条件、互为制约的,具有整体性。可以说,定额的科学性是定额具有法规性和强制性的客观依据,而定额的法规性和强制性,又是得以规范市场交易行为和国家进行宏观调控的保证。定额的统一性和时效性,则是定额得以贯彻执行的前提条件。

二、建筑装饰装修工程定额的组成及应用

(一)装饰装修工程预算定额的组成内容

装饰装修工程预算定额是在实际应用过程中发挥作用的。要正确应用预算定额,必须全面了解预算定额的组成。

为了快速、准确地确定各分项工程(或配件)的人工、材料和机械台班等消耗指标及金额标准,需要装装饰装修工程预算定额按一定的顺序,分章、节、项和子目汇编成册,又称“装饰装修工程预算定额手册”。

装饰装修工程预算定额由定额目录、总说明、分部分项工程说明及其相应的工程量计算规则和方法、分项工程定额项目表及有关的附录或附表等组成。

1. 定额总说明

(1)预算定额的适用范围、指导思想及目的、作用;

(2)预算定额的编制原则、主要依据及上级下达的有关定额汇编文件精神;

(3)使用本定额必须遵守的规则及本定额的适用范围;

(4)定额所采用的材料规格、材质标准、允许换算的原则;

(5)定额在编制过程中已经考虑的和没有考虑的因素及未包括的内容;

(6)各分部工程定额的共性问题和有关统一规定及使用方法。

2. 分部工程及其说明

分部工程在装饰装修工程预算定额中,称为“章”,包括以下内容:

(1)说明分部工程所包括的定额项目内容和子目数量;

(2)分部工程各定额项目工程量的计算方法;

(3)分部工程定额内综合的内容及允许换算和不得换算的界限及特殊规定;

(4)使用本分部工程允许增减系数范围的规定。

3. 定额项目表

定额项目表是由分项定额所组成,是预算定额的主要构成部分。分项工程在装饰装修工程预算定额中,称为“节”。内容包括:

(1)分项工程定额编号(子目号);

(2)分项工程定额名称;

(3)预算价值(基价),其中包括人工费、材料费、机械费;

(4)人工表现形式,包括工种和数量、其他工数量、工资等级(平均等级);

(5)材料表现形式,材料栏内一般有主要材料和周转使用材料名称及消耗数量,次要材料一般都以其他材料形式用金额“元”表示;

(6)施工机械表现形式,机械栏内有两种列法,一种是以主要机械名称和数量,次要机械以其他机械费形式用金额“元”表示,另一种是以综合机械名义列出,只列数量,不列机械名称;

(7)预算定额的单价(基价),无论是人工工资单价,材料价格,机械台班单价均以预算价格为准。一般表现形式有两种,一种表现形式是对号入座的单项单价;另一种表现形式是按定额内容和各自用量比例加权所得的综合单价;

(8)有的定额表下面还要列有与本章节定额有关的说明和附注,说明设计与本定额规定不符合时如何进行调整,以及说明其他应明确的、但在定额总说明和分部说明中不包括的问题。

定额项目表的表达形式,见表5-1。

4. 定额附录或附表

预算定额内容最后一部分是附录或称为附表,是配合定额使用不可缺少的一个重要组成部分。一般包括以下内容:

(1)各种不同强度等级、不同体积比的砂浆、装饰油漆等由多种原材料组成的单方配合比材料用量表;

(2)各种材料成品或半成品场内运输及操作损耗系数表;

(3)常用的建筑材料名称及规格容重换算表;

(4)建筑物超高增价系数表(在许多定额中也将其列入分部定额附注中);

(5)材料、机械综合取费价格表;

(6)以上(1)至(5)部分组成内容中,不另表示的其他内容,均以定额附录、附表形式表示,以方便使用。

表 5-1　不锈钢管扶手定额项目表

编号	项目	单位	预算价格				人工	材料							
			总价	人工费	材料费	机械费	合计	不锈钢钢管 φ50	不锈钢钢管 φ35	不锈钢钢管 φ20	不锈钢方管 37×37	塑料管 φ20	有机玻璃 10mm	不锈钢卡子 3mm	不锈钢螺栓 φ12
			元	元	元	元	工日	m	m	m	m	m	m^3	个	kg
							20.79	91.90	28.30	15.20	79.39	5.04	47.96	1.15	59.27
			甲	乙	丙	丁	1	2	3	4	5	6	7	8	9
1079	有机玻璃栏板	10m	2 567.96	311.85	2 129.58	126.53	15	10.60			9.26		5.01	37.09	0.28
1080	茶色半玻栏板	10m	2 730.94	249.48	2 354.93	126.53	12	10.60			9.26			37.09	0.28
1081	茶色全玻栏板	10m	3 069.67	249.48	2 693.66	126.53	12	10.60			9.26			37.09	0.28
1082	不锈钢栏杆	10m	2 557.63	166.32	2 274.15	117.16	8	10.60	1.41	70.67		17.50			

编号	项目	单位	预算价格				材料							机械		
			总价	人工费	材料费	机械费	不锈钢电焊条	玻璃胶	茶色玻璃 10mm	油灰	油清	红白等锯材二类	其他材料费	交流电焊机 40kV·A	电动切割机	卷扬机
			元	元	元	元	kg	支	m^2	kg	kg	m^2	元	台班	台班	台班
							47.72	12.00	92.94	0.90	9.59	2 240.38		92.18	106.32	77.72
			甲	乙	丙	丁	10	11	12	13	14	15	16	17	18	19
1079	有机玻璃栏板	10m	2 567.96	311.85	2 129.58	126.53	1.42	0.21					50.00	0.54	0.70	0.03
1080	茶色半玻栏板	10m	2 730.94	249.48	2 354.93	126.53	1.43	0.21	5.01				50.00	0.54	0.70	0.03
1081	茶色全玻栏板	10m	3 069.67	249.48	2 693.66	126.53	1.43	1.91	8.24	14.46	0.30	0.001	50.00	0.54	0.70	0.03
1082	不锈钢栏杆	10m	2 557.63	166.32	2 274.15	117.16	1.00						50.00	0.15	0.95	0.03

(二)装饰装修工程预算定额的应用

装饰装修工程预算定额是确定装饰装修工程预算造价,办理工程价款,处理承发包工程经济关系的主要依据之一。定额应用得正确与否,直接影响装饰装修工程造价。因此,预算工作人员必须熟练而准确地使用预算定额。

1. 套用定额时应注意的几个问题

(1)查阅定额前,应首先认真阅读定额总说明,分部工程说明和有关附注内容;要熟悉和掌握定额的适用范围,定额已考虑和未考虑的因素以及有关规定;

(2)要明确定额中的用语和符号的含义;

(3)要正确地理解和熟记建筑面积计算规则和各个分部工程量计算规则中所指出的计算方法,以便在熟悉施工图的基础上,能够迅速准确地计算备份各项工程(或配件、设备)的工程量;

(4)要了解和记忆常用分项工程定额所包括的工作内容,人工、材料、施工机械台班消耗数量和计量单位,及有关附注的规定,做到正确地套用定额项目;

(5)要明确定额换算范围,正确应用定额附录资料,熟练进行定额项目的换算和调整。

2. 定额编号

为了便于查阅、核对和审查定额项目选套是否准确合理,提高装饰装修工程施工图预算的编制质量，在编制装饰装修工程施工图预算时，必须填写定额编号。定额编号的方法，通常有以下两种：

(1)"三符号"编号法

"三符号"编号法，是以预算定额中的分部工程序号—分项工程序号(或子项目所在定额页数)—分项工程的子项目序号等三个号码，进行定额编号。其表达方式为：

分部—分项—子项目

或

分部—子项目所在定额页数—子项目

例如，某市装饰装修工程预算定额中的砖墙面挂贴汉白玉项目，它属于墙柱面工程，在定额中是第二部分，汉白玉项目排在第二分项工程镶贴块料面层内，墙面镶贴汉白玉项目排在第91页第66个子项目内，其定额编号为：

2—2—66

或

2—91—66

(2)"二符号"编号法

"二符号"编号法，是在"三符号"编号法的基础上，去掉一个符号(分项工程序号或分部工程序号)，采用定额中分部工程序号(或子项目所在定额页数)—子项目序号等两个号码，进行定额编号。其表达形式为：

分部—子项目

或

子项目所在定额页数—子项目

例如，砖墙镶贴汉白玉项目的定额编号为：

2—66

或

91—66

3. 定额项目的选套方法

(1)预算定额的直接套用

当施工图设计的工程项目内容，与所选套的相应定额内容一致时，则必须按定额的规定，直接套用定额。在编制装饰装修工程施工图预算、选套定额项目和确定单位预算价值时，绝大部分属于这种情况。

当施工图设计的工程项目内容，与所选套的相应定额项目规定内容不相一致时，而定额规定又不允许换算或调整，此时也必须直接套用相应定额项目，不得随意换算或调整。直接套用定额项目的方法步骤如下：

①根据施工图设计的工程项目内容，从定额目录中，查出该工程项目所在定额中的页数及其部位；

②判断施工图设计的工程项目内容与定额规定的内容，是否相一致。当完全一致或虽

然不相一致，此定额规定不允许换算或调整时，即可直接套用定额基价。但是，在套用定额基价前，必须注意分项工程的名称、规格、计量单位要与定额规定的名称、规格、计量单位相一致；

③将定额编号和定额基价，其中包括人工费、材料费和施工机械使用费，分别填入装饰装修工程预算表内；

④确定工程项目预算价值。其计算公式如下：

工程项目预算价值 = 工程项目工程量 × 相应定额基价

【例】 某房间地面做硬木拼花地板，其工程量为 30.28m²，试确定其人工费、材料费、机械费及预算价值。

【解】

以某市装饰装修工程预算定额为例：

①从定额目录中，查出硬木拼花楼面的定额项目在定额中第 36 页，其部位为该页第 69 子项目；

②通过判断可知，硬木拼花楼面分项工程内容符合定额规定的内容，即可直接套用定额项目；

③从定额表中查得硬木拼花楼面 100m² 的定额基价为 17 003.57 元。其中人工费为 1 350.31元，材料费用 15 122.54 元，机械费为 532.72 元；定额编号为 1—36—69 或 1—69；将查得的上述技术经济数据，一并填入装饰装修工程预算表内；

④计算硬木拼花楼面的人工费、材料费、机械费和预算价值。

人工费 = 1 350.31 × 30.28/100 = 408.87（元）

材料费 = 15 122.54 × 30.28/100 = 4 579.11（元）

机械费 = 530.72 × 30.28/100 = 160.70（元）

预算价值 = 17 003.57 × 30.28/100 = 5 148.68（元）

（2）套用换算后的定额项目

施工图设计的工程项目内容，与选套的相应定额项目规定的内容不相一致时，如果定额规定允许换算或调整时，则应在定额规定范围内换算或调整，套用换算后的定额项目。对换算后的定额项目编号应加括号，并在括号右下角注明“换”字，以示区别，如$(2—52)_{换}$。定额项目的换算方法，详见本章第三节。

（3）套用补充定额项目

施工图中的某些工程项目，由于采用了新结构、新构造、新材料和新工艺等原因，在编制预算定额时尚未列入。同时，也没有类似定额项目可供借鉴。在这种情况下，为了确定装饰装修工程预算造价，必须编制补充定额项目，报请工程造价管理部门审批后执行。套用补充定额项目时，应在定额编号的分部工程序号后注明“补”字，以示区别，如“3 补—2”。

第二节　建筑装饰装修工程预算定额的编制程序与内容

一、建筑装饰装修工程预算定额的编制原则

（一）按平均水平确定预算定额的原则

预算定额是确定装饰装修工程价格的主要依据。预算定额作为确定装饰装修工程价格的

工具,必须遵守价值的客观要求,即按产品生产过程中所消耗的社会必要劳动时间量确定定额水平。预算定额的平均水平,是根据在现实的平均中等的生产条件、平均劳动熟练程度、平均劳动强度下,完成单位建筑装饰工程量所需的时间来确定的。

预算定额的水平是以施工定额水平为基础的。预算定额是平均水平,而施工定额是平均先进水平。所以,预算定额水平要相对低一些,而施工定额水平则相对要高一些。

(二)简明适用性原则

预算定额的内容和形式,既要满足不同用途的需要,具有多方面的适用性,又要简单明了,易于掌握和应用。

定额项目齐全对定额适用性关系很大,要注意补充那些因采用已成熟推广的新技术、新结构、新材料和先进经验而出现的新的定额项目。如果项目不全,缺漏项甚多,就使装饰装修工程价格缺少充足的、可靠的依据。

定额项目的划分,要粗细恰当、合理。对于那些主要的、常用的项目,还要以结构构件和分项工程为划分基础,次要的、不常用的项目可以再粗一些。

在确定预算定额的计量单位时,也要考虑到简化工程的计算工作。同时,为了稳定定额水平,除了那些在设计和施工中变化较多、影响较大的因素应该允许换算外,预算定额要尽量少留活口,既减少换算工作量,也有利于维护定额的严肃性。

(三)统一性和差别性相结合的原则

统一性就是由中央主管部门归口,考虑国家的方针政策和经济发展的要求,统一制定预算定额的编制原则和方法,组织预算定额的编制和修订,颁布有关的规章制度和条例细则,颁布全国统一预算定额和费用标准等。在全国范围内统一定额分项、定额名称、定额编号,统一人工、材料和机械台班消耗量的名称及计量单位等。这样,装饰装修工程才具有统一计价依据,同时也使考核设计和施工的经济效果具有统一的尺度。

差别性就是在统一性的基础上,各部门和地区在可管辖范围内,根据各自的特点,依据国家规定的编制原则,编制各部门和地区性预算定额,颁发补充性的条例细则,并对预算定额实行经常性管理。

二、装饰装修工程预算定额的编制依据

1. 装饰工程预算定额的编制

装饰工程预算定额是编制装饰工程预算的基本法规之一,是正确计算工程量,确定装饰分项工程基价(或称单价),进行工料分析的重要基础资料。要注意的是:必须按工程性质和当地有关规定正确选用定额,例如,不论施工企业是什么地方的,也不论是何部门主管,在何地承包装饰工程就应该执行该地区规定的预算定额,地方性的装饰工程不能执行某个行业的装饰定额;也不能甲行业(专业)的装饰工程按乙行业的预算定额执行等。一句话,按工程所在地区规定或行业规定的定额执行。

另外,装饰工程是个综合性的艺术创作,整个装饰工程不可能按某一种定额执行。应按装饰内容不同执行规定的定额;装饰工程与室内装饰工程要按规定分别执行相应的定额。总之,要按定额的适用范围,结合工程项目内容,执行规定的定额,或者说干什么工程,就执行什么定额。

有的地区执行单位估价表,单位估价表也称地区单位估价表,它是根据地区的预算定额、

建筑装饰工人工资标准、装饰材料预算价格和施工机械台班价格编制的,以货币形式表达的分项(子项)工程的单位价值。单位估价表是地区编制装饰工程施工图预算的最基本的依据之一。

此外,各地区装饰工程预算定额的名称并不统一,有的地区称装饰工程综合定额,有的称装饰工程计价定额,还有的称装饰工程估价指标。不管名称上的差异如何,它们都是编制本地区装饰工程预算造价的基础。

2. 工程费用定额及其他取费文件

装饰工程费用定额是根据国家和各省、直辖市、自治区有关规定编制的,它是编制装饰工程预算、标底、结算和审核的依据。费用定额的内容包括:

(1)定额费用组成;

(2)取费标准;

(3)工程造价计算程序。

装饰工程费用定额应与装饰预算定额配套使用,这一点也是很重要的。另外,费用定额中的取费标准不是固定不变的,而是要根据市场行情进行定期调整的。这些调整和变化包括各种取费率,材料价差系数以及人工、机械费调整系数等。这些资料一般是由国家或地区主管部门、工程所在地的工程造价管理部门所颁发的,及时收集上述文件,便于工程造价费用计算,提高造价计算的准确性。

3. 价格信息

装饰材料费在装饰工程造价所占比重很大,而且装饰新材料不断出现,价格也随时间起伏颇大。因此,随着时间的推移,预算定额基价中的材料费就不能正确反映工程实施当时的真实价格。为了准确反映工程造价,目前,各地工程造价管理有关部门均定期发布建筑装饰材料市场价格信息,以供调整定额中的材料预算价格之用。

有的地区,装饰材料也不使用预算价格,直接按当时材料实际价格计入定额直接费,这时材料价格信息资料就显得格外重要。

4. 组织设计资料

建筑装饰工程施工组织设计具体规定了装饰工程中各分项工程的施工方法、施工机具、构配件加工方式,技术组织措施和现场平面布置图等内容。它直接影响整个装饰工程的预算造价,是计算工程量、选套预算定额或单位估价表和计算其他费用的重要依据。

5. 工程施工合同或协议书

装饰工程施工合同是承、发包双方依法签定的有关双方各自承担的责任、义务和分工的经济契约。工程造价要根据甲、乙双方签定的施工合同或施工协议进行编制。因为合同是法规性文件,它规定了承包工程范围、结算方式、包干系数、材料质量、供应方式和材料价差的计算、工期等,这些都是计算工程造价必不可少的依据。

6. 标准图集和手册

当前装饰工程设计中,广泛地使用标准设计图,这是工程设计的趋势。为了方便而准确地计算工程量,必须备有相关的标准图集,包括国家标准图集和本地区标准图集。同时,还应准备符合当地规定的建筑材料手册和金属材料手册等,以备查用。

(1)有关定额资料

编制装饰装修工程所依据的有关定额资料,主要包括下列几个方面:

①现行的建筑施工定额;

②现行的建筑工程预算定额,现行的装饰装修预算定额;

③现行的建筑工程单位估价表,装饰装修工程单位估价表,各地区有代表性建筑工程补充单位估价表。

(2)有关设计资料

编制装饰装修工程预算定额所依据的有关设计资料,主要包括下列几个方面:

①由国家或地区颁布的通用设计图集;

②有关构件、产品的定型设计图集;

③其他有代表性的设计资料。

(3)有关法规(规范、标准、规程和规定)文件资料

编制装饰装修工程预算定额所依据的有关法规文件资料,主要包括下列几个方面:

①现行的建筑安装工程施工验收规范;

②现行的建筑安装工程质量评定标准;

③现行的建筑安装工程操作规范;

④现行的建筑工程施工验收规范;

⑤现行的装饰装修工程质量评定标准;

⑥其他有关文件资料。

(4)有关价格资料

编制装饰装修工程预算定额所依据的有关价格资料,主要包括下列几个方面:

①现行的人工工资标准资料;

②现行的材料预算价格资料;

③现行的有关设备配件等价格资料;

④现行的施工机械台班预算价格资料。

三、装饰装修工程预算定额的编制步骤

装饰装修工程预算定额的编制步骤,大致可分为三个阶段,即准备工作阶段(包括收集资料)、编制定额阶段、申报定额阶段,如图5-1所示。但各阶段工作有时互相交叉,有些工作会有多次反复。

(1)建立编制预算定额的组织机构,确定编制预算定额的指导思想和编制原则。

(2)制定编制预算定额的细则,收集编制预算定额的各种依据和有关的技术资料。

(3)审查、熟悉和修改收集来的资料,按确定的定额项目和有关的技术资料分别计算工程量。

(4)规定人工幅度差、机械幅度差、材料损耗率、材料超运距及其他工料费的计算要求,并分别计算出一定计量单位分项工程或结构构件的人工、材料和施工机械台班消耗量标准。

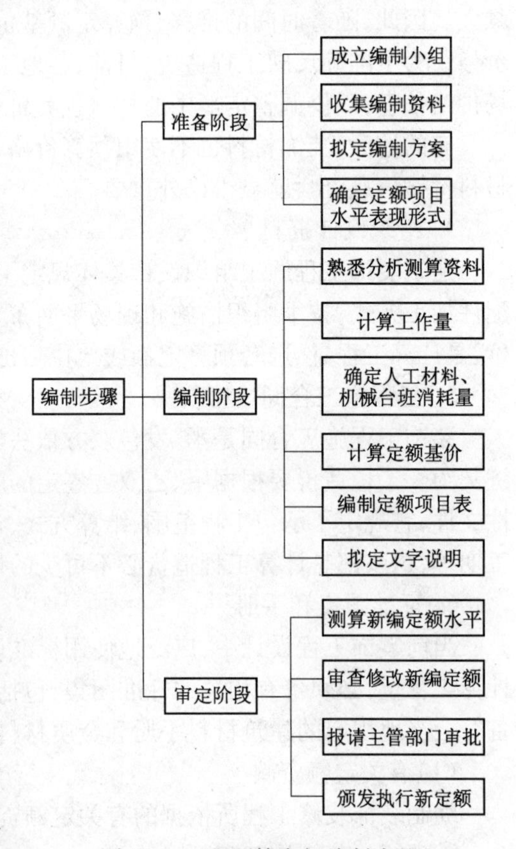

图5-1 工程预算定额编制步骤

(5)根据上述计算的人工、材料和机械台班消耗量标准及本地区人工工资标准、材料预算价格、机械台班使用费，计算预算定额基价，即完成一定计量单位分项工程或结构构件所消耗的人工费、材料费、机械费。

(6)编制定额项目表。

(7)测算定额水平，审查修改所编制的定额，并报请有关部门批准。

四、装饰装修工程预算定额的编制方法

(一)确定定额项目名称和工程内容

装饰装修工程预算定额项目名称，即分部分项工程(或配件、设备)项目及其所含子项目的名称，定额项目及其工程内容，一般根据编制装饰装修工程预算定额的有关基础资料，参照施工定额分项工程项目综合确定，并应反映当前装饰装修业的实际水平且具有广泛的代表性。

(二)确定施工方法

施工方法是确定装饰装修工程预算定额项目的各专业工种和相应的用工数量，各种材料、成品或半成品的用量，施工机械类型及其台班用量，以及定额基价的主要依据。

(三)确定定额项目计量单位

1. 确定的原则

定额计量单位的确定，应与定额项目相适应。首先，它应当确切地反映分项工程(或配件、设备)等最终产品的实物消耗量，保证装饰装修工程预算的准确性。其次，要有利于减少定额项目、简化工程量计算和定额换算工作，保证预算定额的适用性。

定额计算单位的选择，主要根据分项工程(或配件、设备)的形体特征和变化规律来确定，见表5-2。

表5-2 选择定额计算量单位的原则

物体形体特征及变化规律	定额计算单位	举　　例
长、宽、高都发生变化	m^3	如土方、砖石、瓦块等
厚度一定，面积变化	m^2	如铝合金墙面、门窗、木地板等
截面形状大小固定，只有长度变化	m	如楼梯扶手、装饰线、避雷网安装等
体(面)积相同，重量和价格差异大	t或kg	如金属构件制作、安装工程等
形状不规则难以度量	套、个、件等	如制冷通风工程、栓类阀门工程等

2. 表示方法

定额计算单位，均按公制执行，一般规定见表5-3。

表5-3 定额计量单位公制表示法

计量单位名称	定额计量单位	计量单位名称	定额计量单位
长　度	mm，cm，m	体　积	m^3
面　积	mm^2，cm^2，m^2	重　量	kg，t

3. 定额项目单位

定额项目单位，一般按表5-4取定。

表 5-4　选择定额计量单位的方法

项目		单位	小数位数
人工		工日	保留两位小数
材料	木材	m^3	保留三位小数
	钢材	t	保留三位小数
	铝合金型材	kg	保留两位小数
	通风设备、电器设备	台	保留两位小数
	水泥	kg	零(取整数)
	其他材料	依具体情况而定	保留两位小数
机械		台班	保留三位小数
定额基价		元	保留两位小数

(四)计算工程量

计算工程量的目的,是为了通过分别计算出典型设计图或资料所包括的施工过程的工程量,使之在编制装饰装修工程预算定额时,有可能利用施工定额的人工、材料和施工机械台班的消耗指标。

定额项目工程量的计算方法是:根据确定的分项工程(或配件、设备)及其所含子项目,结合选定的典型设计图或资料、典型施工组织设计,按照工程量计算规则进行计算。一般采用工程量计算表格计算。

在工程量计算表中,需要填写的内容主要包括下列四项:

(1)选择的典型设计图或资料的来源和名称;

(2)典型工程的性质;

(3)工程量计算表的编制说明;

(4)选择的图例和计算公式。

最后,根据装饰装修工程预算定额单位,将已计算出的自然数工程量,折算成定额单位工程量。例如,铝合金门窗、带轻钢龙骨天棚、镁铝曲板柱面工程等,由 $1m^2$ 折算成 $100m^2$ 等。

(五)装饰装修工程预算定额人工、材料和机械台班消耗量指标的确定

确定分项工程或结构构件的定额消耗指标,包括人工、材料和机械台班的消耗量指标。

1. 人工消耗量指标的确定

预算定额人工消耗量指标,是指完成一定计量单位的装饰装修产品所必需的各种用工量的总和,包括基本用工量和其他用工量。

(1)基本工消耗量,是指完成一定计量单位分项工程或结构构件所需消耗的主要用工。基本工消耗量计算公式可表示为:

$$基本工消耗量 = 工序工程量 \times 相应时间定额$$

(2)其他工消耗量,是指劳动定额内没有包括而在预算定额内又必须考虑的工时消耗。其内容包括辅助用工、超运距用工和人工幅度差。

①辅助用工,是指预算定额中基本工以外的材料加工等所用的工时。辅助用工的计算,可用下式表示:

$$\text{辅助用工量} = \sum(\text{材料加工数量} \times \text{相应时间定额})$$

②超运距用工,是指编制预算定额时,材料、半成品等运距超过劳动定额(或施工定额)所规定的运距,而需增加的工时数量。超运距及超运距用工量的计算可用下式表示:

$$\text{超运距} = \text{预算定额规定的运距} - \text{劳动定额规定的运距}$$

$$\text{超运距用工量} = \sum(\text{超运距材料数量} \times \text{相应时间定额})$$

(3)人工幅度差,是指劳动定额中没有包括而在预算定额中又必须考虑的工时消耗,也是在正常施工条件下所必须发生的各种零星工序用工。其内容包括:各工种间的工序搭接、交叉作业互相配合所造成的不可避免的停歇用工;施工机械在单位工程之间变换位置或临时移动水电线路所造成的间歇用工;施工过程中水电维修、隐检验收等质量检查而影响操作用工;场内单位工程间操作地点转移影响工人操作的时间;施工中不可避免的少量用工等。人工幅度差的计算,可用下式表示:

$$\text{人工幅度差} = (\text{基本用工} + \text{超运距用工} + \text{辅助用工}) \times \text{人工幅度差系数}$$

2. 材料消耗指标的确定

装饰装修工程预算定额中的主要材料、成品或半成品的消耗量,应以施工定额的材料消耗定额为计算基础。如果某些材料成品或半成品没有材料消耗定额,则应选择有代表性的施工图,通过分析、计算,求得材料消耗指标。

材料消耗指标的构成,如图5-2所示。

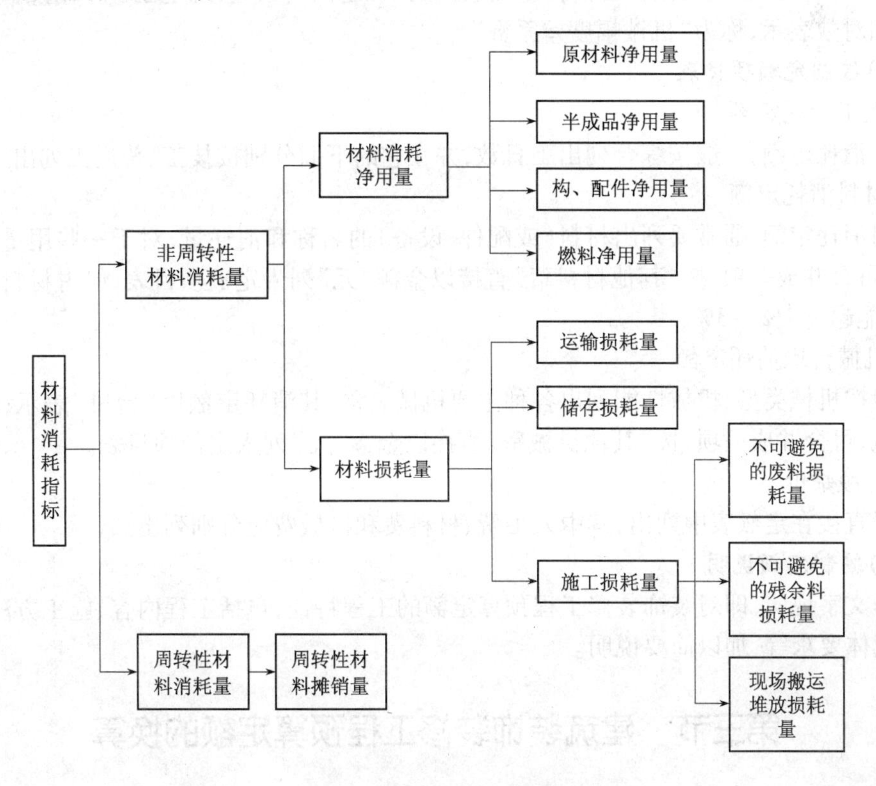

图5-2 材料消耗指标的构成

(1)非周转性材料消耗指标,一般可按下式计算:

非周转性材料消耗量 = 材料净用量 + 材料损耗量 = 材料净用量 × (1 + 材料损耗率)

式中 材料净用量——一般可按材料消耗净定额或采用观察法、试验法和计算法确定;

材料损耗量——一般可按材料损耗定额或采用观察法、试验法和计算法确定;

材料损耗率——材料损耗量与净用量的百分比,即:

$$材料损耗率 = \frac{损耗量}{净用量} \times 100\%$$

(2)周转性材料消耗指标,即周转性材料摊销量。一般可按下式计算:

周转性材料摊销量 = 周转使用量 - 回收量

周转使用量 = [1 + (周转次数 - 1) × 补损率]/周转次数

$$补损率 = \frac{材料补损量}{净用量} \times 100\%$$

回收量 = 一次使用量 × (1 - 补损率)/周转次数

式中 周转次数——周转材料重复使用的次数;

一次使用量——周转材料一次使用的基本量。

3. 施工机械台班消耗指标的确定

装饰装修工程预算定额中的机械台班消耗指标,是以台班为单位进行计算的。机械台班消耗指标根据机械台班定额规定台班工程量计算,并考虑在合理的施工组织技术条件下机械的停歇因素。根据影响机械台班消耗量因素,在施工定额基础上,规定出一个附加额。这个附加额用相对数表示,称为"机械幅度差系数"。

(六)编制定额项目表

1. 人工消耗定额

人工消耗定额,一般按综合列出工日数,并在它的下面分别按技工、普通工列出工日数。

2. 材料消耗定额

材料消耗定额,通常要列出材料(或配件、设备)的名称和消耗量;对于一些用量很少的次要材料,可合并成一项,按"其他材料费"直接以金额"元"列入定额项目表,但占材料总价值的比重,不能超过2% ~3%。

3. 机械台班消耗定额

一般按机械类型、机械性能列出各种主要机械名称,其消耗定额以"台班"表示;对于一些次要机械,可合并成一项,按"其他机械费"直接以金额"元"列入定额项目表。

4. 定额基价

一般直接在定额表中列出,其中人工费、材料费和机械费应分别列出。

(七)编制定额说明

定额文字说明,即对装饰装修工程预算定额的工程特征,包括工程内容、施工方法、计量单位以及具体要求等,加以简要说明。

第三节 建筑装饰装修工程预算定额的换算

在确定某一工程项目单位预算价格时,如果施工图设计的工程项目内容,与所套用相应定额项目内容的要求不完全一致,并且定额规定允许换算,则应按定额规定的换算范围、内容和方法进行定额换算。定额项目的换算,就是将定额项目规定的内容与设计要求的内容,取得一致的换算或调整的过程。

例如,某装饰装修工程施工图设计的大理石柱面项目,其大理石的定额预算价格为255.64 元/m^2,而现行市场价格为375 元/m^2。出于大理石价格变动,引起定额基价变化,定额规定允许换算。此时可计算出定额计量单位大理石价差,加入原定额基价中,以此作为新的大理石柱的定额基价。因此,定额项目换算的实质,就是按定额规定的换算范围、内容和方法,对某些工程项目的预算定额基价、工程量及其他有关内容进行调整。

目前,各专业部或省、市、自治区现行的装饰装修工程预算定额中的总说明、分部工程说明和定额项目表及附注内容中都有所规定:对于某些工程项目的工程量,定额基价(或其中的人工费),材料品种、规格和数量增减,装饰砂浆配合比不同,使用机械、脚手架、垂直运输原定额需要增加系数等方面,均允许进行换算或调整。以下换算或调整的范围、内容和方法,均以某市现行的装饰装修工程预算定额为例。

一、工程量换算法

工程量的换算,是依据装饰装修工程预算定额中的规定,将施工图设计工程项目的工程量,乘以定额规定的调整系数。换算后的工程量,一般可按下式计算:

换算后的工程量 = 按施工图计算的工程量 × 定额规定的调整系数

【例】 某酒吧间拱形高低级灯带槽艺术造型吊顶顶棚,其施工图计算的面积为78.3m^2,试计算其确定预算价值的工程量。

【解】

顶棚分部工程的工程量计算规则中规定,立体造型顶棚按展开面积乘1.15系数计算。故有:

换算后工程量 = 78.3 × 1.15 = 90.05(m^2)

二、系数增减换算法

施工图设计的工程项目内容与定额规定的相应内容有的不完全相符,定额规定在其允许范围内,采用增减系数调整定额基价或其中的人工费、机械使用费等。

系数增减换算的方法步骤如下:

1. 根据施工图设计的工程项目内容,从定额手册目录中,查出工程项目所在定额中的页数及其部位,并判断是否需要增减系数,调整定额项目。

2. 如需调整,从定额项目表中查出调整前定额基价和人工费(或机械使用费等),并从定额总说明、分部工程说明或附注内容中查出相应调整系数。

3. 计算调整后的定额基价,一般可按下式进行计算:

调整后定额基价 = 调整前定额基价 ± [定额人工费(或机械费) × 相应调整系数]

4. 写出调整后的定额编号。

5. 计算调整后的预算价值,一般可按下式计算:

调整后预算价值 = 工程项目工程量 × 调整后定额基价

【例】 某圆弧形墙面镶贴金属面砖，其工程量为159.27m²，试确定其预算价值。

【解】

①根据工程项目内容，从定额目录中查出墙面镶贴金属面砖定额项目在定额手册108页第95子项目上，并经判断必须对人工费进行调整。

②从墙面镶贴金属面砖定额表中，查出调整前定额基价为2 275.94元/100m²，定额人工费为1 407.07元/100m²；从分部工程说明中，查出圆弧形墙面镶贴块料面层人工乘以系数1.15。

③计算调整后的定额基价：

$$调整后定额基价 = 2\ 275.94 + 1\ 407.07 \times (1.15 - 1) = 2\ 487(元)$$

④写出调整后的定额编号：

$$(108—5)_{换} = 2\ 487(元)$$

⑤计算调整后的预算价值：

$$调整后预算价值 = 159.27 \times 2\ 487/100 = 3\ 961.04(元)$$

三、材料价格换算法

当装饰装修材料的“主材”和“五材”（见表5-5）的市场价格，与相应定额预算价格不同而引起定额基价的变化时，必须进行换算。

表5-5 装饰装修“主材”和“五材”项目表

项　　目	内　　容
装饰装修主材	铝合金、不锈钢、有色金属、轻钢骨架、石膏板、大理石、花岗岩板、玻璃马赛克、艺术瓷砖、艺术马赛克、墙布纸、进口玻璃、铝合金电化装饰板、镁铝曲板、玻璃镜子、铝合金五金、防静电地板、塑料地板块、玻璃砖等
装饰装修五材	水泥、钢材、木材、沥青、玻璃

材料价格换算的方法步骤如下：

1. 根据施工图纸设计的工程项目内容，从定额手册目录中查出工程项目所在定额的页数及其部位，并判断是否需要定额项目换算。

2. 如需换算，则从定额项目中查出工程项目相应的换算前定额基价、材料预算价格和定额消耗量。

3. 从装饰装修材料市场价格信息资料中，查出相应的材料市场价格。

4. 计算换算后定额基价，一般可用下式计算：

$$换算后定额基价 = 换算前定额基价 + [换算材料定额消耗量 \times (换算材料市场价格 - 换算材料预算价格)]$$

5. 写出换算后的定额编号。

6. 计算换算后预算价值，一般可用下式计算：

$$换算后预算价值 = 工程项目工程量 \times 相应的换算后定额基价$$

【例】 某房间地面铺贴花岗石板,其工程量为73.45m^2,花岗石板的市场价格为390元/m^2,而定额预算价格为242.73元/m^2,试计算花岗石板价格变动后的定额基价和预算价格。

【解】

①根据施工图设计的工程项目内容,从定额手册目录中查出,楼地面铺贴花岗石板项目在定额手册第18页第23子项目栏上,并经判断必须进行定额换算。

②从楼地面分部工程的铺贴花岗石定额项目表中,查出换算前定额基价为26 158.18元/100m^2及定额消耗量为102。

③根据花岗石板的市场价格和预算价格,计算换算后的定额基价:

$$换算后定额基价 = 26\ 158.18 + 102 \times (390 - 242.73) = 41\ 179.72(元)$$

④写出换算后的定额编号:

$$(18—23)_{换} = 41\ 179.72(元)$$

⑤计算换算后的预算价值:

$$换算后的预算价值 = 73.45 \times 41\ 179.72/100 = 30\ 246.5(元)$$

四、材料用量换算法

当施工图设计的工程项目的主材用量,与定额规定的主材消耗量不同而引起定额基价的变化时必须进行定额换算。其换算的方法步骤如下:

1. 根据施工图设计的工程项目内容,从定额手册目录中,查出工程项目所在定额手册中的页数及其部位,并判断是否需要进行定额换算。
2. 从定额项目表中,查出换算前的定额基价、定额主材消耗量和相应的主材预算价格。
3. 计算工程项目主材的实际用量和定额单位实际消耗量,一般可按下式计算:

$$主材实际用量 = 主材设计净用量 \times (1 + 损耗率)$$

$$定额单位主材实际消耗量 = 主材实际用量/工程项目工程量 \times 工程项目定额计量单位$$

4. 计算换算后的定额基价,一般可按下式进行计算:

$$\begin{matrix}换算后的\\定额基价\end{matrix} = \begin{matrix}换算前\\定额基价\end{matrix} + \left(\begin{matrix}定额单位主材\\实际消耗量\end{matrix} - \begin{matrix}定额单位主材\\定额消耗量\end{matrix}\right) \times \begin{matrix}相应主材\\预算价格\end{matrix}$$

5. 写出换算后的定额编号。
6. 计算换算后的预算价格。

【例】 某工程墙面做镜面玻璃,其工程量为215.36m^2。施工图设计的镜面玻璃的实际用量为268m^2(包括各种损耗),试确定其换算后的定额基价和预算价格。

【解】

①根据施工图设计的工程项目内容,从定额手册目录中查出镜面玻璃墙面定额项目,在定额手册124页第116子项目栏上,并经判断必须进行定额换算。

②从墙柱面分部工程的镜面玻璃墙面定额项目表中,查出镜面玻璃墙面项目的换算前定额基价为19 508.29元/100m^2,其主材镜面玻璃的定额消耗量为118m^2/100m^2,相应预算价格为88.26元/m^2。

③计算镜面玻璃的定额单位实际消耗量：

$$定额单位镜面玻璃实际消耗量 = 268/215.36 \times 100 = 124.44(m^2)$$

④计算换算后的定额基价：

$$换算后定额基价 = 19\ 508.29 + (124.44 - 118) \times 88.26 = 20\ 076.68(元)$$

⑤写出换算后的定额编号：

$$(124—116)_{换} = 20\ 076.68(元)$$

⑥计算换算后预算价值：

$$换算后预算价值 = 215.36 \times 20\ 076.68/100 = 43\ 237.14(元)$$

五、材料种类换算法

当施工图设计的工程项目所采用的材料种类，与定额规定的材料种类不同而引起定额基价的变化时，定额规定必须进行换算，其换算的方法和步骤如下：

1. 根据施工图设计的工程项目内容，从定额手册目录中，查出工程项目所在定额手册中的页数及其部位，并判断是否需要进行定额换算。

2. 如需计算，从定额项目表中查出换算前定额基价、换算出材料定额消耗量及相应的预算定额。

3. 计算换入材料定额计量单位消耗量，并查出相应的市场价格。

4. 计算定额计量单位换入(出)材料费，一般可按下式计算：

$$换入材料费 = 换入材料市场价格 \times 相应材料定额单位消耗量$$

$$换出材料费 = 换出材料预算价格 \times 相应材料定额单位消耗量$$

5. 计算换算后的定额基价，一般可按下式计算：

$$换算后定额基价 = 换算前定额基价 + (换入材料费 - 换出材料费)$$

6. 写出换算后定额编号。

7. 计算换算后的预算价格。

【例】 某工程宝丽板面墙裙工程量为 62.58m²，其宝丽板实际用量为 68.21m²(其中包括各种损耗)，试计算其预算价格。

【解】

①根据施工图设计的工程项目内容从定额手册目录中查出胶合板面墙裙项目在定额手册121 页第 115 子项目栏上，并经判断必须进行定额换算。

②从墙柱面分部工程的定额项目表中，查出胶合板面墙裙项目换算前定额基价为7 863.15元/100m²，胶合板面板的定额消耗量为 105m²，相应预算价格为 28.4 元/m²。

③计算宝丽板面板的定额计量单位实际消耗量，并查出相应的市场价格：

$$定额计量单位宝丽板面板实际消耗量 = 68.21/62.58 \times 100 = 109(m^2)$$

宝丽板的市场价格为 32.49 元/m^2。

④计算定额计量单位换入和换出材料费：

$$换入材料(宝丽板)费 = 32.49 \times 109 = 3\ 541.41(元)$$
$$换出材料(胶合板)费 = 28.4 \times 105 = 2\ 982(元)$$

⑤计算换算后的定额基价：

$$换算后的定额基价 = 7\ 863.15 + (3\ 541.41 - 2\ 982) = 8\ 422.56(元)$$

⑥写出换算后定额编号：

$$(121—115)_{换} = 8\ 422.56(元)$$

⑦计算换算后的预算价格：

$$换算后的预算价格 = (62.58/100) \times 8\ 422.56 = 5\ 270.84(元)$$

六、材料规格换算法

当施工图设计的工程项目的主材规格与定额规定的主材规格不同而引起定额基价的变化时，定额规定必须进行换算。与此同时，也应进行差价调整。其换算与调整的方法和步骤如下：

1. 根据施工图设计的工程项目内容，从定额手册目录中，查出工程项目所在的定额页数及其部位，并判断是否需要进行定额换算。

2. 如需换算，从定额项目表中，查出换算前定额基价、需要换算的主材定额消耗量及其相应的预算价格。

3. 根据施工图设计的工程量内容，计算应换算的主材实际用量和定额单位实际消耗量，一般有下列两种方法：

(1)虽然主材不同，但两者的消耗量不变。此时，必须按定额规定的消耗量执行。

(2)因规格改变，引起主材实际用量发生变化。此时，要计算设计规格的主材实际用量和定额单位实际消耗量。

4. 从装饰装修材料市场价格信息资料中，查出施工图采用的主材相应的市场价格。

5. 计算定额计量单位两种不同规格主材费的差价，一般可按下式计算：

$$差价 = 定额计量单位选用规格主材费 - 定额计量单位定额规格主材费$$

$$定额计量单位图纸规格主材费 = 定额计量单位选用规格主材实际消耗量 \times 相应主材市场价格$$

$$定额计量单位定额规格主材费 = 定额规格主材消耗量 \times 相应的主材定额预算价格$$

6. 计算换算后的定额基价，一般可按下式计算：

$$换算后定额基价 = 换算前定额基价 \pm 差价$$

7. 写出换算后定额编号。

8. 计算换算后的预算价格。

【例】 某工程做镭射玻璃地面，其工程量为 62.39m^2，施工图采用的镭射玻璃钢化地砖规格为400mm×400mm，用量为68.63m²，而定额规定的镭射玻璃钢化地砖的规格为500mm×500mm，试确定换算后的预算价格。

【解】

①根据施工图纸设计的工程项目内容，从定额手册目录中，查出镭射玻璃地面项目在定额手册第28页第53子项目栏上，并经判断因采用的镭射玻璃规格不同，定额规定必须进行定额换算。

②从地面分部工程的镭射玻璃地面定额项目表中，查出镭射玻璃地面项目的换算前定额基价为58 772.37元/100m²，500mm×500mm的镭射玻璃钢化地砖定额消耗量为102m²/100m²，相应的预算价格为558元/m²。

③从装修装饰材料市场价格信息资料中，查出400mm×400mm的镭射玻璃钢化地砖的市场价格为463元/m²。

④计算两种不同规格镭射玻璃钢化地砖的定额计量单位材料费和两者差价：

定额计量单位图纸规格材料费＝463×(68.63/62.39)×100＝50 930.74(元)

定额计量单位定额规格材料费＝558×102＝56 916(元)

差价＝56 916－50 930.74＝5 985.26(元)

⑤计算换算后的定额基价：

换算后基价＝58 772.37－5 985.26＝52 787.11(元)

⑥写出换算后的定额编号：

$(28—53)_{换}$＝52 787.11(元)

⑦计算换算后的预算价格：

换算后预算价格＝62.39×52 787.11/100＝32 933.88(元)

七、砂浆配合比换算法

当装饰砂浆配合比的不同，而引起相应定额基价的变化时，定额规定必须进行换算，其换算的方法步骤如下：

1. 根据施工图设计的工程项目内容，从定额手册目录中，查出工程项目所在定额手册中的页数及其部位，并判断施工图设计的装饰砂浆的配合比，与定额规定的砂浆配合比是否一致，如不一致，则应按定额规定的换算范围进行换算。

2. 从定额手册附录一的《装饰砂浆配合比》表中，查出工程项目与其相应的定额规定不相一致，需要进行换算的两种不同配合比砂浆每立方米的预算价格，并计算两者的差价。

3. 从定额项目表中，查出工程项目换算前的定额基价和相应的装饰砂浆的定额消耗量。

4. 计算换算后的定额基价，一般可按下式进行计算：

换算后定额基价＝换算前定额基价±(应换算砂浆定额消耗量×两种不同配合比砂浆预算价格价差)

5. 写出换算后的定额编号。

6. 计算换算后的预算价格。

【例】 某柱面做干粘白石子工程，其工程量为156m^2，设计使用的是1∶2.5的水泥砂浆，而定额规定使用1∶3水泥砂浆，试确定换算后的预算价格。

【解】

①根据施工图设计的工程项目内容，从定额手册目录中，查出干粘白石子柱面项目在定额手册58页第15子项目栏上，并经判断因采用的装饰砂浆配合比不一致，定额规定必须进行定额基价的换算。

②从定额手册附录一的《装饰砂浆配合比》表中查出1∶2.5水泥砂浆和1∶3水泥砂浆每1m^3预算价格分别为244.90元和230.23元，并计算两者的价差。

$$价差 = 244.90 - 230.23 = 14.67(元)$$

③从墙柱面分部工程的干粘白石子柱面定额项目表中，查出换算前定额基价为2 318.95元/100m^2，其相应砂浆定额消耗量为2m^3。

④计算换算后的定额基价：

$$换算后定额基价 = 2\ 318.95 + 14.67 \times 2 = 2\ 348.29(元)$$

⑤写出换算后的定额编号：

$$(58—15)_{换} = 2\ 348.29(元)$$

⑥计算换算后的预算价格：

$$换算后预算价格 = 156 \times 2\ 348.29/100 = 3\ 663.33(元)$$

八、补充定额的编制——"生项"确定

在预算中某些工程有时碰上"生项"。所谓"生项"就是分项工程中若无定额套用或不允许换算时要另编补充定额。

1. 出现生项的原因

(1)设计中采用了定额项目中没有选用的新材料或构造做法；

(2)在结构设计上采用了定额中没有的新的结构做法；

(3)设计中选用的砂浆配合比或混凝土配合比在定额中未列出；

(4)施工中采用了定额中未包括的施工工艺；

(5)施工中使用了定额中未考虑的新的施工机具。

遇到"生项"时，应按现行预算定额的编制原则与有关规定编制补充生项定额。

2. 生项的编制原则

(1)生项定额中的组成内容必须与现行定额中同类项目相一致；

(2)材料消耗量必须符合现行定额规定；

(3)工、料、机单价必须与现行预算定额统一；

(4)施工中可能发生的各种情况必须考虑全面；

(5)各项数据必须是实际施工情况统计或实验结果，数据计算必须实事求是。

3. 编制补充"生项"需要准备的资料

(1)设计要求:包括设计图纸选用的配合比、材料品种,规格、性能、设计尺寸和设计要求的施工工艺;

(2)施工组织设计及施工概况:总工程量、总施工天数,其中作业天数,停滞天数,参加施工的各工种人数、使用机械的型号、规格、台班、场内材料水平运距等;

(3)测定资料:劳动效率、材料损耗、机械效率和单方材料消耗量等测定资料;

(4)有关试验报告:有关配合比和材料性能的试验报告。

4. 生项劳动力消耗量

按投入的总工日及总工程量计算:

$$定额合计工日 = \frac{施工投入总工日}{总工程量}$$

5. 生项材料消耗量

按施工过程中实际总耗用量和总工程量计算:

$$定额材料耗用量 = \frac{总耗用量}{总工程量}$$

6. 生项机械台班耗用量

按投入施工过程中的作业班数与总工程量计算:

$$机械台班耗用量 = \frac{作业台班总量}{总工程量}$$

【例】 某写字楼临街外檐大窗砌筑玻璃砖墙,该玻璃砖墙选用长、宽、高尺寸分别为190mm、190mm、80mm 的白色半透明玻璃砖。施工方法为纵向预埋 ϕ6 钢筋沿窗上下梁面拉结,或用膨胀螺栓固定,用 108 胶掺石膏粉砌筑,玻璃砖配有塑料卡件与钢筋卡牢,然后用白色水泥填缝,擦拭玻璃砖表面被污石膏粉浆,勾缝,打玻璃胶。

【解】 根据计时观察法测定该工程项目共用工时,其中包含了基本工作时间、辅助工作时间及准备和结束时间。

(1)人工费:实测 69m^2 玻璃砖砌筑用工为 78 工日,平均每 1m^2 用工 1. 13 工日,每工日按 30 元计算,则人工费为:

$$30 \times 1.13\ 工日 = 33.9(元)$$

(2)材料费:实测 69m^2 玻璃砖用量为 72. 5m^2,石膏粉 800kg,108 胶 450kg,白水泥 350kg,ϕ6 膨胀螺栓 280 个,ϕ6 钢筋 100kg,玻璃胶 100 支,其他材料费 36 元,确定每 1m^2 材料数量如下:

玻璃砖:　　72. 5 ÷ 69 = 1. 05(m^2)
石膏粉:　　800 ÷ 69 = 11. 59(kg)
108 胶:　　450 ÷ 69 = 6. 52(kg)
白水泥:　　350 ÷ 69 = 5. 07(kg)
ϕ6 膨胀螺栓:280 ÷ 69 = 4. 06(个)
ϕ6 钢筋:　100 ÷ 69 = 1. 45(kg)

玻璃胶：　　100 ÷ 69 = 1.45（支）

玻璃砖供应价为每块11.5元，每$1m^2$ 27.8块，计算玻璃砖预算价为：

预算价 =（供应价 + 运杂费 + 采管费）×（1 + 运损率）

玻璃砖预算价 = [27.8 × 11.5 + 0.32 +（27.8 × 11.5 + 0.32）× 0.024] ×（1 + 1%）
= 330.98（元）

每$1m^2$材料费计算如下：

玻璃砖：　　330.98 × 1.05 = 347.53（元）
石膏粉：　　0.54 × 11.59 = 6.26（元）
108胶：　　2.76 × 6.52 = 18（元）
白水泥：　　0.6 × 5.07 = 3.04（元）
ϕ6膨胀螺栓：0.42 × 4.06 = 1.71（元）
ϕ6钢筋：　　2.43 × 1.45 = 3.52（元）
玻璃胶：　　18.07 × 1.45 = 26.2（元）
其他材料费：36 ÷ 69 = 0.52（元）
材料费合计：406.78（元）

（3）机械费为0.2元；

（4）玻璃砖砌筑补充定额合价为440.88元。

第四节　建筑装饰装修工程定额的一般结构形式

装饰工程预算定额的结构按其组成顺序，一般由下述几部分组成（图5-3）：总说明，目录，分部、分项章节（表），附录。按其内容可分为四个部分，即：

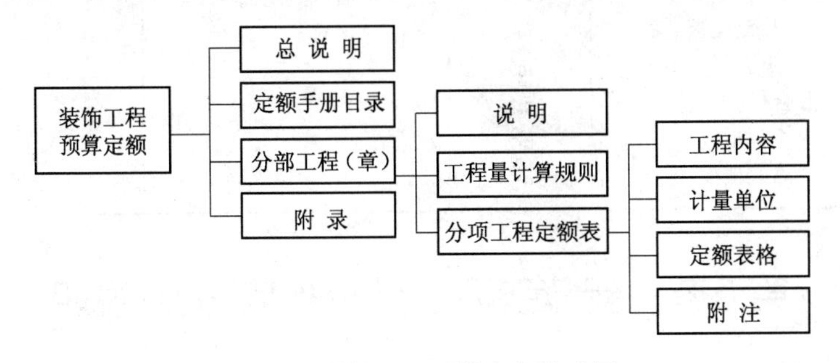

图5-3　装饰工程预算定额构成图

1. 定额说明部分，包括定额总说明、各章说明和定额表说明；

2. 工程量计算规则；

3. 定额表，定额表是定额的主要内容，用表格的形式表示出来，它是定额的主要部分；

4. 附录，一般编在定额手册的最后，主要提供编制定额的有关数据，包括混凝土配合比，砂浆配合比，装饰材料预算价格，机械台班单价等。

此外，不少地区的定额中，在定额表的下方通常有“注脚”，这也是重要的组成内容，供定额换算和调整用。工程量计算规则是定额的重要组成部分，工程量计算规则和定额表格配套使用，才能正确计算分项工程价值，确定工程直接费。一般情况下，工程量计算规则按分部工程列入相应的各分部工程(章)内，有时工程量计算规则与定额手册分离，专门成册，如《全国统一建筑工程预算工程量计算规则》就单独成册，与《全国统一建筑工程基础定额》配套使用。各地建筑装饰工程预算定额虽不相同，但其结构形式和包括的内容却基本相同。一般包括下列内容：

(1)政府主管部门颁发的定额文件

文件指明定额的实施时间、适用范围、定额的解释权归属等。

(2)总说明

总说明中一般指明编制定额的依据，定额的使用范围，定额中人工、材料、机械用量。施工现场条件、水平运输和垂直运输、建筑物层数及层高、脚手架等问题及如何考虑可调整与不可调整的项目，允许换算与不允许换算的项目等。在使用定额时，对这部分内容必须认真阅读，深刻领会，总说明起着统领全局的作用。

(3)定额分部内容

建筑装饰工程一般划分为墙、柱面工程，楼地面工程，天棚工程，门窗工程，油漆涂料工程，其他工程六部分内容。每一分部中一般又由说明、工程量计算规则及定额分项组成。定额分项中说明了该工程包括的工作内容，单项工程量中消耗的人工、材料、机械费。

(4)分项工程内容

附注中说明哪些子目可以换算或以系数调整等，在使用定额时必须详细看清规则，分项工程内容的工序，这是一项极其细致的工作。

5. 材料选价表

该表列明定额中涉及材料的规格、型号及预算价格，见表5-6。

表5-6　装饰定额材料选价表

序　号	材料名称及规格	单　位	预　算　单　价	备　　注
1	装修材	m^3	各项查定额	
2	胶压刨花板	m^2		
3	五合板	m^2		
4	胶合板(九层)	m^2		
5	企口地板	m^2		
6	席纹地板	m^2		

第五节　新“定额”、“计价规范”使用说明

一、概述

前面介绍的基本内容和框架，以及定额的使用方法，不涉及具体数据，是了解定额的基本组成和使用原理。但是定额的单价、规定、编制内容等，具有可变性，它将随着国家经济的发展、市场变化、基建政策的改变而调整和修订，使用定额时必须随时按当时的新规定执行。目前的新规定、新规范有以下几种，它是当前必须执行的法规，预算和报价都应遵守。

1.《全国统一建筑装饰装修工程消耗量定额》GYD—901—2002(简称“定额”)；

2.《全国建筑装饰装修工程量清单暂行办法》(简称“计价办法”)；

3.《全国统一建筑装饰装修工程量清单计量规则》(简称“计量规则”);

4.《建设工程工程量清单计价规范》GB 50500—2008(简称“计价规范”),其中包括建筑装饰装修工程;

5.《建筑工程施工发包与承包计价管理办法》建设部令107号。

二、新“定额”、“计价规范”使用说明

现将新“定额”、“计价规范”使用说明主要部分摘录如下:

1. 全面修改和调整了定额单价,定额日工资由原来的45元/工日调整为50元/工日,定额材料单价按市场价格,定额施工机械费综合以金额计入。

2. 定额单价是根据国家及有关省市相关的定额、图纸、标准、规范等,结合作者和从事建筑装饰工作的同行几十年的实践经验积累的资料编写而成。

3. 定额中的规格、尺寸与实际施工设计图纸不同时,可以调算。

4. 定额中的数字“×××以内”均包括“×××”本身,“×××以外”不包括“×××”在内。材料带“(规格)”二字的,为指定规格尺寸材料的单价。

5. 定额中综合用工已包括七层以内材料、成品和半成品运输工作;超过七层垂直运输增加运输费。

6. 定额中室内装饰已包括3.6m以内简易脚手架搭设的用工和用料费;层高超过3.6m,另搭脚手架,按装饰脚手架定额单价计算。

7. 定额中的材料、成品、半成品已包括施工场内运输和保管工作及损耗。

8. 成品保护费用,除定额列有保护措施费以外,其余均未包括成品保护费。

9. 定额未考虑对旧建筑物重新装饰装修的铲除、拆除、清油皮、清渣等工作,需要时根据现场具体情况处理,另行补充计算。

10. 定额中工程量计算按“计价规范”(GB 50500—2008)和原建设部批准2002年1月1日施行的《全国建筑装饰装修工程量清单计价暂行办法》规定执行,其他见各章节说明。

11. 有关建筑装饰装修工程施工质量验收标准,按照国家标准《建筑装饰装修工程质量验收规范》GB 50210—2001和北京市标准DBJ 01—27—96《高级建筑装饰工程质量检验评定标准》及其他有关规范条款执行。

12. 有关家居装饰工程质量验收标准,按照国家、地方和北京市标准DBJ/T 01—43—2000《家庭居室装饰工程质量验收标准》和其他有关标准执行。

13. 工作天计算:每年每月平均法定工作天按全年52周,每周休息2天,法定假日10天,其中“五一”3天,“十一”3天,元旦1天,春节3天,则:

$$年工作天 = 365 - (52 \times 2 + 10) = 251 工作天$$

$$月平均工作天 = 251 \div 12 = 20.92 即 21 工作天$$

14. 本定额单价由双方自愿商定采用。

三、定额单价

新定额单价是在原有定额的基础上,参考各地定额、国家有关规范,结合市场调研,对旧定额单价进行调整和全面修订。现摘录如下,以作为举例(见表5-7)。

表 5-7 楼地面镶贴天然石材

工作内容：清扫、找平、选料、浸水、镶拼贴、粘贴、擦缝、清洁、上蜡等全部操作过程。　　计量单位：10m²

定额编号					1-1		1-2		1-3		1-4	
项目					镶贴大理石地面				镶贴花岗石地面			
					水泥砂浆粘贴				水泥砂浆粘贴			
					一色镶贴		多色镶贴		一色镶贴		多色镶贴	
内容	代码	名称	单位	单价（元）	数量	金额	数量	金额	数量	金额	数量	金额
		合计单价	元			3 308.84		3 673.94		4 226.84		4 394.94
其中		人工费	元			180.00		205.00		180.00		205.00
		材料费	元			3 125.84		3 464.94		4 043.84		4 185.94
		机具费	元			3.00		4.00		3.00		4.00
人工		综合用工	工日	50.00	3.60	180.00	4.10	205.00	3.60	180.00	4.10	205.00
材料		大理石板2cm	m²	300.00	10.20	3 060.00						
		大理石板2cm(异形)	m²	330.00			10.30	3 399.00				
		花岗石板2cm	m²	390.00					10.20	3 978.00		
		花岗石板2cm(异形)	m²	400.00							10.30	4 120.00
		普通水泥	kg	0.35	107.00	37.45	107.00	37.45	107.00	37.45	107.00	37.45
		中砂	kg	0.04	319.00	12.76	319.00	12.76	319.00	12.76	319.00	12.76
		乳液型建筑胶粘剂	kg	1.80	2.00	3.60	2.00	3.60	2.00	3.60	2.00	3.60
		草酸	kg	6.00	0.10	0.60	0.10	0.60	0.10	0.60	0.10	0.60
		煤油	kg	2.80	0.08	0.22	0.08	0.22	0.08	0.22	0.08	0.22
		硬白蜡	kg	8.00	0.40	3.20	0.40	3.20	0.40	3.20	0.40	3.20
		白水泥	kg	0.70	1.00	0.70	1.00	0.70	1.00	0.70	1.00	0.70
		塑料薄膜	m²	0.42	10.50	4.41	10.50	4.41	10.50	4.41	10.50	4.41
		其他材料费	元			2.90		3.00		2.90		3.00
机具		机具费	元			3.00		4.00		3.00		4.00

定额编号					1-5		1-6		1-7		1-8	
项目					镶贴花岗石（进口石材）地面				铺天然石材地面			
					水泥砂浆粘贴				水泥砂浆粘贴			
					一色镶贴		多色镶贴		汉白玉板		青石板	
内容	代码	名称	单位	单价（元）	数量	金额	数量	金额	数量	金额	数量	金额
		合计单价	元			7 430.84		8 559.44		4 136.24		2 536.86
其中		人工费	元			219.00		246.50		190.00		165.00
		材料费	元			7 208.84		8 308.94		3 943.24		2 367.86
		机具费	元			3.00		4.00		3.00		4.00

续表

定额编号				1-5		1-6		1-7		1-8	
项目				镶贴花岗石(进口石材)地面				铺天然石材地面			
				水泥砂浆粘贴				水泥砂浆粘贴			
				一色镶贴		多色镶贴		汉白玉板		青石板	
人工	综合用工	工日	50.00	4.38	219.00	4.93	246.50	3.80	190.00	3.30	165.00
材料	花岗石板(进口)	m²	700.00	10.20	7 140.00						
	花岗石板(异形进口)	m²	800.00			10.30	8 240.00				
	普通水泥	kg	0.35	107.00	37.45	107.00	37.45	107.00	37.45	110.00	38.50
	中砂	kg	0.04	319.00	12.76	319.00	12.76	319.00	12.76	319.00	12.76
	乳液型建筑胶粘剂	kg	1.80	2.00	3.60	2.00	3.60	2.00	3.60	2.00	3.60
	青石板	m²	220.00							10.50	2 310.00
	草酸	kg	6.00	0.10	0.60	0.10	0.60	0.10	0.60		
	煤油	kg	2.80	0.08	0.22	0.08	0.22	0.08	0.22		
	硬白蜡	kg	8.00	0.40	3.20	0.40	3.20	0.40	3.20		
	白水泥	kg	0.70	1.00	0.70	1.00	0.70	3.00	2.10		
	塑料薄膜	m²	0.42	10.50	4.41	10.50	4.41	10.50	4.41		
	汉白玉板2cm	m²	380.00					10.20	3 876.00		
	其他材料费	元			5.90		6.00		2.90		3.00
机具	机具费	元			3.00		4.00		3.00		4.00

第六节 装饰装修工程消耗量定额

《全国统一建筑装饰装修工程消耗量定额》“楼地面工程，一、天然石材”，具体内容见表5-8。

表5-8 一、天然石材

工作内容：清理基层，试排弹线，锯板修边，铺贴饰面，清理净面　　　　计量单位：m²

定额编号				1-001	1-002	1-003	1-004	1-005
项目				大理石楼地面				
				周长3 200mm以内		周长3 200mm以外		拼花
				单色	多色	单色	多色	
名称		单位	代码	数量				
人工	综合人工	工日	000001	0.249 0	0.260 0	0.259 0	0.268 0	0.304 0

续表

定额编号				1-001	1-002	1-003	1-004	1-005
项目				大理石楼地面				
				周长3 200mm以内		周长3 200mm以外		拼花
				单色	多色	单色	多色	
材料	白水泥	kg	AA0050	0.103 0	0.103 0	0.103 0	0.103 0	0.103 0
	大理石板500×500(综合)	m^2	AG0202	1.020 0	1.020 0	—	—	—
	大理石板1 000×1 000(综合)	m^2	AG0205	—	—	1.020 0	1.020 0	—
	大理石板拼花(成品)	m^2	AG3381	—	—	—	—	1.010 0
	石料切割锯片	片	AN5900	0.003 5	0.003 5	0.003 5	0.003 5	—
	棉纱头	kg	AQ1180	0.010 0	0.010 0	0.010 0	0.010 0	0.010 0
	水	m^3	AV0280	0.026 0	0.026 0	0.026 0	0.026 0	0.026 0
	锯木屑	m^3	AV0470	0.006 0	0.006 0	0.006 0	0.006 0	0.006 0
	水泥砂浆1:3	m^3	AX0681	0.030 3	0.030 3	0.030 3	0.030 3	0.030 3
	素水泥浆	m^3	AX0720	0.001 0	0.001 0	0.001 0	0.001 0	0.001 0
机械	灰浆搅拌机200L	台班	TM0200	0.005 2	0.005 2	0.005 2	0.005 2	0.005 2
	石料切割机	台班	TM0640	0.016 8	0.016 8	0.016 8	0.016 8	—

注:摘自GYD—901—2002第5页。

复习题

1. 什么是装饰装修工程定额,由几部分组成?
2. 如何套用定额,应注意什么问题?
3. 工程预算定额的编制步骤(程序)。
4. 定额的换算有几种方法?
5. 补充定额如何编制?
6. 定额单价的用途。

第六章　建筑装饰装修工程预算和报价的编制

第一节　建筑装饰装修工程预算和报价编制概述

施工图预算是在施工图设计完成后,工程开工前,根据已批准的施工图纸和既定的施工方案(或施工组织设计),按照国家或省、市、地区颁布的现行预算定额中的工程量计算规则计算出工程量;再根据预算定额中的子目、费用标准和材料预算价格等计算并汇总得出单位工程及单项工程造价的技术和经济文件。施工图预算是当前进行招投标的重要基础(其工程量清单是招标文件的组成部分,其造价是标底的主要依据);是施工单位在施工前组织材料、机具、设备及劳动力供应的依据;是施工企业编制进度计划、统计完成工作量、进行经济核算的依据;是银行拨付工程款的依据;是甲乙双方办理工程结算的基础。另一种是不依据国家定额为依据,而依据"计价规范"编制的造价称为报价。

施工预算和施工图预算的区别是:施工预算是施工单位根据施工图纸编制的预算,是单位内部运作使用的文件,是施工单位进行项目管理、分配任务、成本核算等项工作的依据。不能作为与建设单位结算和招投标的依据。而报价具有市场机制性质以"清单计价法规"为依据。这是今后的趋势。

一、施工图预算和报价的编制依据

1. 经有关主管部门批准;同时经过会审的全部施工图设计文件。包括全部设计图纸、标准图、图纸会审纪要及经建设主管部门批准的设计概算文件。

2. 经施工企业主管部门批准并报业主及监理认可的施工组织设计文件(包括施工方案、施工进度计划、施工现场平面布置及各项技术措施等);施工组织设计文件是编制施工图预算的重要依据之一。

3. 施工现场勘察及测量资料。

4. 建筑工程预算定额及本地区单位估价表;是编制施工图预算的定额依据。

5. 国家或各省、市、地区颁布的费用定额或取费标准。

6. 各地区颁布的材料预算价格及工程造价信息等;是确定预算材料价格及材料差价的依据。

7. 常用的各种数据、计算公式、材料换算表、各类常用标准图集及各种必备的工具书。

8. 工程承包协议或招标文件。它明确了施工单位承包的工程范围;应承担的责任、权利和义务。

二、施工图预算和报价的编制原则

施工图预算是建设单位控制单项工程造价的重要依据,也是施工企业及建设单位实现工程价款结算的重要依据。施工图预算的编制工作是一项细致而繁琐的工作,它既有很强的技术性,又有很强的政策性和时效性。因此,编制施工图预算必须遵循以下原则:

1. 必须认真贯彻执行国家及各省、市、地区现行的各项政策、法规及各项具体规定。

2. 必须实事求是地计算工程量及工程造价,做到既不高估、冒算又不漏算、少算。

3. 必须充分了解工程情况及施工现场情况,做到工程量计算准确、定额套用合理。

三、计算装饰装修工程造价应具备的基本条件

1. 装饰施工图纸及有关设计资料符合规定,并经有关部门审批,图纸经过交底和会审,得到建设单位、施工单位和设计单位共同认可。

2. 施工单位编制的装饰工程施工组织设计或施工方案,必须经有关主管部门批准,符合招标文件规定。

第二节　建筑装饰装修工程预算和报价的编制步骤

装饰装修工程预算的编制步骤一般是按照施工图预算的编制依据,结合工程的实际情况先划分拟编制预算工程的项目分项,按照预算定额中各分部、分项工程量计算说明及计算规则计算出各分部、分项工程量。然后,将所计算的工程量进行汇总,同时将同类项目编排在同一分部。如砌砖这一部分是将工程量中各砌砖项目(基础砌砖、墙体砌砖、单砖墙砌砖、零星砌砖等)都集中排列,以便于套用定额。最后,再计算各类费用。编制程序见图6-1。

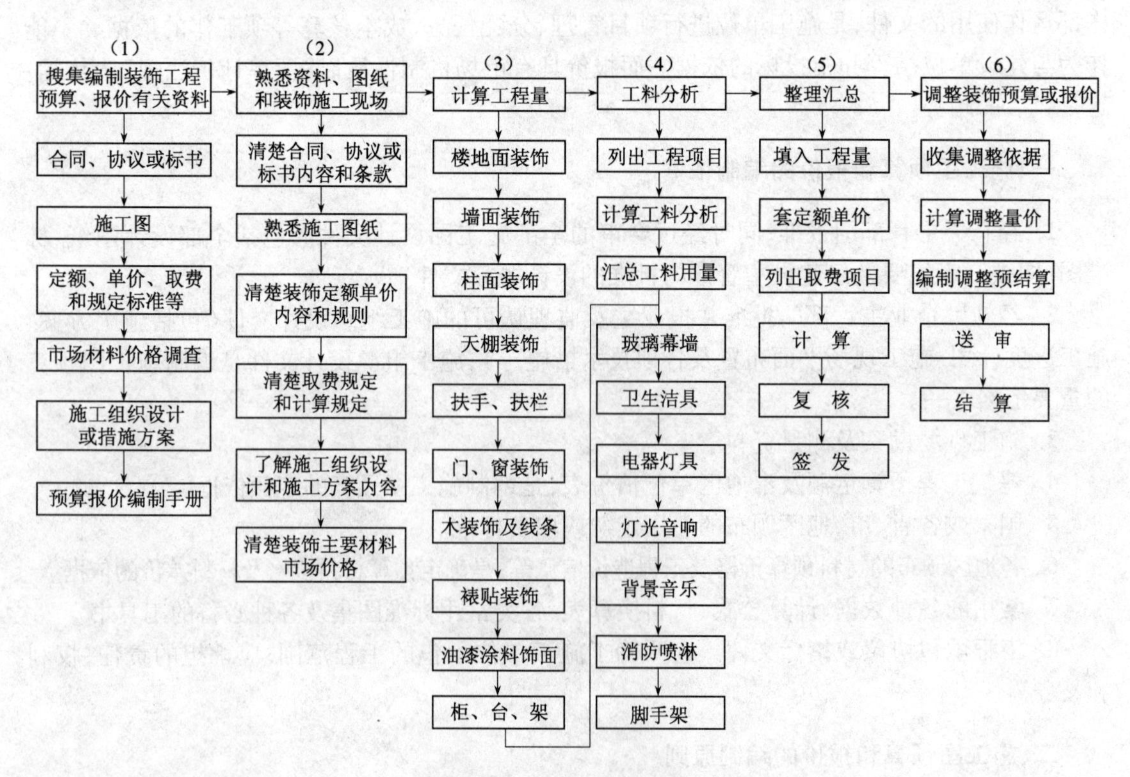

图6-1　建筑装饰装修工程预算和报价编制程序图

一、收集、熟悉有关文件和资料

1. 收集编制施工图预算的基础文件及有关资料

一般包括施工图及设计说明、施工组织设计文件,现行有关预算定额或各省、市、地区单位估价表、费用定额、材料预算价格等。

2. 熟悉掌握预算定额有关规定

建筑工程预算定额是确定工程造价的主要依据,能否正确应用预算定额及其规定是工程量计算的基础。因此,必须熟悉现行预算定额的全部内容与子目划分,了解和掌握各分部工程的定额说明以及定额子目中的工作内容,施工方法、计算单位、工程量计算规则等。

3. 阅读及审查施工图纸及设计说明

设计图纸和设计说明书是编制工程预算的依据,图纸和说明书反映或表达了工程的构造、做法、材料等内容,并为编制工程预算、结合预算定额确定分项工程项目,选择套用定额子目,取定尺寸和计算各项工程量提供了重要数据。因此,必须对设计图纸和设计说明书进行阅读和审查。

审查图纸和说明书的重点,是检查图纸是否齐全,设计要采用的标准图集是否具备;图的尺寸是否有错误。建筑图、结构图、细部大样和建筑装饰装修施工图之间是否相互对应。另一个重点是装饰装修各部位之间的结合,各部位的作法是否合理恰当。

4. 了解和掌握施工组织设计的有关内容及施工现场调查

预算编制人员应到施工现场了解施工条件、材料供应、周围环境、水文地质条件等情况,还应掌握施工方法、施工机械配备、施工进度安排、技术组织措施及现场平面布置等与施工组织设计有关的内容,这些都是影响工程造价的因素。

总之,预算编制人员通过熟悉图纸,要达到对该建筑物的全部构造、构件联结、材料做法、装饰要求及特殊装饰等都有一个清晰的认识,把设计意图形成立体概念;为编制工程预算创造条件。

二、正确划分预算子目和排列工程细目

在掌握了图纸、施工组织设计及定额的基础上,要正确划分预算分项,按从下到上,先框架后细部的顺序排列工程预算细目。对于建筑工程其顺序一般为先按基础工程、打桩工程、砖石工程、脚手架工程、混凝土及钢筋混凝土工程、木制工程、楼地面工程、屋面工程、装饰工程、金属结构工程、耐酸防腐、保温、隔热工程、构筑物、室外工程等划分分部工程,然后每个分部再按分项分别划分子目。

三、准确计算各部分工程量

正确计算工程量,是确定直接费及编制施工图预算的中心环节,也是确定工程造价的前提条件。因此,工程量计算是施工图预算中的重要一环(其计算方法详见第五章)。

四、确定分项工程单价和直接费

1. 正确套用定额单价

在工程量计算完成核实无误后,即可套用定额单价。在套用定额单价时应注意以下

几点：

(1)分项工程的工作内容，材料选用、规格、型号和计量单位必须与所套用的定额子目完全一致；

(2)对于施工图纸中的施工方法、工作内容、材料规格、品种数量不同时，如定额说明中规定可进行换算或调整时，要按定额中有关规定换算或调整(详见第五章第三节)。

(3)对于施工图设计中内容与定额内容不一致，且定额中规定不允许换算的项目，应重新编制“生项”计算(详见第五章第三节)。

2. 确定分项工程直接费

分项工程直接费主要包括人工费、材料费和机械费。

分项工程直接费 = 预算定额单价 × 分项工程量

人工费 = 定额人工单价 × 分项工程量

材料费 = 定额材料单价 × 分项工程量

机械费 = 定额机械单价 × 分项工程量

五、计算差价

1. 材料差价的计算有两种方法

(1)材料差价 = 国家、地区颁布的相应时间的工程造价信息中材料价格 - 预算材料价格

(2)材料差价 = 材料采购时实际价格 + 材料采管费及运输费 - 预算材料价格

2. 人工费差价按当地有关规定进行调整

3. 机械费差价按当地有关规定进行调整

差价调整部分列在费用表中差价一栏，不参加取费，只计取税金。

六、各项取费的计算

定额单价套用(填写)完成后，进行核对无误，即可进行工程量与单价的乘法计算工作，并按分部分项计算出各分部的预算价值(小计)，再把各分部预算价值相加得合计，即为预算直接费。直接费再乘以其他直接费的系数得出其他直接费加上当地规定的管理费、税金、利润等之和，即得出该项工程的预算总造价。预算总造价，再除以建筑装饰装修工程面积，就可计算得出该项工程单位装饰面积造价(元/m^2)。

由于建筑市场放开，装饰装修行业的发展和变化，建筑装饰装修工程取费由原来以直接费为基数取费有了很大的变化。北京市从 2002 年 4 月 1 日起改变装饰工程以人工费为基数取费，目前全国多数省、市、自治区对建筑装饰装修工程已改为以人工费为基数取费。有些省市自治区正在修改，但有一些省市仍以直接费为基数取费。

根据全国各省市自治区建筑工程取费(包括间接费、利润和税金等)费率水平不同，依新定额和市场价格，编制一项参考装饰工程取费费率表，供编制概算、预算、招标、投标报价使用，具体费率多少，根据施工企业资质等级、所在地区和国家及地方政府规定，由甲、乙双方协商确定。一般装饰工程按直接费取费费率约在 16. 90% ~26. 80%(不包括总包服务费)；按人工费取费费率约在 125. 50% ~189. 00%(不包括税金及总包服务费)。具体费率分配见表 6-1。

表 6-1　装饰工程费率计算参考表

序　号	费 用 项 目	(A)费率(%) (直接费为基数)	(B)费率(%) (人工费为基数)	备　　注
1	直接费 其中:A. 人工费 B. 材料费 C. 机具费	100 20～26 60～70 2～4	 100	
2	其他直接费	2～3	8～12	1. 有关贷款利息支付、风险金、保险及措施费等按文件规定办理。 2. 按人工费为基数计算费率,未包括税金。 3. 总承包服务费一般按专业承包工程合同价款的 1.00%～4.00% 计取。在列取费未包括总包服务费。
3	工程直接费	100		
4	施工管理费	7.00～12.00	68.00～98.00	
5	临时设施费	0.40～0.80	4.00～8.00	
6	劳保支出	1.00～2.00	10.00～20.00	
7	利　　润	5.00～7.00	40.00～56.00	
8	利息支出(财务费)	0.10～0.20	0.50～1.00	
9	其他费用	0.40～0.80	3.00～6.00	
10	税　　金	3.00～4.00	(3.00～4.00)按直接费	
11	费率总计	16.90～26.80	125.50～189.00	

七、建筑装饰装修工程报价内容组成

(一)装饰装修工程报价一般内容

1. 编制说明

其内容包括:

(1)工程概况;

(2)施工图纸、施工组织设计或施工方案、施工工艺;

(3)采取定额、单价及费率;

(4)工日数量及金额;

(5)主要材料数量和采用价格;

(6)定额换算依据和补充定额单价;

(7)取费费率计算标准和依据;

(8)遗留问题及说明。

2. 分部分项工程报价表

报价表中包括施工图工程量、定额单价、合价、总计、取费项目费率、利润和税金等。

3. 工料分析

(1)分析主要材料需用量,如石材、墙面砖、地砖、轻钢龙骨、石膏板、铝塑复合板、壁纸、壁布、各种玻璃、不锈钢、木地板、细木工板、装饰夹板、木线条和主要五金件等。

(2)分析综合用工和主要工种用工数量,如木工、泥工、油漆工等。

(3)安装工程列出设备、卫生洁具、消防、报警、喷淋和电气设备、灯具品牌规格、型号、数量及智能设备等。

工料分析要根据工程的具体情况而定,例:某工程项目的工料分析见本章第三节 93 页表 6-3。

(二)装饰装修工程报价内容

装饰装修工程报价内容组合因计价方式或计价做法不同而异,一般有三种,可根据情况选定。

1. 由直接工程费、间接费(管理费)、利润和税金四部分组成的费用,为目前通常做法。其内容见表6-1(A)。

2. 由工程费、公共综合费(施工服务费)、税金三部分组成的费用。(略)

3. 由工程费、企业管理费、利润、税金四部分组成的费用,称为综合单价。施行清单计价可用这种做法。(略)

八、确定工程预算和报价的总造价

预算工程造价 =(直接工程费 + 间接费 + 其他费用 + 计划利润 + 差价调整)× 税率

其中

$$计划利润 =(直接工程费 + 间接费)\times 利润率$$

税率按国家或地区有关规定计取。

九、计算技术经济指标

在单位工程预算价值确定后,应当结合工程特点计算各项技术经济指标。

$$技术经济指标 = \frac{工程预算造价}{规定计量单位的工程量}$$

十、进行工料分析(详见本章第三节)

十一、编写编制说明

编制说明中主要内容有工程情况、工程造价、技术经济指标、工程预算选用的标准文件、参考文件以及编制中需要说明的问题等。

十二、填写有关预算和报价应用表格

十三、建筑装饰装修工程预算和报价的编制方法

建筑装饰装修工程预算和招标标底是根据施工图纸和说明书计算工程量,套用定额单价、费用进行编制的。而工程量清单计价报价则是以企业定额和市场价格信息进行编制的。

设备安装和其他项目根据施工图纸和说明书及设备或家具明细表计算进行编制。具体编制方法有几种:

1. 定额单价法

根据定额单位估价表(又称估价表)内容分部分项编制,按照《全国统一建筑装饰装修工程量清单计价规则》计算工程量,列表套用地区颁发的预算定额单价表,计算各项费率取费编制而成,称为定额单价法。

具体步骤:

(1)按照施工图纸计算工程量;
(2)列表套用预算定额单价;
(3)计算工程直接费;
(4)计算各项费率取费;
(5)计算利润,得出工程预算总金额。

2. 实物单价法

以计算的装饰装修工程实物用量(材料、设备和人工)乘实物价值(单价),加各项费用、税金和利润编制而成,称为实物单价法。

具体步骤:
(1)按照施工图计算工程量;
(2)按照工程量分析计算材料、人工用量;
(3)按照工期和劳动力用量计算机械台班用量;
(4)列表汇总材料、人工机械台班用量,填写材料、人工机械台班单价,计算总价;
(5)计算各项费用(包括管理费和税金等);
(6)确定工程利润率,计算总造价。

3. 综合单价法

综合单价法,是将装饰装修综合定额单价包括材料费、人工费、机械、各项管理费、税金和利润等,根据计算的装饰工程量列表套综合定额单价,汇总合计,即为工程总金额。

具体步骤:
(1)按照施工图施工工程量;
(2)列表汇总工程量填写定额综合单价;
(3)计算总价。

综合单价法中综合定额单价是施工企业(公司)自己根据多年施工经验收集积累的定额资料,根据当时当地的材料、人工、机械台班价格和各项取费标准及利润制定的,是企业经营管理内部商业价格,不对外公开,不具法律效力,只是用于投标报价和与建设单位(业主)商定工程合同预算价格;这种方法也是目前工程装饰装修市场常用的报价做法。

第三节　工料分析及两算对比

工料分析是在各分部分项工程中,根据定额中的单位用工量及材料消耗量乘以各分项工程的工程量,计算汇总出各分项工程的用工量及材料消耗量的方法。由于在编制预算中材料调整、材料及人工差价的计算需要以工料分析的结果为基础,同时施工企业管理和经济核算也要以工料分析为依据,因此,工料分析在施工图预算中就显得十分重要。

一、工料分析的作用和内容

(一)工料分析的作用

1. 是编制预算时进行材料调整、材料及人工差价计算的依据;
2. 是施工企业内部管理过程中编制施工计划、安排生产及劳动力分配的依据;
3. 是材料管理部门编制材料计划、储备材料、安排订货的依据;

4. 是进行成本核算及经济分析的基础。

(二)工料分析的内容

施工图预算中工料分析的内容主要包括分部工程工料分析表、单位工程工料分析汇总表和有关文字说明等。

二、工料分析的步骤和方法

(一)工程工料分析表的编制

1. 分项工程的工料分析

每一个分部工程都由许多分项工程组成,因此,只要将各分项工程所用工料进行汇总,就得到分部工程的工料量。其方法是从预算定额中查出分项工程项目各种工料的单位定额用工料数量,再分别乘以相应分项工程量。其中:

$$人工消耗量 = \sum (每一分项定额用工量 \times 分项工程量)$$

$$某种材料消耗量 = \sum (某种材料定额用量 \times 含此材料的分项工程量)$$

2. 工料的数量分析(配合比材料数量分析)

抹灰工程等分部工程中,一般只列出砂浆、混凝土等的消耗量。若想计算出各种配合比材料用量,则必须根据砂浆或混凝土的强度等级及定额消耗量中给出的石子粒径大小,然后通过定额附表中列出的砂浆或混凝土配合比表,查出各种材料(包括水泥、砂子、石子、水等)的单位体积用量,再乘以相应砂浆或混凝土消耗量,既可算出砂子、水泥、石子、水等的消耗量。

3. 工料分析表的编制

当所有各项工程人工及材料消耗量全部计算出后,将所得结果以分部分单位进行汇总,编制出分部工程工料分析表,见表6-2。

表6-2　分部工程工料分析表

序号	定额子目号	分项工程名称	单　位	工程量	人　工			材　料			
					工 (工日)	工 (工日)	工 (工日)	水泥	砂子	石子	钢筋 ϕ以内
					合计	合计	合计	t	m^3	m^3	kg

4. 工料分析汇总表的编制

各分项工程工料分析表编制完成后,应以单位工程为单位,分别对各分部工程的材料用量进行汇总,最后制得单位工程工料分析汇总表。举例:北京某工程工料分析表见表6-3。

三、两算对比

两算对比是施工预算和施工图预算的对比,是施工企业进行经济分析的重要内容,对加强经营管理,分析节约、超支原因,研究解决措施,避免企业投资亏损起着重要作用。

表 6-3　工料分析表

序号	定额编号	项目名称	单位	数量	人工		柚木席纹地板		柚木踢脚板		柚木压线条		柚木实心门扇		板枋材		轻钢龙骨		石膏板		水泥地板胶		水泥		砂子		同质地砖	
									12cm		5cm		成品		松木		C60		9.5mm				425 号		中砂		400×400	
					工日		m^2		m		m		扇		m^3		m^2		m^2		kg		kg		kg		m^2	
					定额	合计	定额	合计	定额	合计	定额	合计	定额	合计	定额	合计	定额	合计	定额	合计	定额	合计	定额	合计	定额	合计	定额	合计
1	3-76	柚木席纹地板	m^2	58.20	0.50	29.10	1.05	61.11													1.60	93.12	0.32	18.62				
2	6-64 换	地板油漆	m^2	58.20	0.13	7.57																						
3	3-83	柚木踢脚板	m	61.00	0.07	4.27			1.05	64.05																		
4	6-64 换	踢脚板油漆	m	61.00	0.03	1.83																						
5	5-36	柚木实心门	扇	6.00	0.30	1.80							1.00	6.00														
6	6-37	木门亚光漆	m^2	18.61	0.42	7.82																						
7	5-49	柚木压线条	m	84.00	0.03	2.52					1.16	97.44																
8	6-64 换	木压线油漆	m	84.00	0.01	0.84																						
9	6-82	内墙刷 ICI 乳胶漆	m^2	145.82	0.10	14.58																						
10	6-90	天花刷 ICI 乳胶漆	m^2	67.59	0.11	7.43																						
11	1-3	轻钢龙骨石膏板吊顶	m^2	7.59	0.30	2.28											1.00	7.59	1.07	8.12								
12	3-30	铺地砖 400×400	m^2	10.00	0.37	3.70																	7.20	72.00	14.00	140.00	1.01	10.10
13	2-97 换	贴墙面砖	m^2	40.38	0.44	17.77																	7.20	290.74	5.00	201.90		
14	3-1 换	大理石窗台板	m^2	3.33	0.65	2.16																	10.70	35.63	32.00	106.56		
15	3-1 换	洗漱台大理石板	块	1.00	0.60	0.60																	5.00	5.00	5.00	5.00		
16	补充	卫生间白镜	m^2	2.44	2.40	4.88																						
17	3-1 换	大理石门槛	m	2.40	0.20	0.48																	2.00	4.80	2.00	4.80		
18	估	洗面台木柜	项	1.00	1.50	1.50									0.06	0.06												
19	估	检修孔制作、安装、油漆	项	1.00	0.50	0.50									0.01	0.01												
		合　计				111.63		61.11		64.05		97.44		6.00		0.07		7.59		8.12		93.12		408.17		458.26		10.10

(一)两算对比的方法

1. 实物量对比法

实物量对比是将"两算"中相同项所需的人工、材料和机械台班消耗量进行比较,或以分部工程或单位工程为对象,将两算中的人工、材料汇总量相比较。

2. 实物金额对比法

实物金额对比法是指以分项工程施工预算中的人工、材料、机械台班数量进行套价,汇总成费用形式与施工图预算相同的内容做比较,一般以直接费为基本比较内容。

(二)两算对比的分析

1. 人工数量

由于施工预算与施工图预算在计算中的特点和具体情况不同,因此,人工数量有所不同。一般施工预算人工数量应略低于施工图预算。可根据二者比较计算出人工费的节约或超支额以及人工费降低率。如公式(1)和公式(2),在公式(3)中,当结果为正值时,表示计划人工费节约,当结果为负值时,表示计划人工费超支。

$$人工费节约或超支额 = 施工图预算人工费 - 施工预算人工费 \tag{1}$$

$$计划人工费降低率(\%) = \frac{施工图预算人工费 - 施工预算人工费}{施工图预算人工费} \times 100\% \tag{2}$$

2. 材料消耗

一般施工预算应低于施工图预算,材料量如出现施工预算高于施工图预算的,应调整分析后据实结算,材料费的节约、超支及计划材料费降低率按下列公式计算,如公式(3)和(4)。

$$材料费节约或超支 = 施工图预算材料费 - 施工预算材料费 \tag{3}$$

$$计划材料费降低率(\%) = \frac{施工图预算材料费 - 施工预算材料费}{施工图预算材料费} \times 100\% \tag{4}$$

3. 机械台班

由于施工预算与施工图预算计算依据不同(施工预算根据施工组织设计或施工方案确定;而施工图预算是根据需要合理配备机械),因此,一般只比较搅拌机、卷扬机、塔吊、汽车吊和履带吊等大中型机械台班费是否超过施工图预算。如机械费超支很大,则应根据实际情况调整施工采用的机械方案,降低投资损失。

4. 直接费对比

将施工图预算与施工预算直接费进行比较,计算出直接费节约或超支额,以及计划直接费降低率见表6-4。

表6-4 "两算"对比表

序号	项目	单位	施工图预算			施工预算			数量差			金额差		
			数量	单价(元)	合计(元)	数量	单价(元)	合计(元)	节约	超支	%	节约	超支	%
一	工程直接费													
1	人工费	元												
2	材料费	元												

续表

序号	项 目	单位	施工图预算			施工预算			数量差			金额差		
			数量	单价（元）	合计（元）	数量	单价（元）	合计（元）	节约	超支	%	节约	超支	%
3	机械费	元												
二	分部工程													
1	土方	元												
2	砖石	元												
3	……													
三	主要材料													
1	钢筋	t												
2	水泥	t												
3	……													
四	……													

第四节 施工图预算和报价的审查

一、审查施工图预算的意义

施工图预算和报价编制完成后，需要进行认真细致的审查。加强施工图预算和报价审查对于提高预算的科学性、准确性、保证预算编制质量、合理反映建筑工程造价和降低工程造价都具有重要的现实意义。通过审查施工图预算，可以达到如下几个目的：

1. 有利于控制工程造价，克服和防止预算和报价超概算；

2. 有利于加强固定资产管理，节约建设资金；

3. 有利于施工承包合同的合理确定，因为，相对于招投标工程，施工图预算和报价是编制标底和标书的依据；

4. 有利于积累和分析各项经济技术指标，不断提高设计水平，积累各单价资料。

二、审查依据

（一）设计资料

设计资料指的是工程施工图纸。在建筑工程中有设计说明书、建筑施工图、结构施工图以及工程设计所选用的标准图

（二）招标文件

属于招投标项目的工程预算和报价的审核要仔细阅读招标文件中规定的内容。

（三）预算定额和费用定额

指的是编制工程预算所选用的相应专业预算定额和与之配套使用的费用定额、地区单位估价表和材料预算价格。

(四)施工组织设计或技术措施方案

依据施工组织设计或技术措施方案,可对与定额内容不同或不包括的工程内容和按规定允许单独列项计价的费用进行审查。

(五)有关文件规定

指本年度或上一年度由有关主管部门颁布的工程价款结算、材料价格和费用调整等文件规定。

(六)工程采用的设计、施工、质量验收等技术规范或规定

依据规范规程,对规定必须发生而定额尚未包括的材料、检验、添加剂等需在预算中列项计算的费用进行审查。

三、施工图预算和报价的审查内容

审查施工图预算的重点应该放在有无错误、漏项,工程量计算是否准确,预算单价套用是否正确,生项和单价换算是否合理,各项取费标准是否符合现行文件规定等方面。

(一)审查施工图预算和报价中分部分项工程子目的划分

能否正确地划分工程预算分项,是能否正确反映作业内容和劳动价值的重要依据。因此,对工程预算的分部分项子目应该认真进行核查。首先,要看所列子目内容是否与定额所列子目内容相一致,是否与工程实际相符等。有些定额没有,但工程实际发生并需要编制补充定额生项的项目(如采用新材料、新工艺的项目)。

(二)审查工程量

1. 建筑面积计算

重点审查计算建筑面积所依据的尺寸、计算内容和方法是否符合建筑面积计算规则要求,要注意防止将不应计算的建筑面积纳入计算内容。

2. 装饰工程工程量清单

各部位的做法、工程量计算清单准确度、室内外装饰装修、地面顶棚装饰装修等。主要审查计量单位和计算范围。注意内墙抹灰工程量是否按墙面的净高与净宽计算,防止重算、漏算,如单裁口双层门窗框间的抹灰已含在定额中,防止另立项目、重复计算。

3. 金属构件制作

金属构件制作工程量大多以吨为单位。在计算时,型钢按图示尺寸求出长度,再乘以每1m 的重量。钢板须先算出面积,再乘以每 $1m^2$ 的重量。

(三)审查预算和报价单价的套用

审查预算单价的套用是否正确也是审查预算工作重要内容之一,审查的主要内容一般有:

1. 审查选套的定额项目

在编制预算中,这部分比较容易出现工程项目的工作内容与所选套相应定额项目的工作内容不一致。例如,建筑工程的土方工程首先要区别土壤类别,然后选套与其相对应土壤类别的定额项目,要注意的是往往一、二、三类土项目错套四类土项目。

2. 审查套用定额的方法

此项要着重审查是否按相应分部工程说明所规定的方法,对定额项目的人工、材料和机械台班消耗量及基价进行调整。例如,先打桩后挖土应增加系数,以及含水率变化增加系数。

3. 审查定额换算

应审查所换算的分项工程项目是否符合换算条件,应进行换算的换算方法是否符合定额规定。注意应换算项目中是否有因换算后其基价低于原定额项目基价而没进行换算,还要注意规定不允许换算的项目是否进行了换算等。

4. 审查补充定额项目

在工程预算和报价的编制中,往往有些分项工程的定额项目未列入现行预算定额中,需要编制相应项目。要审查补充定额的编制是否符合编制原则。

四、审查步骤

(一)准备工作

1. 熟悉送审预算件和承、发包合同。

2. 搜集并熟悉有关设计资料,核对与工程预算有关的图纸和标准图。

3. 了解施工现场情况,熟悉施工组织设计或技术措施方案,掌握它与编制预算有关的设计变更、现场签证等情况。

4. 熟悉送审工程预算所依据的预算定额、费用标准和有关文件。

(二)审查计算

首先确定审查方法,然后按确定的审查方法进行具体审查计算:

1. 核对工程量,根据定额规定的工程量计算规则进行核对;

2. 核对选套的定额项目;

3. 核对定额直接费汇总;

4. 核对其他直接费计算;

5. 核对间接费、计划利润、其他费用和税金计取。

在审查计算过程中,将审查出的问题做出详细记录。

(三)审查单位与工程预算编制单位交换审查意见

将审查记录中的疑点、错误、重复计算和遗漏项目等问题与编制单位和建设单位交换意见,做进一步的核对,以便正确调整预算项目和费用。

(四)审查定案

根据交换意见确定的结果,将更正后的项目进行计算并汇总,填制工程预算审查调整表,如表 6-5 和表 6-6。由编制单位责任人签字加盖公章,审查责任人签字并加盖审查单位公章。至此,工程预算审查定案。

表 6-5　分项工程定额直接费调整表

<table>
<tr><th rowspan="2">序号</th><th rowspan="2">装饰装修分部工程名称</th><th colspan="7">原　预　算</th><th colspan="7">调　整　后　预　算</th><th rowspan="2">核减金额</th><th rowspan="2">核增金额</th></tr>
<tr><th>定额编号</th><th>单位</th><th>工程量</th><th colspan="2">直接费（元）</th><th colspan="2">人工费（元）</th><th>定额编号</th><th>单位</th><th>工程量</th><th colspan="2">直接费（元）</th><th colspan="2">人工费（元）</th></tr>
<tr><td></td><td></td><td></td><td></td><td></td><td></td><td></td><td></td><td></td><td></td><td></td><td></td><td></td><td></td><td></td><td></td><td></td><td></td></tr>
<tr><td></td><td></td><td></td><td></td><td></td><td></td><td></td><td></td><td></td><td></td><td></td><td></td><td></td><td></td><td></td><td></td><td></td><td></td></tr>
<tr><td></td><td></td><td></td><td></td><td></td><td></td><td></td><td></td><td></td><td></td><td></td><td></td><td></td><td></td><td></td><td></td><td></td><td></td></tr>
<tr><td></td><td></td><td></td><td></td><td></td><td></td><td></td><td></td><td></td><td></td><td></td><td></td><td></td><td></td><td></td><td></td><td></td><td></td></tr>
</table>

编制单位:(章)　　　　编制人:　　　　审查单位:(章)　　　　审核人:

表 6-6　工程预算费用调整表

序 号	费用名称	原 预 算			调 整 后 预 算			核减金额	核增金额
		费 率	计算基础	金额(元)	费 率	计算基础	金额(元)		

编制单位:(章)　　　编制人:　　　审查单位:(章)　　　审核人:

复习题

1. 施工图预算的编制原则?
2. 套用定额单价时应注意哪些问题?
3. 计算材料差价有哪两种方法?
4. 工料分析包括的内容?
5. 什么是两算对比?两算对比的方法?
6. 审查预算和报价的步骤有哪些?

第七章　装饰装修工程量计算方法

第一节　工程量计算概述

一、工程量计算的意义

工程量,就是以物理计量单位或自然计量单位所表示的各个具体分项工程和构配件的数量。物理计量单位,一般是指以公制度量表示的长度、面积、体积、重量等。如建筑物的建筑面积、墙面的抹灰面积(m^2),墙体的体积、混凝土梁、板、柱的体积(m^3),管道、线路的长度(m),钢梁、钢柱、钢屋架的重量(t)等。自然计量单位是指以客观存在的自然实体所表示的计量单位,如个、台、组、套等。

工程预算工程量是根据设计图纸所表示的工程各个细部的尺寸、数量以及构配件明细表等具体计算出来的。计算工程量,是确定建设工程直接费及编制单位工程预算书的重要环节。只有准确地计算出工程量,然后套用适当的预算单价,才能正确地计算出工程直接费。

正确地计算工程量,不仅是提高施工图预算质量的需要,而且对于有关基本建设工作也有重要意义。工程量指标计算的质量直接影响到基本建设的计划和统计工作,工程量指标对于建筑企业编制施工作业计划、合理安排施工进度、组织劳动力和物资的供应都是不可缺少的基础资料。工程量也是进行基建财务管理与核算的重要依据,如进行已完工程价款的结算和拨付,进行成本计划执行情况的分析等,都离不开工程量指标。

二、工程量计算的一般原则

工程量计算原则归纳为八个字,“准确、清楚、明了、详细”。

准确　表示工程量计算的质量,没有准确的工程量计算,就难以得到准确的工程预算报价(工程量清单计价),不正确的工程量计算报价加大投标的风险。

清楚　为的是使工程量计算减少错误,容易让他人了解。

明了　使他人看懂明白你的意思,免去解释和发生误解。

详细　使他人全面了解工程量计算数字的来源,易于复核。

工程量计算是根据图纸、定额和计算规则(原则)列项(即分部分项工程名称)计算,最后得出计算数量结果。

(一)工程量计算应与预算定额一致

1. 项目的划分与定额项目一致

计算工程量时,根据施工图纸所列出的分项工程的项目(所包括的工作内容和范围),必须与定额中相应的项目完全一致,才能正确地采用该项定额。有些项目内容单一,一般不会出错,有些项目综合了几项内容,则应加以注意。例如,屋面卷材防水项目中,若已包括了刷冷底子油一遍的工作内容,计算工程量时,就不能再列刷冷底子油的项目。

2. 计算单位与定额计量单位一致

计算工程量时,所采用的单位必须与定额相应项目中的计量单位一致。而且定额中有些计量单位常为普通计量单位的整数倍,如 10m、$100m^2$、$10m^3$ 等,计算时还应注意计量单位的换算。

3. 计算规则与定额规定一致

预算定额的各分部都列有工程量计算规则,计算中必须严格遵循这些规则,才能保证工程量的准确性。例如,计算砖墙工程量时,定额中规定了哪些是应扣除的体积,哪些是不应扣除的体积,应按其规定计算而不能擅自决定。

(二)工程量计算必须与设计图纸相一致

设计图纸是计算工程量的依据,工程量计算项目应与图纸规定的内容保持一致,不得随意修改内容去高套或低套定额。

(三)工程量计算必须准确

在计算工程量时,必须严格按照图纸所示尺寸计算,不得任意加大或缩小。各种数据在工程量计算过程中一般保留三位小数,计算结果通常保留两位小数,以保证计算的精度。

工程量计算是根据已会审的施工图所规定的各分项工程的尺寸、数量,以及设备、构件、门窗等明细表和预算定额各分部工程量计算规则进行计算的。在计算过程中,应注意以下几个方面:

(1)必须在熟悉和审查施工图的基础上进行,要严格按照定额规定和工程量计算规则进行计算,不得任意加大或缩小各部位的尺寸。例如,不能以轴线间距作为内墙净长。

(2)为了便于核对和检查尺寸,避免重算或漏算,在计算工程量时,一定要注明层次、部位、轴线编号、断面符号。

(3)工程量计算公式中的数字应按一定次序排列,以利校核。计算面积时,一般按长乘宽(高)次序排列,数字精确度一般计算到小数点后三位。在汇总列项时,可四舍五入取小数点后两位。

(4)为了减少重复劳动,提高编制预算工作效率,应尽量利用图纸上已注明的数据表和各种附表,如门窗、灯具明细表。

(5)为了防止重算或漏算,应按施工顺序,并结合定额手册中定额项目排列的顺序,以及计算方法依次计算。

(6)计算工程量时,应采用表格方式进行,以利于审核。

(7)计量单位必须和定额单位估价表一致。

三、工程量计算规则

1. 工程量计算必须依据国家批准的《建设工程工程量清单计价规范》(GB 50500—2008)执行。

2. 依据工程量清单采用的定额分部分项计算。

3. 工程量清单及工程量计算书必须按 GB 50500—2008 清单规范规定格式书写。

4. 所列工程数量应详细说明材料规格、型号,如果工程数量不能准确量度计算时,则应说明为暂定数。

5. 计算工程量应依据以下文件(国内):

(1)经审定的施工设计图纸及其说明;

(2)经审定的施工组织设计或施工技术措施方案；
(3)经审定的其他有关技术经济文件；
(4)经双方同意的定额单价及其他有关文件。

四、工程量计算单位

依据有关计算规则规定的工程量计算的计量单位（在国内统一规定采用公制，在国外有采用公制和英制两种）：

1. 公制单位

(1)以体积计算的为立方米（m^3）；
(2)以面积计算的为平方米（m^2）；
(3)以长度计算的为米（m）；
(4)以重量计算的为吨（t）或千克（kg）；
(5)以件（个或组）计算的为件（个或组）。

根据《计价规范》，汇总工程量时，其准确度取值：立方米、平方米、米以下取两位；吨以下取三位；千克、件取整数。

2. 英制单位

(1)以体积计算为——立方英尺（cu. ft 或 ft^3）；
(2)以面积计算为——平方英尺（sq. ft 或 ft^2）；
(3)以重量计算为——磅（lb）；
(4)以长度计算为——直英尺（ft）；
(5)以件为单位为——件数（No）。

五、工程量计算方法

工程量计算在整个工程造价编制过程中是最花费时间，最繁重的工作。工程量计算的快慢和精确度如何，直接影响工程报价的准确性，只有工程量计算准确，才能保证工程项目投标报价的正确和决策。同时，工程量计算是一项细致而繁琐的工作，一直是令预算报价人员头痛之事，而且预算人员计算工程量没有统一的书写格式，给审核预算和应用工作带来困难。如何统一工程量计算表的格式一直是被人们所关注的事，也是预算人员期待已久之事。

在施行工程量清单计价之后，也要按照 GB 50500—2008 规范中投标和招标的规定，但结算时仍需实测计算；招标标底编制也要计算工程量。因此，工程量计算方法仍须重视。

1. 工程量计算顺序

为了便于计算和审核工程量，防止遗漏或重复计算，根据工程项目的不同性质，要按一定的顺序进行计算。

首先计算建筑装饰装修工程建筑面积，做到心中有数，为下步计算分部分项工程量给定基数。建筑装饰工程量计算一般按下列顺序进行：

建筑面积→门窗工程→楼地面工程→顶棚工程→墙面工程→楼梯→配件→其他装饰→脚手架。

计算工程量时，应依照施工图纸顺序、分部、分项计算，并尽可能要用计算表格。

在列式计算给予尺寸时，其次序应保持统一，一般应按长、宽、高为次序列式。

利用图纸计算工程量时通常采用如下顺序：

(1)按顺时针顺序计算，从平面图左上角开始，按顺时针方向逐步计算，绕一周回到左上角；

(2)按先横后竖顺序计算，从平面图的横竖方向从左到右，先外后内，先上后下逐步计算；

(3)按图纸编号顺序计算，如门窗、KTV包间、客房、酒吧等；

(4)运用统筹法计算工程量，做到统筹程序，合理安排，利用基数，连续计算，一次算出，多次使用，结合实际，灵活机动原则计算。

计算工程量并不局限于以上几种做法，可根据预算专业人员自己的经验和习惯，采取各种形式和方法。总之，要求计算式简明易懂，层次清楚，有条不紊，算式统一，力求达到准确无误，方便查核的目的。

2. 工程量汇总

工程量计算完毕，经过细致核对无误后，根据预算定额内容和计算单位的要求，按分部分项工程的顺序逐项汇总，整理列项，为套用定额单价提供方便条件。

六、《建设工程工程量清单计价规范》简介

摘自《建设工程工程量清单计价规范》GB 50500—2008。

中华人民共和国住房和城乡建设部公告

《建设工程工程量清单计价规范》为国家标准，编号为GB 50500—2008，自2008年12月1日起实施。其中第1.0.3、3.1.2、3.2.1、3.2.2、3.2.3、3.2.4、3.2.5、3.2.6、3.2.7、4.1.2、4.1.3、4.1.5、4.1.8、4.3.2、4.8.1条为强制性条文，必须严格执行。原《建设工程工程量清单计价规范》GB 50500—2003同时废止。

《建设工程工程量清单计价规范》GB 50500—2008规定：

1 总 则

1.0.1 为规范工程造价计价行为，统一建设工程工程量清单的编制和计价方法，根据《中华人民共和国建筑法》、《中华人民共和国合同法》、《中华人民共和国招标投标法》等法律法规，制定本规范。

1.0.2 本规范适用于建设工程工程量清单计价活动。

1.0.3 全部使用国有资金投资或国有资金投资为主(以下二者简称“国有资金投资”)的工程建设项目，必须采用工程量清单计价。

1.0.4 非国有资金投资的工程建设项目，可采用工程量清单计价。

1.0.5 工程量清单、招标控制价、投标报价、工程价款结算等工程造价文件的编制与核对应由具有资格的工程造价专业人员承担。

1.0.6 建设工程工程量清单计价活动应遵循客观、公正、公平的原则。

1.0.7 本规范附录A、附录B、附录C、附录D、附录E、附录F应作为编制工程量清单的依据。

1 附录A为建筑工程工程量清单项目及计算规则，适用于工业与民用建筑物和构筑物工程。

2　附录B为装饰装修工程工程量清单项目及计算规则,适用于工业与民用建筑物和构筑物的装饰装修工程。

3　附录C为安装工程工程量清单项目及计算规则,适用于工业与民用安装工程。

4　附录D为市政工程工程量清单项目及计算规则,适用于城市市政建设工程。

5　附录E为园林绿化工程工程量清单项目及计算规则,适用于园林绿化工程。

6　附录F为矿山工程工程量清单项目及计算规则,适用于矿山工程。

1.0.8　建设工程工程量清单计价活动,除应遵守本规范外,尚应符合国家现行有关标准的规定。

2　术　　语

2.0.1　工程量清单

建设工程的分部分项工程项目、措施项目、其他项目、规费项目和税金项目的名称和相应数量等的明细清单。

2.0.2　项目编码

分部分项工程量清单项目名称的数字标识。

2.0.3　项目特征

构成分部分项工程量清单项目、措施项目自身价值的本质特征。

2.0.4　综合单价

完成一个规定计量单位的分部分项工程量清单项目或措施清单项目所需的人工费、材料费、施工机械使用费和企业管理费与利润,以及一定范围内的风险费用。

2.0.5　措施项目

为完成工程项目施工,发生于该工程施工准备和施工过程中的技术、生活、安全、环境保护等方面的非工程实体项目。

2.0.6　暂列金额

招标人在工程量清单中暂定并包括在合同价款中的一笔款项。用于施工合同签订时尚未确定或者不可预见的所需材料、设备、服务的采购,施工中可能发生的工程变更、合同约定调整因素出现时的工程价款调整以及发生的索赔、现场签证确认等的费用。

2.0.7　暂估价

招标人在工程量清单中提供的用于支付必然发生但暂时不能确定价格的材料的单价以及专业工程的金额。

2.0.8　计日工

在施工过程中,完成发包人提出的施工图纸以外的零星项目或工作,按合同中约定的综合单价计价。

2.0.9　总承包服务费

总承包人为配合协调发包人进行的工程分包自行采购的设备、材料等进行管理、服务以及施工现场管理、竣工资料汇总整理等服务所需的费用。

2.0.10　索赔

在合同履行过程中,对于非己方的过错而应由对方承担责任的情况造成的损失,向对方提出补偿的要求。

2.0.11　现场签证

发包人现场代表与承包人现场代表就施工过程中涉及的责任事件所作的签认证明。

2.0.12　企业定额

施工企业根据本企业的施工技术和管理水平而编制的人工、材料和施工机械台班等的消耗标准。

2.0.13　规费

根据省级政府或省级有关权力部门规定必须缴纳的，应计入建筑安装工程造价的费用。

2.0.14　税金

国家税法规定的应计入建筑安装工程造价内的营业税、城市维护建设税及教育费附加等。

2.0.15　发包人

具有工程发包主体资格和支付工程价款能力的当事人以及取得该当事人资格的合法继承人。

2.0.16　承包人

被发包人接受的具有工程施工承包主体资格的当事人以及取得该当事人资格的合法继承人。

2.0.17　造价工程师

取得《造价工程师注册证书》，在一个单位注册从事建设工程造价活动的专业人员。

2.0.18　造价员

取得《全国建设工程造价员资格证书》，在一个单位注册从事建设工程造价活动的专业人员。

2.0.19　工程造价咨询人

取得工程造价咨询资质等级证书，接受委托从事建设工程造价咨询活动的企业。

2.0.20　招标控制价

招标人根据国家或省级、行业建设主管部门颁发的有关计价依据和办法，按设计施工图纸计算的，对招标工程限定的最高工程造价。

2.0.21　投标价

投标人投标时报出的工程造价。

2.0.22　合同价

发、承包双方在施工合同中约定的工程造价。

2.0.23　竣工结算价

发、承包双方依据国家有关法律、法规和标准规定，按照合同约定确定的最终工程造价。

3　工程量清单编制

3.1　一般规定

3.1.1　工程量清单应由具有编制能力的招标人或受其委托，具有相应资质的工程造价咨询人编制。

3.1.2　采用工程量清单方式招标，工程量清单必须作为招标文件的组成部分，其准确性和完整性由招标人负责。

3.1.3 工程量清单是工程量清单计价的基础,应作为编制招标控制价、投标报价、计算工程量、支付工程款、调整合同价款、办理竣工结算以及工程索赔等的依据之一。

3.1.4 工程量清单应由分部分项工程量清单、措施项目清单、其他项目清单、规费项目清单、税金项目清单组成。

3.1.5 编制工程量清单应依据:

1 本规范;

2 国家或省级、行业建设主管部门颁发的计价依据和办法;

3 建设工程设计文件;

4 与建设工程项目有关的标准、规范、技术资料;

5 招标文件及其补充通知、答疑纪要;

6 施工现场情况、工程特点及常规施工方案;

7 其他相关资料。

3.2 分部分项工程量清单

3.2.1 分部分项工程量清单应包括项目编码、项目名称、项目特征、计量单位和工程量。

3.2.2 分部分项工程量清单应根据附录规定的项目编码、项目名称、项目特征、计量单位和工程量计算规则进行编制。

3.2.3 分部分项工程量清单的项目编码,应采用十二位阿拉伯数字表示。一至九位应按附录的规定设置,十至十二位应根据拟建工程的工程量清单项目名称设置,同一招标工程的项目编码不得有重码。

3.2.4 分部分项工程量清单的项目名称应按附录的项目名称结合拟建工程的实际确定。

3.2.5 分部分项工程量清单中所列工程量应按附录中规定的工程量计算规则计算。

3.2.6 分部分项工程量清单的计量单位应按附录中规定的计量单位确定。

3.2.7 分部分项工程量清单项目特征应按附录中规定的项目特征,结合拟建工程项目的实际予以描述。

3.2.8 编制工程量清单出现附录中未包括的项目,编制人应作补充,并报省级或行业工程造价管理机构备案,省级或行业工程造价管理机构应汇总报住房和城乡建设部标准定额研究所。

补充项目的编码由附录的顺序码与B和三位阿拉伯数字组成,并应从×B001起顺序编制,同一招标工程的项目不得重码。工程量清单中需附有补充项目的名称、项目特征、计量单位、工程量计算规则、工程内容。

3.3 措施项目清单

3.3.1 措施项目清单应根据拟建工程的实际情况列项。通用措施项目可按表3.3.1选择列项，专业工程的措施项目可按附录中规定的项目选择列项。若出现本规范未列的项目，可根据工程实际情况补充。

表 3.3.1 通用措施项目一览表

序号	项目名称
1	安全文明施工（含环境保护、文明施工、安全施工、临时设施）
2	夜间施工
3	二次搬运
4	冬雨季施工
5	大型机械设备进出场及安拆
6	施工排水
7	施工降水
8	地上、地下设施，建筑物的临时保护设施
9	已完工程及设备保护

3.3.2 措施项目中可以计算工程量的项目清单宜采用分部分项工程量清单的方式编制，列出项目编码、项目名称、项目特征、计量单位和工程量计算规则；不能计算工程量的项目清单，以“项”为计量单位。

3.4 其他项目清单

3.4.1 其他项目清单宜按照下列内容列项：

1 暂列金额；

2 暂估价：包括材料暂估单价、专业工程暂估价；

3 计日工；

4 总承包服务费。

3.4.2 出现本规范第 3.4.1 条未列的项目，可根据工程实际情况补充。

3.5 规费项目清单

3.5.1 规费项目清单应按照下列内容列项：

1 工程排污费；

2 工程定额测定费；

3 社会保障费：包括养老保险费、失业保险费、医疗保险费；

4 住房公积金；

5 危险作业意外伤害保险。

3.5.2 出现本规范第 3.5.1 条未列的项目，应根据省级政府或省级有关权力部门的规定列项。

3.6 税金项目清单

3.6.1 税金项目清单应包括下列内容：

1 营业税；

2 城市维护建设税；

3 教育费附加。

3.6.2 出现本规范第3.6.1条未列的项目，应根据税务部门的规定列项。

4 工程量清单计价

4.1 一般规定

4.1.1 采用工程量清单计价，建设工程造价由分部分项工程费、措施项目费、其他项目费、规费和税金组成。

4.1.2 分部分项工程量清单应采用综合单价计价。

4.1.3 招标文件中的工程量清单标明的工程量是投标人投标报价的共同基础，竣工结算的工程量按发、承包双方在合同中约定应予计量且实际完成的工程量确定。

4.1.4 措施项目清单计价应根据拟建工程的施工组织设计，可以计算工程量的措施项目，应按分部分项工程量清单的方式采用综合单价计价；其余的措施项目可以“项”为单位的方式计价，应包括除规费、税金外的全部费用。

4.1.5 措施项目清单中的安全文明施工费应按照国家或省级、行业建设主管部门的规定计价，不得作为竞争性费用。

4.1.6 其他项目清单应根据工程特点和本规范第4.2.6、4.3.6、4.8.6条的规定计价。

4.1.7 招标人在工程量清单中提供了暂估价的材料和专业工程属于依法必须招标的，由承包人和招标人共同通过招标确定材料单价与专业工程分包价。

若材料不属于依法必须招标的，经发、承包双方协商确认单价后计价。

若专业工程不属于依法必须招标的，由发包人、总承包人与分包人按有关计价依据进行计价。

4.1.8 规费和税金应按国家或省级、行业建设主管部门的规定计算，不得作为竞争性费用。

4.1.9 采用工程量清单计价的工程，应在招标文件或合同中明确风险内容及其范围(幅度)，不得采用无限风险、所有风险或类似语句规定风险内容及其范围(幅度)。

4.2 招标控制价

4.2.1 国有资金投资的工程建设项目应实行工程量清单招标，并应编制招标控制价。招标控制价超过批准的概算时，招标人应将其报原概算审批部门审核。投标人的投标报价高于招标控制价的，其投标应予以拒绝。

4.2.2 招标控制价应由具有编制能力的招标人，或受其委托具有相应资质的工程造价咨询人编制。

4.2.3 招标控制价应根据下列依据编制：

1 本规范；

2 国家或省级、行业建设主管部门颁发的计价定额和计价办法；

3 建设工程设计文件及相关资料；

4 招标文件中的工程量清单及有关要求；

5　与建设项目相关的标准、规范、技术资料；

6　工程造价管理机构发布的工程造价信息；工程造价信息没有发布的参照市场价；

7　其他的相关资料。

4.2.4　分部分项工程费应根据招标文件中的分部分项工程量清单项目的特征描述及有关要求，按本规范第4.2.3条的规定确定综合单价计算。

综合单价中应包括招标文件中要求投标人承担的风险费用。

招标文件提供了暂估单价的材料，按暂估的单价计入综合单价。

4.2.5　措施项目费应根据招标文件中的措施项目清单按本规范第4.1.4、4.1.5和4.2.3条的规定计价。

4.2.6　其他项目费应按下列规定计价：

1　暂列金额应根据工程特点，按有关计价规定估算；

2　暂估价中的材料单价应根据工程造价信息或参照市场价格估算；暂估价中的专业工程金额应分不同专业，按有关计价规定估算；

3　计日工应根据工程特点和有关计价依据计算；

4　总承包服务费应根据招标文件列出的内容和要求估算。

4.2.7　规费和税金应按本规范第4.1.8条的规定计算。

4.2.8　招标控制价应在招标时公布，不应上调或下浮，招标人应将招标控制价及有关资料报送工程所在地工程造价管理机构备查。

4.2.9　投标人经复核认为招标人公布的招标控制价未按照本规范的规定进行编制的，应在开标前5天向招投标监督机构或(和)工程造价管理机构投诉。

招投标监督机构应会同工程造价管理机构对投诉进行处理，发现确有错误的，应责成招标人修改。

4.3　投标价

4.3.1　除本规范强制性规定外，投标价由投标人自主确定，但不得低于成本。

投标价应由投标人或受其委托具有相应资质的工程造价咨询人编制。

4.3.2　投标人应按招标人提供的工程量清单填报价格。填写的项目编码、项目名称、项目特征、计量单位、工程量必须与招标人提供的一致。

4.3.3　投标报价应根据下列依据编制：

1　本规范；

2　国家或省级、行业建设主管部门颁发的计价办法；

3　企业定额，国家或省级、行业建设主管部门颁发的计价定额；

4　招标文件、工程量清单及其补充通知、答疑纪要；

5　建设工程设计文件及相关资料；

6　施工现场情况、工程特点及拟定的投标施工组织设计或施工方案；

7　与建设项目相关的标准、规范等技术资料；

8　市场价格信息或工程造价管理机构发布的工程造价信息；

9　其他的相关资料。

4.3.4　分部分项工程费应依据本规范第2.0.4条综合单价的组成内容，按招标文件中分部分项工程量清单项目的特征描述确定综合单价计算。

综合单价中应考虑招标文件中要求投标人承担的风险费用。

招标文件中提供了暂估单价的材料，按暂估的单价计入综合单价。

4.3.5 投标人可根据工程实际情况结合施工组织设计，对招标人所列的措施项目进行增补。

措施项目费应根据招标文件中的措施项目清单及投标时拟定的施工组织设计或施工方案按本规范第4.1.4条的规定自主确定。其中安全文明施工费应按照本规范第4.1.5条的规定确定。

4.3.6 其他项目费应按下列规定报价：

1 暂列金额应按招标人在其他项目清单中列出的金额填写；

2 材料暂估价应按招标人在其他项目清单中列出的单价计入综合单价；专业工程暂估价应按招标人在其他项目清单中列出的金额填写；

3 计日工按招标人在其他项目清单中列出的项目和数量，自主确定综合单价并计算计日工费用；

4 总承包服务费根据招标文件中列出的内容和提出的要求自主确定。

4.3.7 规费和税金应按本规范第4.1.8条的规定确定。

4.3.8 投标总价应当与分部分项工程费、措施项目费、其他项目费和规费、税金的合计金额一致。

4.4 工程合同价款的约定

4.4.1 实行招标的工程合同价款应在中标通知书发出之日起30天内，由发、承包双方依据招标文件和中标人的投标文件在书面合同中约定。

不实行招标的工程合同价款，在发、承包双方认可的工程价款基础上，由发、承包双方在合同中约定。

4.4.2 实行招标的工程，合同约定不得违背招、投标文件中关于工期、造价、质量等方面的实质性内容。招标文件与中标人投标文件不一致的地方，以投标文件为准。

4.4.3 实行工程量清单计价的工程，宜采用单价合同。

4.4.4 发、承包双方应在合同条款中对下列事项进行约定；合同中没有约定或约定不明的，由双方协商确定；协商不能达成一致的，按本规范执行。

1 预付工程款的数额、支付时间及抵扣方式；

2 工程计量与支付工程进度款的方式、数额及时间；

3 工程价款的调整因素、方法、程序、支付及时间；

4 索赔与现场签证的程序、金额确认与支付时间；

5 发生工程价款争议的解决方法及时间；

6 承担风险的内容、范围以及超出约定内容、范围的调整办法；

7 工程竣工价款结算编制与核对、支付及时间；

8 工程质量保证（保修）金的数额、预扣方式及时间；

9 与履行合同、支付价款有关的其他事项等。

4.5 工程计量与价款支付

4.5.1 发包人应按照合同约定支付工程预付款。支付的工程预付款，按照合同约定在工程进度款中抵扣。

4.5.2　发包人支付工程进度款,应按照合同约定计量和支付,支付周期同计量周期。

4.5.3　工程计量时,若发现工程量清单中出现漏项、工程量计算偏差,以及工程变更引起工程量的增减,应按承包人在履行合同义务过程中实际完成的工程量计算。

4.5.4　承包人应按照合同约定,向发包人递交已完工程量报告。发包人应在接到报告后按合同约定进行核对。

4.5.5　承包人应在每个付款周期末,向发包人递交进度款支付申请,并附相应的证明文件。除合同另有约定外,进度款支付申请应包括下列内容:

1　本周期已完成工程的价款;

2　累计已完成的工程价款;

3　累计已支付的工程价款;

4　本周期已完成计日工金额;

5　应增加和扣减的变更金额;

6　应增加和扣减的索赔金额;

7　应抵扣的工程预付款;

8　应扣减的质量保证金;

9　根据合同应增加和扣减的其他金额;

10　本付款周期实际应支付的工程公款。

4.5.6　发包人在收到承包人递交的工程进度款支付申请及相应的证明文件后,发包人应在合同约定时间内核对和支付工程进度款。发包人应扣回的工程预付款,与工程进度款同期结算抵扣。

4.5.7　发包人未在合同约定时间内支付工程进度款,承包人应及时向发包人发出要求付款的通知,发包人收到承包人通知后仍不按要求付款,可与承包人协商签订延期付款协议,经承包人同意后延期支付。协议应明确延期支付的时间和从付款申请生效后按同期银行贷款利率计算应付款的利息。

4.5.8　发包人不按合同约定支付工程进度款,双方又未达成延期付款协议,导致施工无法进行时,承包人可停止施工,由发包人承担违约责任。

4.6　索赔与现场签证

4.6.1　合同一方向另一方提出索赔时,应有正当的索赔理由和有效证据,并应符合合同的相关约定。

4.6.2　若承包人认为非承包人原因发生的事件造成了承包人的经济损失,承包人应在确认该事件发生后,按合同约定向发包人发出索赔通知。

发包人在收到最终索赔报告后并在合同约定时间内,未向承包人作出答复,视为该项索赔已经认可。

4.6.3　承包人索赔按下列程序处理:

1　承包人在合同约定的时间内向发包人递交费用索赔意向通知书;

2　发包人指定专人收集与索赔有关的资料;

3　承包人在合同约定的时间内向发包人递交费用索赔申请表;

4　发包人指定的专人初步审查费用索赔申请表,符合本规范第 4.6.1 条规定的条件时予以受理;

5　发包人指定的专人进行费用索赔核对,经造价工程师复核索赔金额后,与承包人协商确定并由发包人批准;

6　发包人指定的专人应在合同约定的时间内签署费用索赔审批表,或发出要求承包人提交有关索赔的进一步详细资料的通知,待收到承包人提交的详细资料后,按本条第 4、5 款的程序进行。

4.6.4　若承包人的费用索赔与工程延期索赔要求相关联时,发包人在作出费用索赔的批准决定时,应结合工程延期的批准,综合作出费用索赔和工程延期的决定。

4.6.5　若发包人认为由于承包人的原因造成额外损失,发包人应在确认引起索赔的事件后,按合同约定向承包人发出索赔通知。

承包人在收到发包人索赔通知后并在合同约定时间内,未向发包人作出答复,视为该项索赔已经认可。

4.6.6　承包人应发包人要求完成合同以外的零星工作或非承包人责任事件发生时,承包人应按合同约定及时向发包人提出现场签证。

4.6.7　发、承包双方确认的索赔与现场签证费用与工程进度款同期支付。

4.7　工程价款调整

4.7.1　招标工程以投标截止日前 28 天,非招标工程以合同签订前 28 天为基准日,其后国家的法律、法规、规章和政策发生变化影响工程造价的,应按省级或行业建设主管部门或其授权的工程造价管理机构发布的规定调整合同价款。

4.7.2　若施工中出现施工图纸(含设计变更)与工程量清单项目特征描述不符的,发、承包双方应按新的项目特征确定相应工程量清单项目的综合单价。

4.7.3　因分部分项工程量清单漏项或非承包人原因的工程变更,造成增加新的工程量清单项目,其对应的综合单价按下列方法确定:

1　合同中已有适用的综合单价,按合同中已有的综合单价确定;

2　合同中有类似的综合单价,参照类似的综合单价确定;

3　合同中没有适用或类似的综合单价,由承包人提出综合单价,经发包人确认后执行。

4.7.4　因分部分项工程量清单漏项或非承包人原因的工程变更,引起措施项目发生变化,造成施工组织设计或施工方案变更,原措施费中已有的措施项目,按原措施费的组价方法调整;原措施费中没有的措施项目,由承包人根据措施项目变更情况,提出适当的措施费变更,经发包人确认后调整。

4.7.5　因非承包人原因引起的工程量增减,该项工程量变化在合同约定幅度以内的,应执行原有的综合单价;该项工程量变化在合同约定幅度以外的,其综合单价及措施项目费应予以调整。

4.7.6　若施工期内市场价格波动超出一定幅度时,应按合同约定调整工程价款;合同没有约定或约定不明确的,应按省级或行业建设主管部门或其授权的工程造价管理机构的规定调整。

4.7.7　因不可抗力事件导致的费用,发、承包双方应按以下原则分别承担并调整工程价款。

1　工程本身的损害、因工程损害导致第三方人员伤亡和财产损失以及运至施工场地用于施工的材料和待安装的设备的损害，由发包人承担；

2　发包人、承包人人员伤亡由其所在单位负责，并承担相应费用；

3　承包人的施工机械设备损坏及停工损失，由承包人承担；

4　停工期间，承包人应发包人要求留在施工场地的必要的管理人员及保卫人员的费用，由发包人承担；

5　工程所需清理、修复费用，由发包人承担。

4.7.8　工程价款调整报告应由受益方在合同约定时间内向合同的另一方提出，经对方确认后调整合同价款。受益方未在合同约定时间内提出工程价款调整报告的，视为不涉及合同价款的调整。

收到工程价款调整报告的一方应在合同约定时间内确认或提出协商意见，否则，视为工程价款调整报告已经确认。

4.7.9　经发、承包双方确定调整的工程价款，作为追加（减）合同价款与工程进度款同期支付。

4.8　竣工结算

4.8.1　工程完工后，发、承包双方应在合同约定时间内办理工程竣工结算。

4.8.2　工程竣工结算由承包人或受其委托具有相应资质的工程造价咨询人编制，由发包人或受其委托具有相应资质的工程造价咨询人核对。

4.8.3　工程竣工结算应依据：

1　本规范；

2　施工合同；

3　工程竣工图纸及资料；

4　双方确认的工程量；

5　双方确认追加（减）的工程价款；

6　双方确认的索赔、现场签证事项及价款；

7　投标文件；

8　招标文件；

9　其他依据。

4.8.4　分部分项工程费应依据双方确认的工程量、合同约定的综合单价计算；如发生调整的，以发、承包双方确认调整的综合单价计算。

4.8.5　措施项目费应依据合同约定的项目和金额计算；如发生调整的，以发、承包双方确认调整的金额计算。

4.8.6　其他项目费用应按下列规定计算：

1　计日工应按发包人实际签证确认的事项计算；

2　暂估价中的材料单价应按发、承包双方最终确认价在综合单价中调整；专业工程暂估价应按中标价或发包人、承包人与分包人最终确认价计算；

3　总承包服务费应依据合同约定金额计算，如发生调整的，以发、承包双方确认调整的金额计算；

4　索赔费用应依据发、承包双方确认的索赔事项和金额计算；

5　现场签证费用应依据发、承包双方签证资料确认的金额计算；

6　暂列金额应减去工程价款调整与索赔、现场签证金额计算，如有余额归发包人。

4.8.7　规费和税金应按本规范第4.1.8条的规定计算。

4.8.8　承包人应在合同约定时间内编制完成竣工结算书，并在提交竣工验收报告的同时递交给发包人。

承包人未在合同约定时间内递交竣工结算书，经发包人催促后仍未提供或没有明确答复的，发包人可以根据已有资料办理结算。

4.8.9　发包人在收到承包人递交的竣工结算书后，应按合同约定时间核对。

同一工程竣工结算核对完成，发、承包双方签字确认后，禁止发包人又要求承包人与另一个或多个工程造价咨询人重复核对竣工结算。

4.8.10　发包人或受其委托的工程造价咨询人收到承包人递交的竣工结算书后，在合同约定时间内，不核对竣工结算或未提出核对意见的，视为承包人递交的竣工结算书已经认可，发包人应向承包人支付工程结算价款。

承包人在接到发包人提出的核对意见后，在合同约定时间内，不确认也未提出异议的，视为发包人提出的核对意见已经认可，竣工结算办理完毕。

4.8.11　发包人应对承包人递交的竣工结算书签收，拒不签收的，承包人可以不交付竣工工程。

承包人未在合同约定时间内递交竣工结算书的，发包人要求交付竣工工程，承包人应当交付。

4.8.12　竣工结算办理完毕，发包人应将竣工结算书报送工程所在地工程造价管理机构备案。竣工结算书作为工程竣工验收备案、交付使用的必备文件。

4.8.13　竣工结算办理完毕，发包人应根据确认的竣工结算书在合同约定时间内向承包人支付工程竣工结算价款。

4.8.14　发包人未在合同约定时间内向承包人支付工程结算价款的，承包人可催告发包人支付结算价款。如达成延期支付协议的，发包人应按同期银行同类贷款利率支付拖欠工程价款的利息。如未达成延期支付协议，承包人可以与发包人协商将该工程折价，或申请人民法院将该工程依法拍卖，承包人就该工程折价或者拍卖的价款优先受偿。

4.9　工程计价争议处理

4.9.1　在工程计价中，对工程造价计价依据、办法以及相关政策规定发生争议事项的，由工程造价管理机构负责解释。

4.9.2　发包人以对工程质量有异议，拒绝办理工程竣工结算的，已竣工验收或已竣工未验收但实际投入使用的工程，其质量争议按该工程保修合同执行，竣工结算按合同约定办理；已竣工未验收且未实际投入使用的工程以及停工、停建工程的质量争议，双方应就有争议的部分委托有资质的检测鉴定机构进行检测，根据检测结果确定解决方案，或按工程质量监督机构的处理决定执行后办理竣工结算，无争议部分的竣工结算按合同约定办理。

4.9.3　发、承包双方发生工程造价合同纠纷时，应通过下列办法解决：

1　双方协商；

2　提请调解，工程造价管理机构负责调解工程造价问题；

3　按合同约定向仲裁机构申请仲裁或向人民法院起诉。

4.9.4　在合同纠纷案件处理中,需作工程造价鉴定的,应委托具有相应资质的工程造价咨询人进行。

5　工程量清单计价表格

5.1　计价表格组成

5.1.1　封面:

1　工程量清单:封—1

2　招标控制价:封—2

3　投标总价:封—3

4　竣工结算总价:封—4

5.1.2　总说明:表—01

5.1.3　汇总表

1　工程项目招标控制价/投标报价汇总表:表—02

2　单项工程招标控制价/投标报价汇总表:表—03

3　单位工程招标控制价/投标报价汇总表:表—04

4　工程项目竣工结算汇总表:表—05

5　单项工程竣工结算汇总表:表—06

6　单位工程竣工结算汇总表:表—07

5.1.4　分部分项工程量清单表:

1　分部分项工程量清单与计价表:表—08

2　工程量清单综合单价分析表:表—09

5.1.5　措施项目清单表:

1　措施项目清单与计价表(一):表—10

2　措施项目清单与计价表(二):表—11

5.1.6　其他项目清单表:

1　其他项目清单与计价汇总表:表—12

2　暂列金额明细表:表—12—1

3　材料暂估单价表:表—12—2

4　专业工程暂估价表:表—12—3

5　计日工表:表—12—4

6　总承包服务费计价表:表—12—5

7　索赔与现场签证计价汇总表:表—12—6

8　费用索赔申请(核准)表:表—12—7

9　现场签证表:表—12—8

5.1.7　规范、税金项目清单与计价表:表—13

5.1.8　工程款支付申请(核准)表:表—14

5.2 计价表格使用规定

5.2.1 工程量清单与计价宜采用统一格式。各省、自治区、直辖市建设行政主管部门和行业建设主管部门可根据本地区、本行业的实际情况，在本规范计价表格的基础上补充完善。

5.2.2 工程量清单的编制应符合下列规定：

1 工程量清单编制使用表格包括：封—1、表—01、表—08、表—10、表—11、表—12（不含表—12—6～表—12—8）、表—13。

2 封面应按规定的内容填写、签字、盖章，造价员编制的工程量清单应有负责审核的造价工程师签字、盖章。

3 总说明应按下列内容填写：

1）工程概况：建设规模、工程特征、计划工期、施工现场实际情况、自然地理条件、环境保护要求等。

2）工程招标和分包范围。

3）工程量清单编制依据。

4）工程质量、材料、施工等的特殊要求。

5）其他需要说明的问题。

5.2.3 招标控制价、投标报价、竣工结算的编制应符合下列规定：

1 使用表格：

1）招标控制价使用表格包括：封—2、表—01、表—02、表—03、表—04、表—08、表—09、表—10、表—11、表—12（不含表—12—6～表—12—8）、表—13。

2）投标报价使用的表格包括：封—3、表—01、表—02、表—03、表—04、表—08、表—09、表—10、表—11、表—12（不含表—12—6～表—12—8）、表—13。

3）竣工结算使用的表格包括：封—4、表—01、表—05、表—06、表—07、表—08、表—09、表—10、表—11、表—12、表—13、表—14。

2 封面应按规定的内容填写、签字、盖章，除承包人自行编制的投标报价和竣工结算外，受委托编制的招标控制价、投标报价、竣工结算若为造价员编制的，应有负责审核的造价工程师签字，盖章以及工程造价咨询人盖章。

3 总说明应按下列内容填写：

1）工程概况：建设规模、工程特征、计划工期、合同工期、实际工期、施工现场及变化情况、施工组织设计的特点、自然地理条件、环境保护要求等。

2）编制依据等。

5.2.4 投标人应按招标文件的要求，附工程量清单综合单价分析表。

5.2.5 工程量清单与计价表中列明的所有需要填写的单价和合价，投标人均应填写，未填写的单价和合价，视为此项费用已包含在工程量清单的其他单价和合价中。

注：详见建设工程工程量清单计价规范 GB 50500—2008

在预算中出现定额换算和补充定额是常事，必须严格遵守“套用”、“换算”和“补充”定额的有关现行规定，规范不得任意修改和编造。其方法可参考第六章中第三节。

第二节　建筑面积的计算

一、建筑面积计算的意义和作用

建筑面积是表示建筑物平面特征的几何参数，是指建筑物各层水平平面面积之和，包括使用面积、交通面积和结构面积，单位通常为 m^2。建筑面积在装饰装修工程预算中的作用，主要有以下几个方面：

（1）建筑面积是计算装饰装修工程以及相关分部分项工程量的依据。如脚手架和楼地面的工程量大小均与建筑面积有关。

（2）建筑面积是编制、控制和调整施工进度计划和竣工验收的重要指标。

（3）建筑面积是确定装饰装修工程技术经济指标的重要依据。例如，单方装饰装修工程造价、单方装饰装修工程劳动量消耗、单方装饰装修工程材料消耗指标等。

二、建筑面积的计算方法

（一）建筑面积计算的范围和方法

1. 单层建筑物的建筑面积

（1）单层建筑物不论其高度如何，均按建筑物勒脚以上外墙外围水平面积计算。即按建筑平面图结构外轮廓线尺寸计算。图 7-1 的建筑面积可用下式表示：

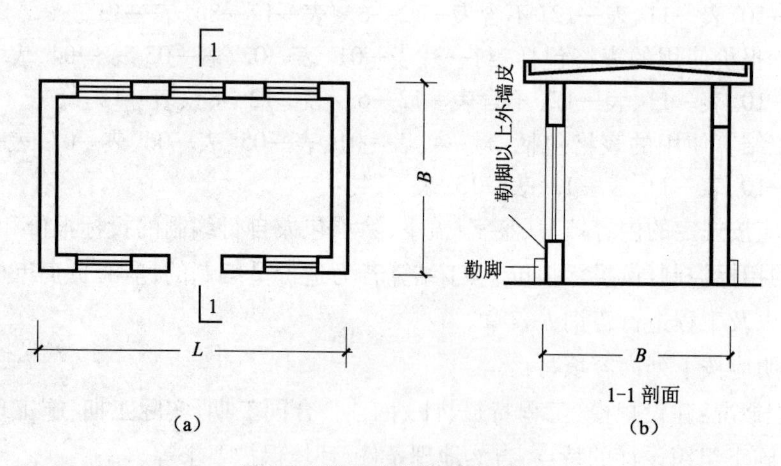

图 7-1　单层建筑物面积计算

$$S = L \times B$$

式中　S——单层建筑物建筑面积，m^2；

L——两端山墙勒脚以上外表面间水平距离，m；

B——两纵墙勒脚以上外表面间水平距离，m。

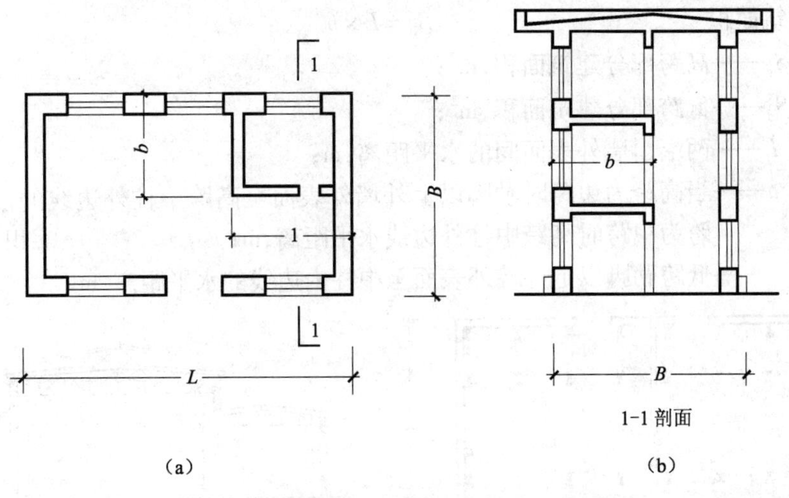

图 7-2　带有部分楼层的单层建筑物面积计算

(2)内部带有部分楼层的单层建筑物,应增加局部楼层的建筑面积,如图 7-2 所示。此时,建筑面积可用下式表示:

$$S = L \times B + \sum_{l}^{n-1} {}_{l}L \times b$$

式中　S——单层建筑物带有部分楼层时的建筑面积,m^2;

L——两端山墙勒脚以上外表面间的水平距离,m;

B——两纵墙勒脚以上外表面间的水平距离,m;

l、b——外墙勒脚以上外表面至局部楼层墙(柱)外线的水平距离,m;

n——局部楼层层数。

(3)高低联跨的单层建筑物,如需分别计算建筑面积时,以高跨部分为主计算。当高跨为边跨时,高跨建筑面积按勒脚以上两端山墙表面间的水平长度乘以勒脚以上外墙外表面至高跨中柱外线的水平宽度计算,如图 7-3 所示。

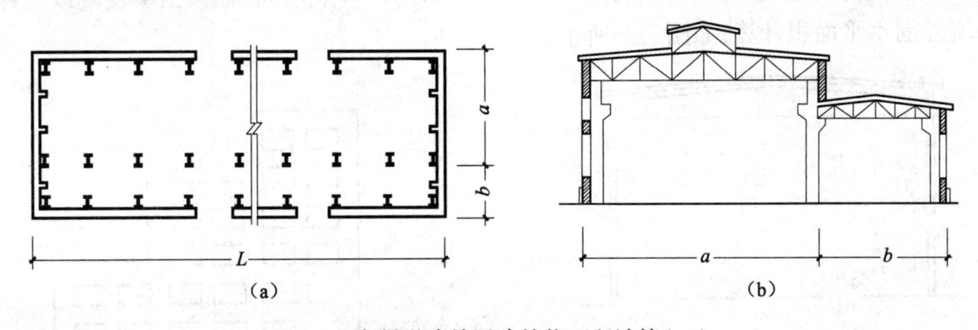

图 7-3　高低联跨单层建筑物面积计算(一)

当高跨为中跨时,高跨建筑面积按勒脚以上两端山墙表面间的水平长度乘以中柱外边线的水平宽度计算,如图 7-4 所示。

高跨部分、低跨部分的建筑面积可用下式表示:

高跨建筑面积　　　　　　$S_g = L \times a$

低跨建筑面积 $S_d = L \times b$

式中 S_g——高跨部分建筑面积，m^2；

S_d——低跨部分建筑面积，m^2；

L——两端山墙外表面间的水平距离，m；

a——当高跨为边跨时勒脚以上外墙外表面至高跨中柱外边线的水平距离，当高跨为中跨时高跨中柱外边线水平距离，m；

b——低跨勒脚以上外墙外表面至中柱内边线的水平距离，m。

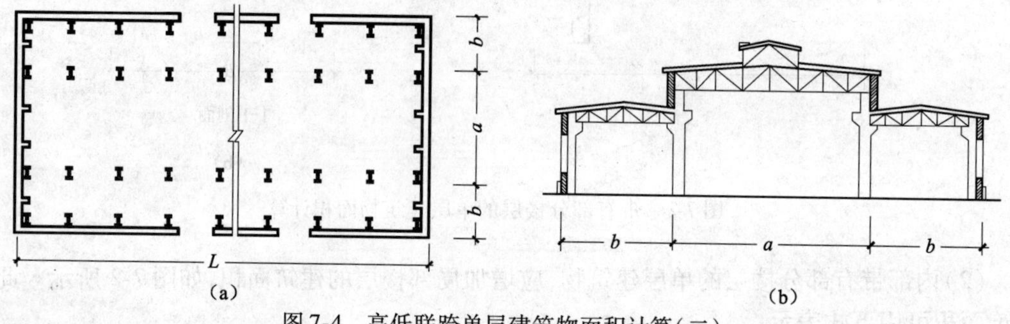

图 7-4　高低联跨单层建筑物面积计算(二)

(4)建筑物外墙为预制挂(壁)板的，按挂(壁)板外墙主墙面间的水平投影面积计算，如图 7-5 所示。

其建筑面积可用下式表示：

$$S = L \times b$$

式中 S——建筑面积，m^2；

L——两端山墙挂(壁)板外墙主墙面间水平距离，m；

b——图示挂(壁)板外墙主墙面间水平距离，m。

2. 多层建筑物的建筑面积

多层建筑物的建筑面积按各层建筑面积的总和计算，其底层同单层，二层及其以上各层均按外墙外围水平面积计算，如图 7-6 所示。

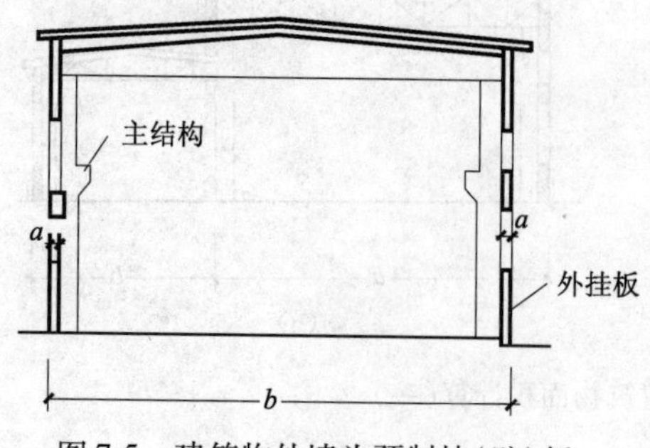

图 7-5　建筑物外墙为预制挂(壁)板

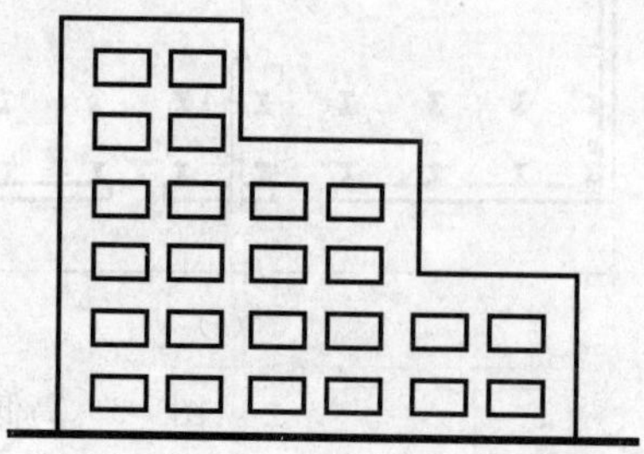

图 7-6　多层建筑物的建筑面积计算

其建筑面积可用下式表示：

$$S = S_1 + S_2 \cdots S_n = \sum_{i=1}^{n} S_i$$

式中　S——多层建筑物的建筑面积，m^2；

　　S_i——第 i 层的建筑面积，m^2；

　　n——建筑物的总层数。

3. 地下建筑的建筑面积

地下室、半地下室、地下车间、仓库、商店、地下指挥部及相应出入口的建筑面积，均按上口外墙外围水平面积计算（不包括采光井、防潮层及保护墙），如图 7-7 所示。

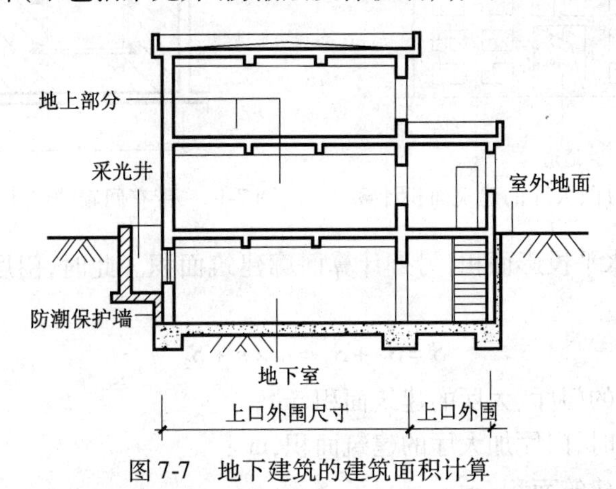

图 7-7　地下建筑的建筑面积计算

4. 深基础地下架空层的建筑面积

如果用深基础作地下架空层并加以利用，且层高超过 2.2m 时，按架空层外墙外围水平面积的一半计算建筑面积，如图 7-8 所示。

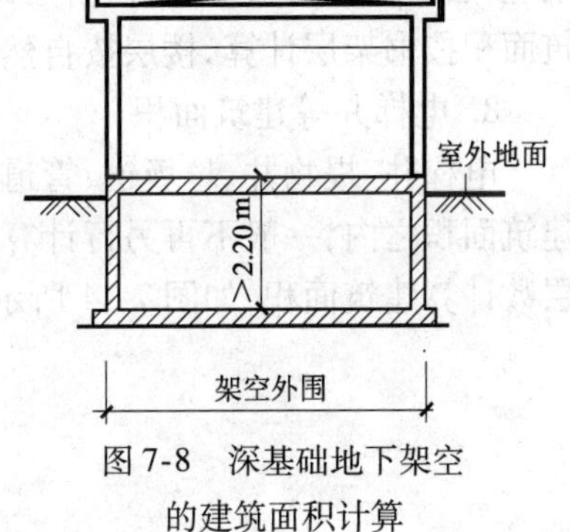

图 7-8　深基础地下架空的建筑面积计算

5. 坡地吊脚架空层的建筑面积

坡地吊脚，一般是指沿河坡或山坡采用打桩、筑柱来承托建筑物底层板的一种结构，如图 7-9 所示。

有时室内阶梯教室、文体场所看台等处也形成类似吊脚，如图 7-10 所示，当利用吊脚作架空层并加以利用，且层高超过 2.2m 时，应按围护结构外围水平面积来计算建筑面积。

6. 通道、门厅、大厅的建筑面积

穿过建筑物的通道，建筑物内的门厅、大厅，如图 7-11 所示。

不论其高度如何，均按一层计算建筑面积。带有回廊的门厅、大厅，如图 7-12 所示。

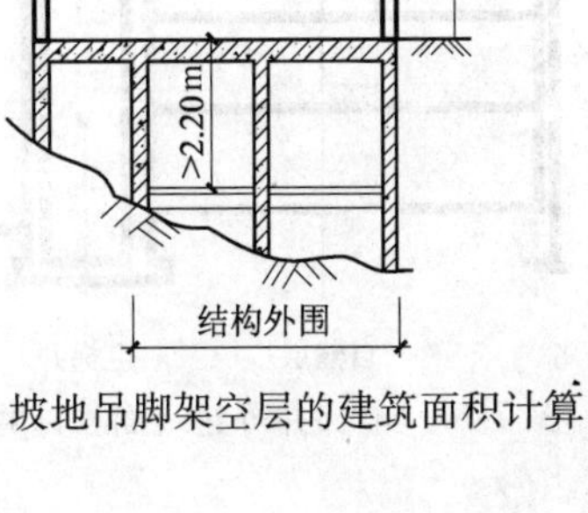

图 7-9　坡地吊脚架空层的建筑面积计算（一）

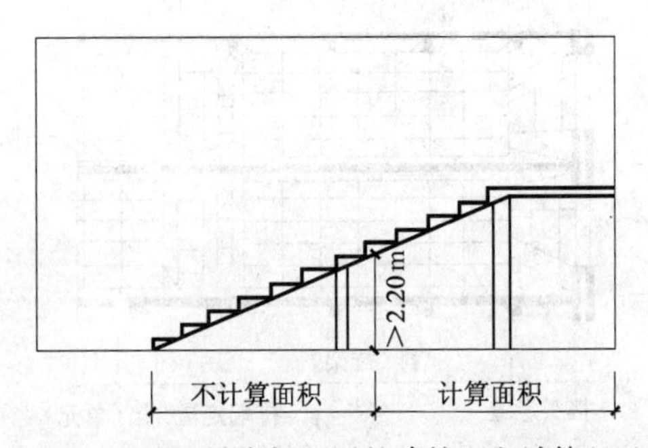

图 7-10　坡地吊脚架空层的建筑面积计算（二）

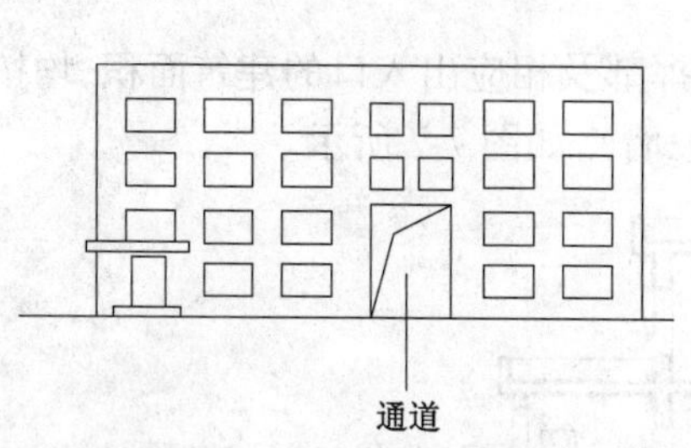

图 7-11　建筑通道、门厅、大厅的建筑面积计算

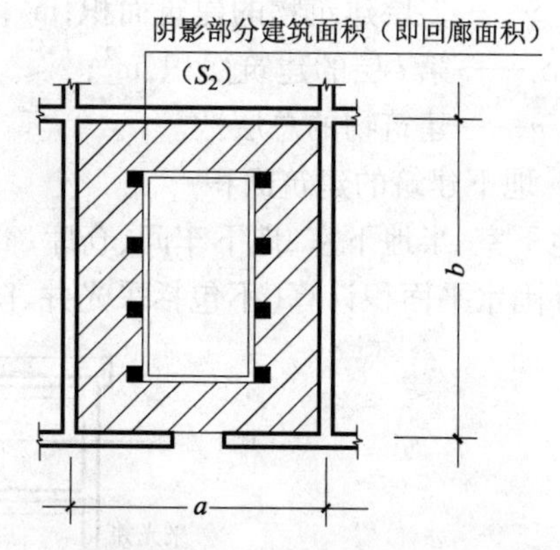

图 7-12　带有回廊的门厅、大厅的建筑面积计算

需按回廊结构层水平投影面积，另外计算回廊建筑面积。此时，门厅、大厅的建筑面积的计算，可用下式表示：

$$S = S_1 + S_2 = a \times b + S_2$$

式中　S——带有回廊的门厅、大厅的建筑面积，m^2；

S_1——不带回廊时，门厅加大厅的建筑面积，m^2；

S_2——回廊部分建筑面积，m^2。

7. 书库的建筑面积

图书馆的书库，是指大中型混合承重式结构书库。承重式结构的书架分为搁板、单元、排架、阶层、甲板、楼板等构件，阶层即为书架层，一般书库在两层楼板间分设 1 ~ 2 个阶层。其建筑面积按书架层计算，楼层按自然层计算，阶层按水平投影面积计算，如图 7-13 所示。

8. 电梯井等建筑面积

电梯井、提物井、垃圾道、管道井等，如果建在建筑物内部，其面积已包括在整体建筑物的建筑面积之内，一般不再另行计算，但若这些井道附筑在主体墙外，则应按建筑物的楼层自然层数计算建筑面积，如图 7-14 所示。

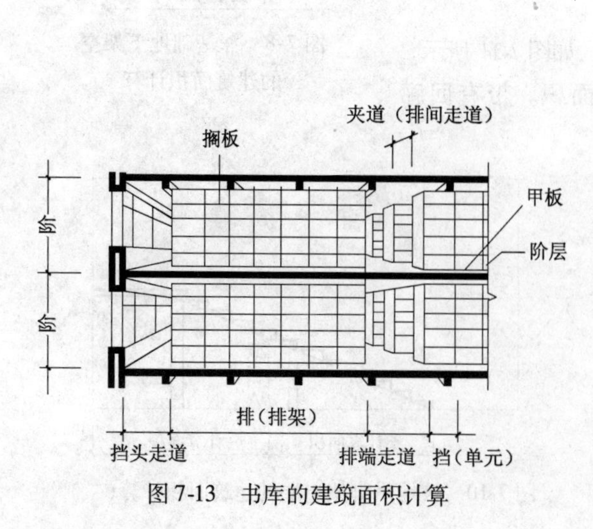

图 7-13　书库的建筑面积计算

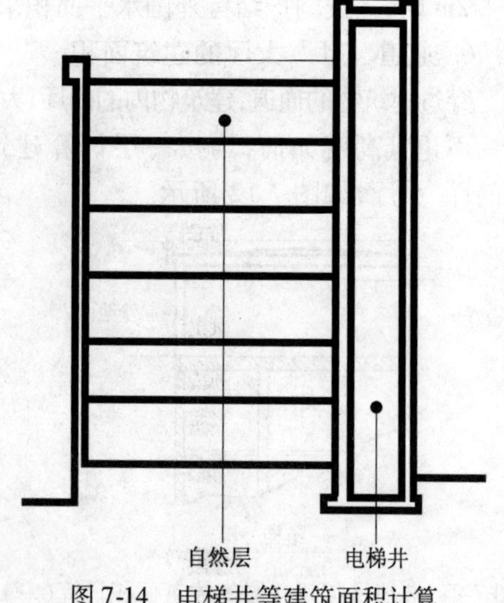

图 7-14　电梯井等建筑面积计算

9. 舞台灯光控制室的建筑面积

通常剧院将舞台灯光控制室设在舞台内侧夹层上或设在耳光室中。此处即指这种有顶有墙的灯光控制室，如图 7-15 所示。其建筑面积按围护结构外围水平面积乘以实际层数计算。

10. 技术层的建筑面积

建筑物内的技术层，是指建筑物内安装空调通风、冷热管道、通信线路层等。当层高超过 2. 2m 时，应计算建筑面积，如图 7-16 所示。

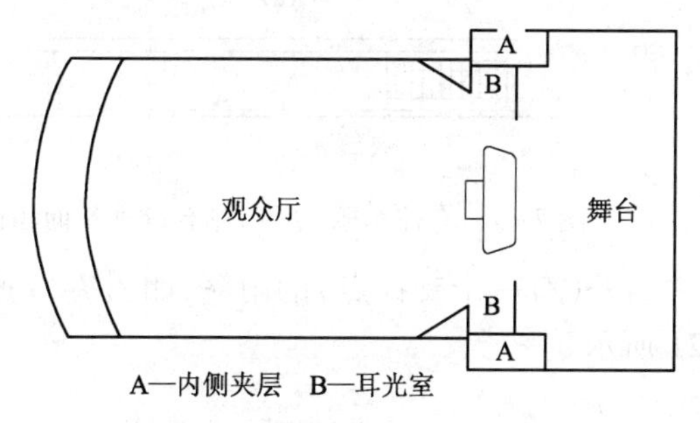

图 7-15　舞台灯光控制室的建筑面积计算

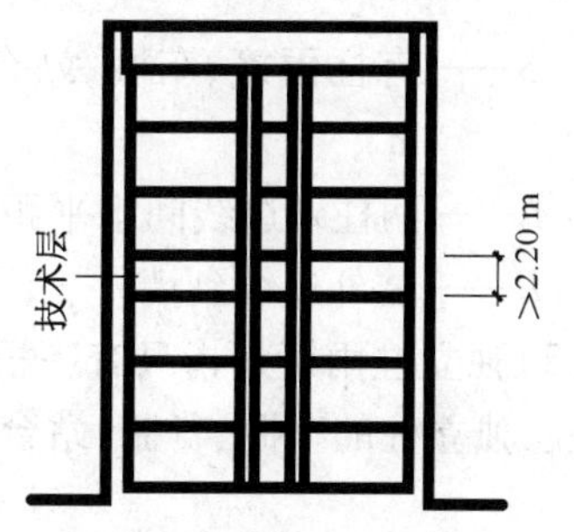

图 7-16　技术层的建筑面积计算

11. 雨篷、车棚等的建筑面积

(1)有柱雨篷一般指有两根柱(即伸出主墙身外有两个支撑点)以上的雨篷，如图 7-17 所示。当雨篷的布置在纵横交叉的拐角处时，虽然雨篷下只有一根柱，但支点是两个，因此仍视为有柱雨篷，如图 7-18 所示。

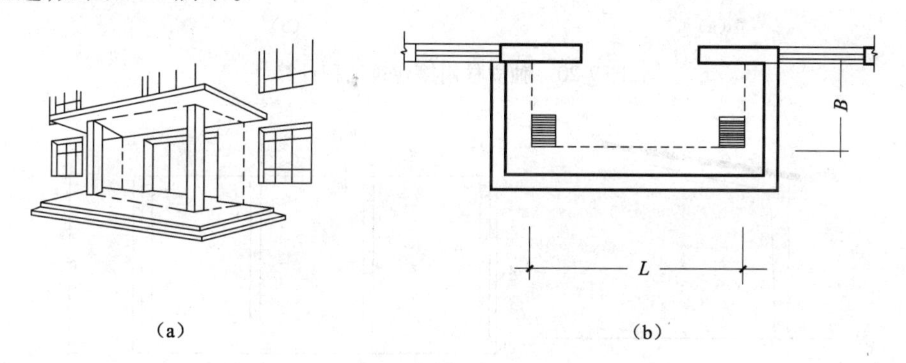

图 7-17　雨篷的建筑面积计算(一)

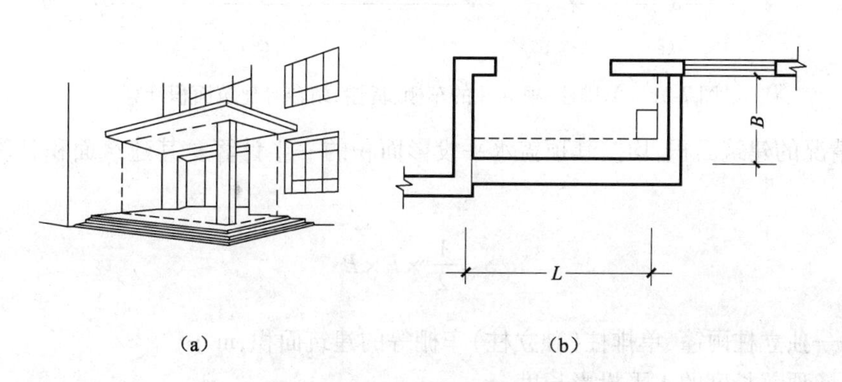

图 7-18　雨篷的建筑面积计算(二)

有柱的车棚、货棚、站台是指有两排柱以上的，如图 7-19 所示。

有柱雨篷、车棚、货棚、站台等的建筑面积，均按柱外围水平面积计算。

其建筑面积计算可用下式表示：

$$S = L \times B$$

式中 S——有柱雨篷、车棚、站台等的建筑面积，m^2；

L——两柱外边线间水平距离，m；

B——柱外边线到墙外表面的距离，m。

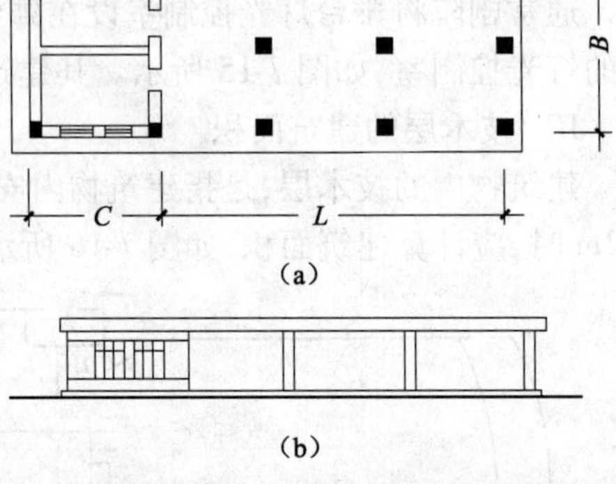

图 7-19 有柱车棚、货棚、站台的建筑面积计算

(2)独立柱雨篷是指只有一根柱，即伸入主墙外(有一个支撑点)的雨篷，如图 7-20 所示。单排柱、独立柱的车棚、货棚、站台等，如图 7-21 所示。

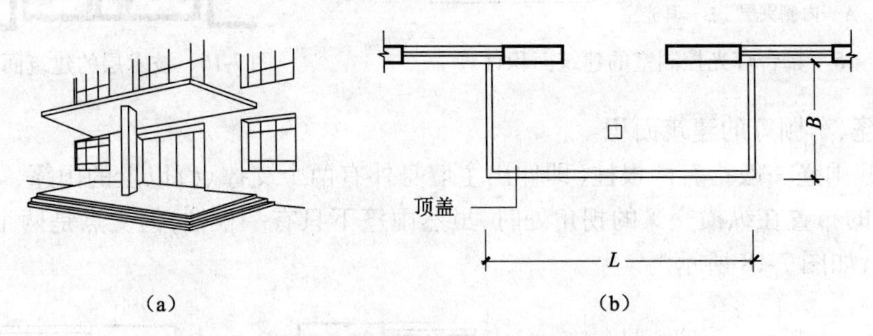

图 7-20 独立柱雨篷建筑面积计算

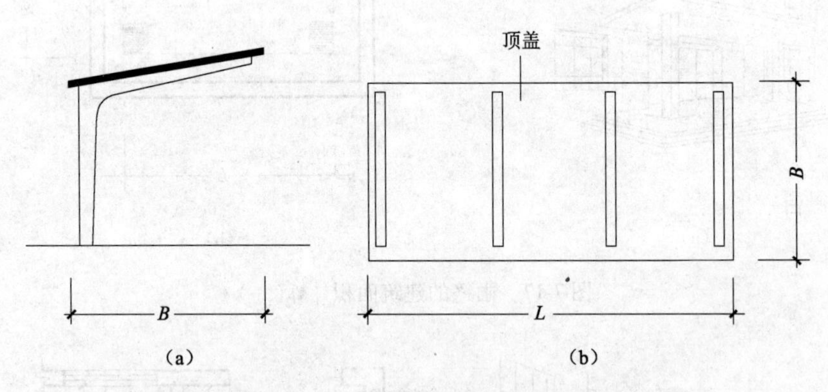

图 7-21 单排柱、独立柱的车棚、货棚、站台等建筑面积计算

上述情况的建筑面积，均按其顶盖水平投影面积的一半计算。其建筑面积计算可用下式表示：

$$S = \frac{1}{2} \times L \times B$$

式中 S——独立柱雨篷、单排柱(独立柱)车棚等的建筑面积，m^2；

L——顶盖长度的水平投影长度，m。

12. 突出屋面的楼梯间等的建筑面积

突出屋面的有维护结构的楼梯间、水箱间、电梯机房等，如图 7-22 所示。

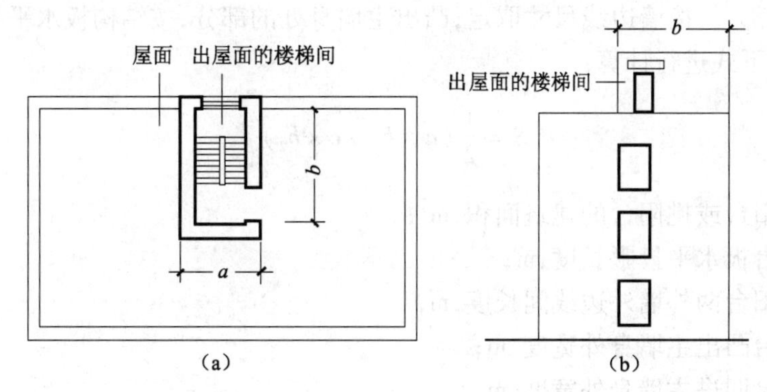

图 7-22　突出屋面的楼梯间建筑图

其建筑面积按维护结构外围水平面积计算，可用下式表示：

$$S = a \times b$$

式中　S——突出屋面楼梯间等建筑面积，m^2；

a、b——外墙外表面间水平距离，m。

13. 突出墙外门斗的建筑面积

突出墙外的门斗，如图 7-23 所示。其建筑面积按维护结构外围水平面面积计算，可用下式表示：

$$S = a \times b$$

式中　S——门斗建筑面积，m^2；

a——门斗两外墙外表面间距离，m；

b——门斗外墙外表面至建筑外墙外表面间距离，m。

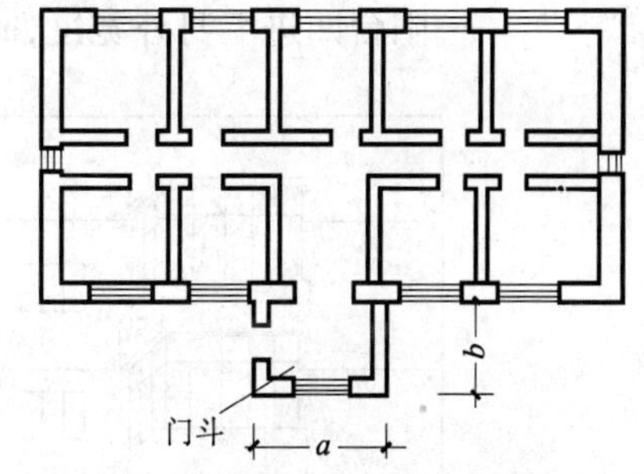

图 7-23　突出墙外门斗的建筑图

14. 阳台、挑廊的建筑面积

(1) 凸阳台、凹阳台，如图 7-24 所示。

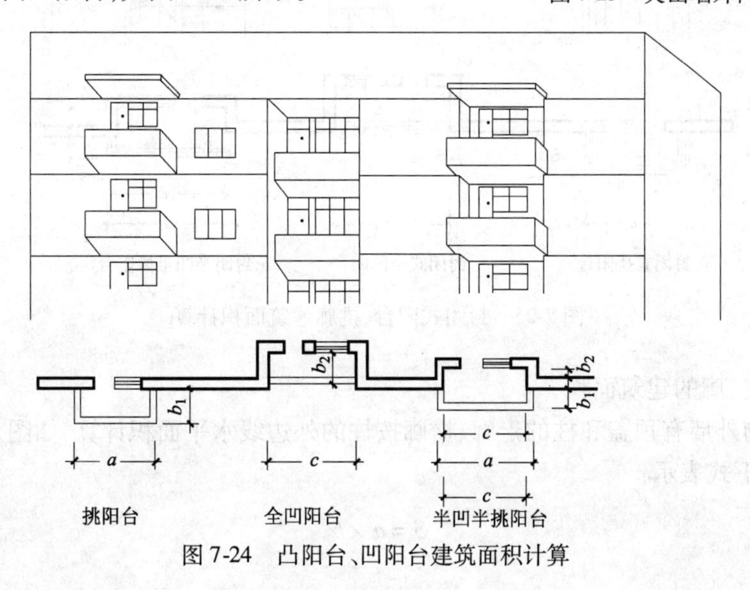

图 7-24　凸阳台、凹阳台建筑面积计算

其建筑面积按水平投影面积的一半计算。凹阳台有全凹式和半凸半凹式两种。计算时，凹进主墙身内的部分，按墙边线尺寸取定；凸出主墙身处的部分，按结构板水平投影尺寸取定。即建筑面积可用下式进行计算：

$$S=\frac{1}{2}(a\times b_1+c\times b_2)$$

式中 S——凹阳台或挑阳台的建筑面积，m^2；

a——阳台板水平投影长度，m；

c——凹阳台两外墙外边线间长度，m；

b_1——阳台凸出主墙身外宽度，m；

b_2——阳台凹进主墙身外宽度，m。

(2)封闭式阳台、挑廊，如图 7-25 所示。其建筑面积按结构轮廓水平投影面积计算，即可按下式进行计算：

$$S=a\times b_1+c\times b_2$$

式中 S——封闭式阳台或挑廊的建筑面积，m^2；

a——阳台板水平投影长度，m；

c——凹阳台两外墙外边线间长度，m；

b_1——阳台凸出墙身外宽度，m；

b_2——阳台凹进墙身外宽度，m。

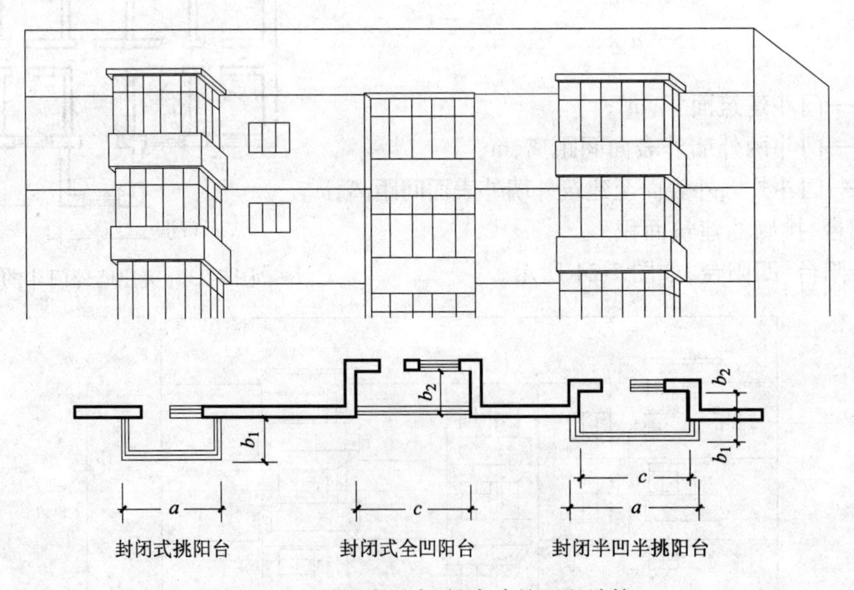

图 7-25　封闭式阳台、挑廊建筑面积计算

15. 走廊、檐廊的建筑面积

(1)建筑物外墙有顶盖和柱的走廊、檐廊按柱的外边线水平面积计算，如图 7-26 所示。其建筑面积可用下式表示：

$$S=a\times b$$

式中　S——有柱走廊、檐廊的建筑面积，m^2；

　　a——两端柱子外边线间距离，m；

　　b——柱子边线至墙外边线间距离，m。

（2）无柱的走廊、檐廊按其投影面积的一半计算建筑面积，如图7-26所示。其建筑面积可用下式表示：

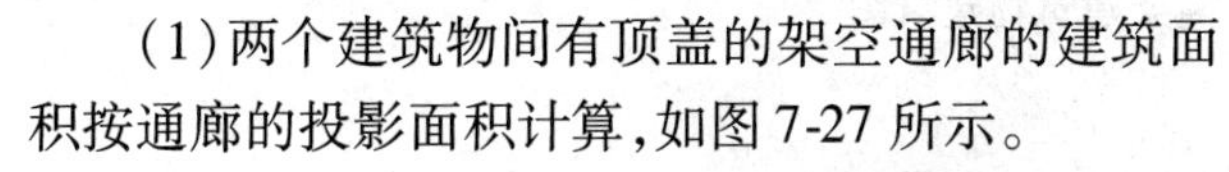

$$S=\frac{1}{2}(c\times d)$$

式中　S——无柱的走廊、檐廊建筑面积，m^2；

　　c——顶盖投影长度，m；

　　d——顶盖投影宽度，m。

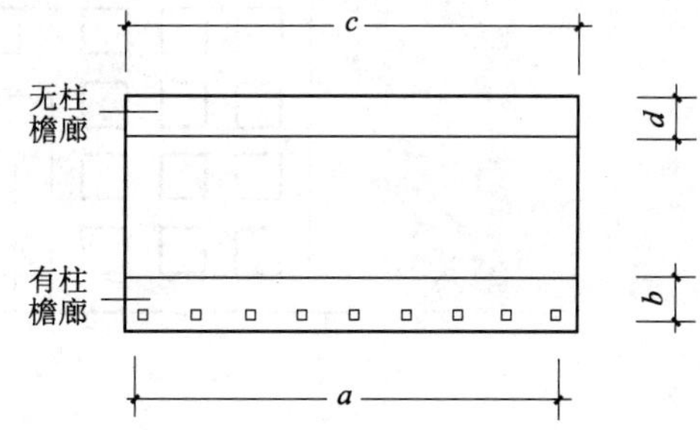

图7-26　走廊、檐廊的建筑面积计算

16. 架空通廊的建筑面积

（1）两个建筑物间有顶盖的架空通廊的建筑面积按通廊的投影面积计算，如图7-27所示。

（2）无顶盖的架空通廊的建筑面积按其投影面积的一半计算（参见图7-27）。

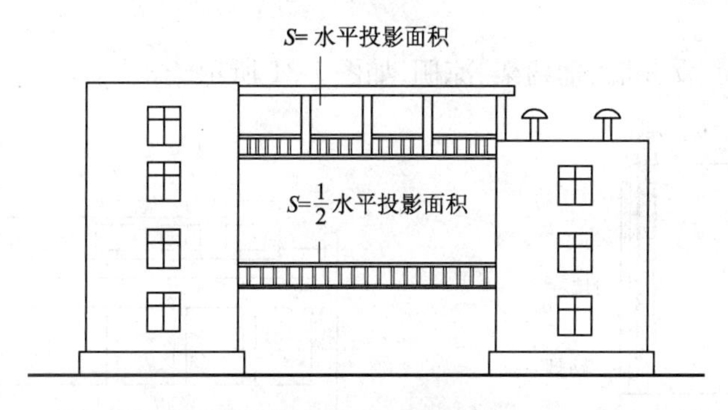

图7-27　架空通廊建筑图

17. 室外楼梯的建筑面积

（1）室外楼梯作为主要通道和用于疏散的均按每层的水平投影面积计算建筑面积，如图7-28a所示。

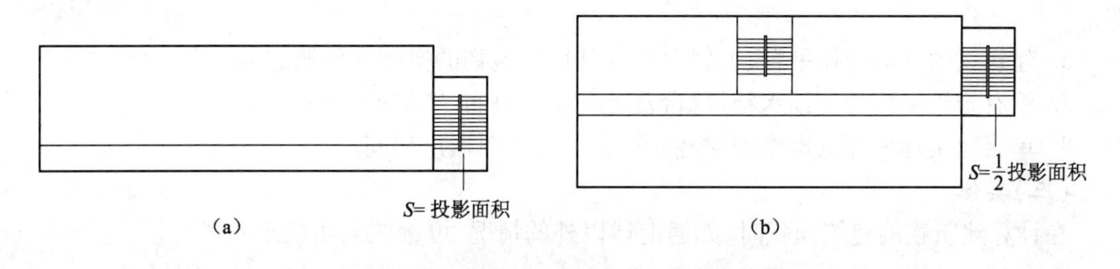

图7-28　楼内有楼梯的室外楼梯建筑图

（2）楼内有楼梯的室外楼梯的建筑面积按其水平投影面积的一半计算，如图7-28b所示。

18. 高架建筑物的建筑面积

跨越其他建筑物、构筑物的高架建筑物，按其各层水平投影面积之和计算建筑面积，如图

7-29 所示。

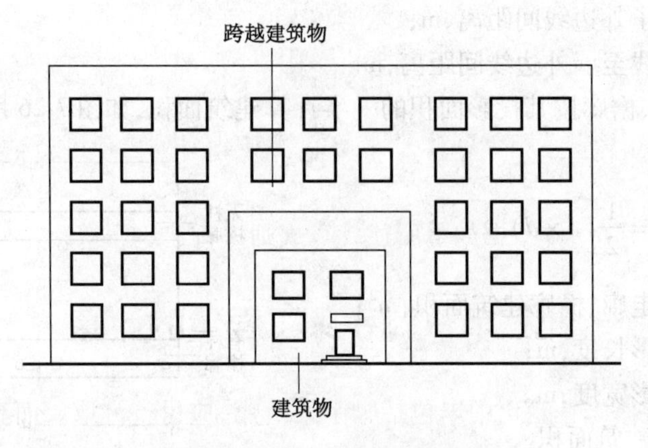

图 7-29　高架建筑物建筑图

(二)不计算建筑面积的范围

1. 突出墙面的构件、配件和艺术装饰,如柱、垛、勒脚、台阶、无柱雨篷等不计算建筑面积,如图 7-30 所示。

2. 屋面上的天窗、女儿墙、葡萄架、凉棚,如图 7-31 所示。

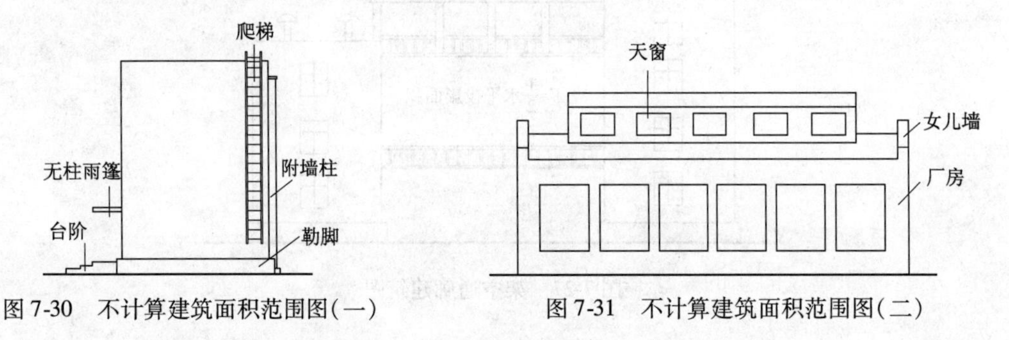

图 7-30　不计算建筑面积范围图(一)　　图 7-31　不计算建筑面积范围图(二)

3. 检修、消防等用的室外爬梯(参见图 7-30)。

4. 层高在 2. 2m 以内的技术层、深基础地下架空层、坡地吊脚架空层。

5. 构筑物,如独立烟囱、烟道、油罐、水塔、储油(水)池、储仓、仓库、地下人防干线、支线等。

6. 建筑物内外的操作平台、上斜平台及利用建筑物的空间安置箱罐的平台。

7. 没有维护结构的屋顶水箱、舞台及后台悬挂幕布、布景的天桥、挑台。

8. 单层建筑物分隔的操作间、控制室、仪表间等单层厂房间。

(三)其他

在计算建筑物的建筑面积时,如遇上述以外的情况,可参照上述规则办理。

三、建筑面积的计算步骤

1. 读图

建筑面积计算规则可归纳为以下几种情况:凡层高超过 2. 2m 的有顶盖或维护结构以及有柱(除深基础以外)者,均应全部计算建筑面积;凡无顶或无柱者,能供人们利用的,通常按水平投影面积一半计算建筑面积;除此之外及有关配件,均不计算建筑面积。

在掌握建筑面积计算规则的基础上,必须认真阅读施工图,明确哪些部分需要计算,哪些部分不需要计算,哪些是单层,哪些是多层,以及阳台的类型等。

2. 列项

按照单层、多层、雨篷、车棚等分类,并按一定顺序编号列出项目。

3. 计算

按照施工图查取尺寸,并根据如上所述计算规则进行建筑面积计算。

第三节　脚手架工程量的计算

通常普通装饰装修工程基价中未包括脚手架费用,应另行计取。而高级装饰装修工程基价中,一般包括拆搭 3. 6m 之内的脚手架,高度超过 3. 6m 时,方可计取脚手架费用。

一、脚手架工程量计算须知

(一)综合脚手架的适用范围

1. 适用范围

凡是按照建筑面积计算规则能够计算建筑面积的工业与民用建筑工程,均执行综合脚手架定额项目。

2. 综合脚手架内容

综合脚手架定额项目中,一般综合了建筑物的基础、内外墙砌筑、浇灌混凝土、构件吊装、层高在 3. 6m 以上的墙面粉饰等使用的脚手架和悬空脚手架,以及斜道、上料平台、卷扬机架、安全网等各种因素。

(二)单项脚手架的适用范围

1. 不能计算建筑面积的建筑物和构筑物。

2. 高级装饰装修工程中需要计算脚手架者。

3. 室内天棚高度超过 3. 6m,天棚装饰装修所搭设的满堂脚手架。

(三)明确建筑物的高度和层高

1. 建筑物的高度

(1)有的地区规定,建筑物的高度为室内设计地面至层面檐口顶标高,有女儿墙的,其高度也算至屋面檐口顶,如图 7-32 左侧尺寸所示。

(2)有的地区规定,建筑物的高度为室外设计地坪至屋面檐口顶或女儿墙顶高度,参见图 7-32 右侧尺寸。

2. 建筑物的层高

(1)底层或中间层的层高为本层设计室内地面至上层地面的标高。

(2)顶层层高为顶层室内地面至屋面板顶面的高度(参见图 7-32)。

3. 构筑物的高度

一般规定,构筑物的高度为设计室外地坪至顶面标高,如图 7-33 所示。

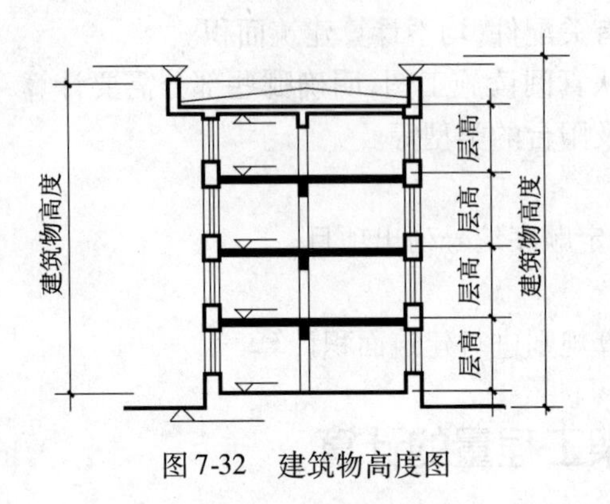

图 7-32　建筑物高度图

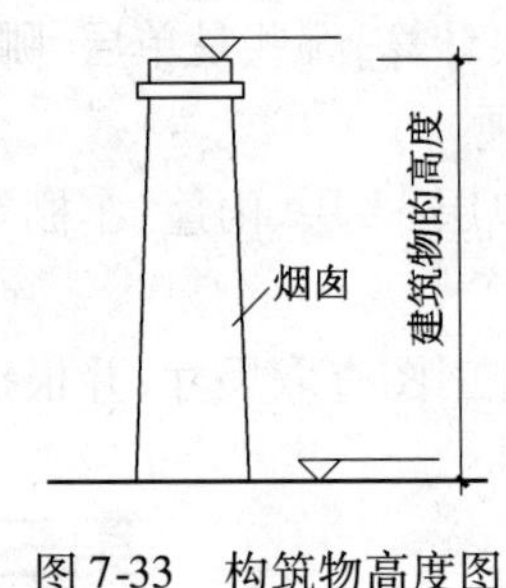

图 7-33　构筑物高度图

二、脚手架工程量的计算规则

（一）综合脚手架

1. 工程量

综合脚手架的工程量、按建筑面积计算。

2. 费用

（1）对于单层建筑物高度的 6m 以内和多层建筑物在 6m 以内的综合脚手架的费用计算，可以用下式表示：

$$P_{综} = P_6 \times S/100$$

式中　$P_{综}$——综合脚手架费用，元；

P_6——相应 6m 以内基价，元/100m² 建筑面积；

S——建筑面积，m²。

（2）对于多层建筑物层高超过 6m、单层建筑物高度 6m 以上，以及单层厂房的天窗高度超过 6m（其面积超过建筑物占地面积 10%）时，按每增高 1m 定额项目另计取脚手架增加费。此时，综合脚手架费用的计算，可用下式表示：

$$P_{综} = (P_6 + P_1 \times N) \times S/100$$

式中　P_1——相应每增高 1m 基价；

N——增加层数，且 N = 建筑物高度 - 6（N 取整数，当小数位大于或等于 6 时进 1，小于 6 时舍去）。

（3）高低联跨的单层建筑物应分别计算，单层与多层相连的建筑物，以相连的分界墙中心线为界分别计算，多层建筑物局部房间层高超过 6m 时，此局部房间的面积按分界墙的外边线分别计算。

【例】　某无天窗的高低双跨单层工业厂房如图 7-34 所示。垂直运输机采用塔吊，试计算综合脚手架费用（P_6 = 221.64 元/100m²，P_1 = 66.71 元/100m²）。

【解】

（1）确定厂房高度和建筑面积

厂房高度：高跨为 8.70m，低跨为 5.90m

建筑面积：$S_{高} = 48.74 \times 18.67 = 909.976$（m²）

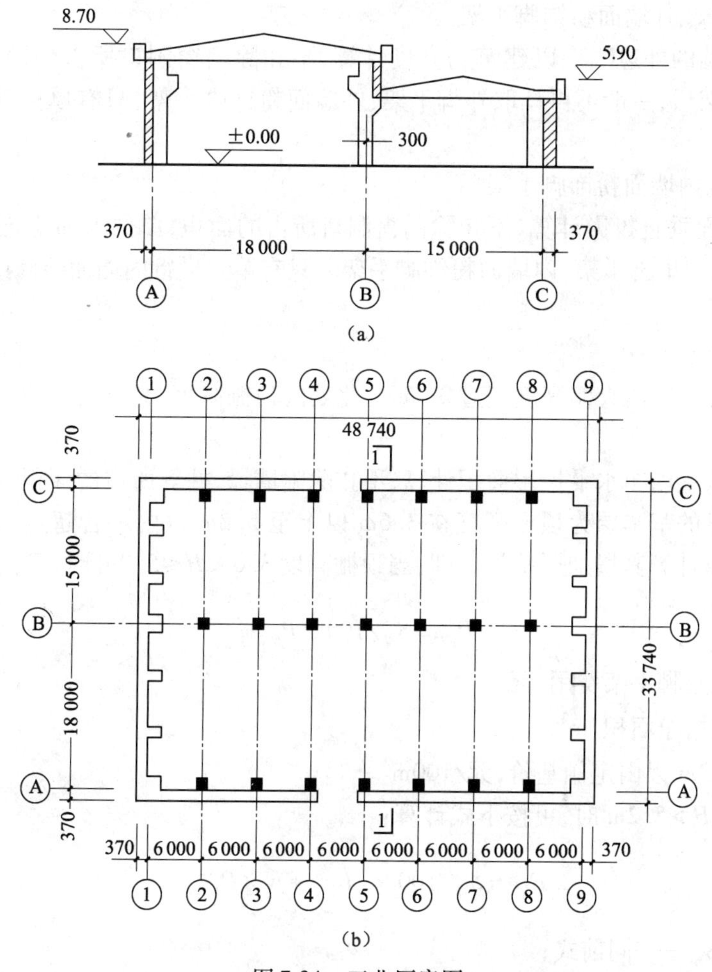

图7-34　工业厂房图

$$S_{低}=48.74\times15.07=734.512(m^2)$$

(2)确定是否有增加层

高跨:$8.7>6m,N_{高}=8.7-6=2.7\approx3(m)$

低跨:$5.9<6m$,无增加层

(3)脚手架费用

高跨:

$$P_{综高}=(P_6+P_1\times N_{高})S_{高}/100$$
$$=(221.64+66.71\times3)\times909.976/100$$
$$=3\ 838.01(元)$$

低跨:

$$P_{综低}=P_6\times S_{低}/100$$
$$=221.64\times734.512/100$$
$$=1\ 627.97(元)$$

整个厂房的综合脚手架费用为:

$$P_{综}=P_{综高}+P_{综低}=3\ 838.01+1\ 627.97=5\ 465.98(元)$$

(二)单项脚手架

1. 外墙脚手架、外墙面粉饰脚手架

工程量按外墙的外边线乘以建筑物高度计算，不扣除门窗洞口所占的面积，单位为 m^2。当计算综合脚手架后，一般不再计取外脚手架、外墙面粉饰脚手架，只有单独进行外墙面装修时才计取。

2. 里脚手架、内墙面粉饰脚手架

工程量按墙面垂直投影计算，不扣除门窗洞口所占的面积，单位为 m^2。当计算综合脚手架后，一般不再计取里脚手架、内墙面粉饰脚手架。只有单独进行内墙面装修或未计满堂脚手架时方可记取。

3. 满堂脚手架

(1)计算条件为室内天棚高度超过3.6m。此处的顶棚高度，是指设计室内地面至顶棚底面的垂直距离。

(2)工程量按室内净水平投影面积计算，不扣除附墙垛、柱等所占的面积。

(3)费用计算的基本层为顶棚高度在3.6m以上至5.2m以内。若超过5.2m时，按每增高1.2m定额项目计算其增加层费用。即：当顶棚高度 $3.6 < H \leqslant 5.2\text{m}$ 时，可按下式计算：

$$P_{满} = S_{净}/100 \times P_{5.2}$$

式中 $P_{满}$——满堂脚手架费用，元；

$S_{净}$——室内净面积，m^2；

$P_{5.2}$——5.2m以内定额基价，元/100m^2。

当顶棚高度 $H > 5.2\text{m}$ 时，可按下式计算：

$$P_{满} = S_{净}/100 \times (P_{5.2} + N \times P_{1.2})$$

式中 $P_{满}$、$P_{5.2}$、$S_{净}$——同前式；

N——增加层数，且 $N = (H - 5.2)/1.2$（有的地区规定计算结果凡小数位大于零则进一，有的地区规定四舍五入）。

【例】 某建筑物如图7-35所示，试计算顶层抹灰满堂脚手架费用（$P_{5.2} = 173.17$ 元/100m^2，$P_{1.2} = 40.27$ 元/100m^2）

【解】

房间Ⅰ顶棚高度 $H_{\text{I}} = 6.8\text{m} > 3.6\text{m}$，房间Ⅱ顶棚高度 $H_{\text{II}} = 3.2\text{m} < 3.6\text{m}$，故只有房间Ⅰ应按满堂脚手架另计算脚手架费用，且 $H_{\text{I}} > 5.2\text{m}$，应有增加层。

(1)确定增加层数

$$N = (H_{\text{I}} - 5.2)/1.2 = (6.8 - 5.2)/1.2 = 1.33 \approx 2(\text{层})$$

(2)室内净空面积

$$(6.4 - 0.12 \times 2)^2 - 3.2^2 = 27.706(\text{m}^2)$$

(3)满堂脚手架费用

$$P_{满} = 27.706 \times (173.17 + 40.27 \times 2) = 7\,029(\text{元})$$

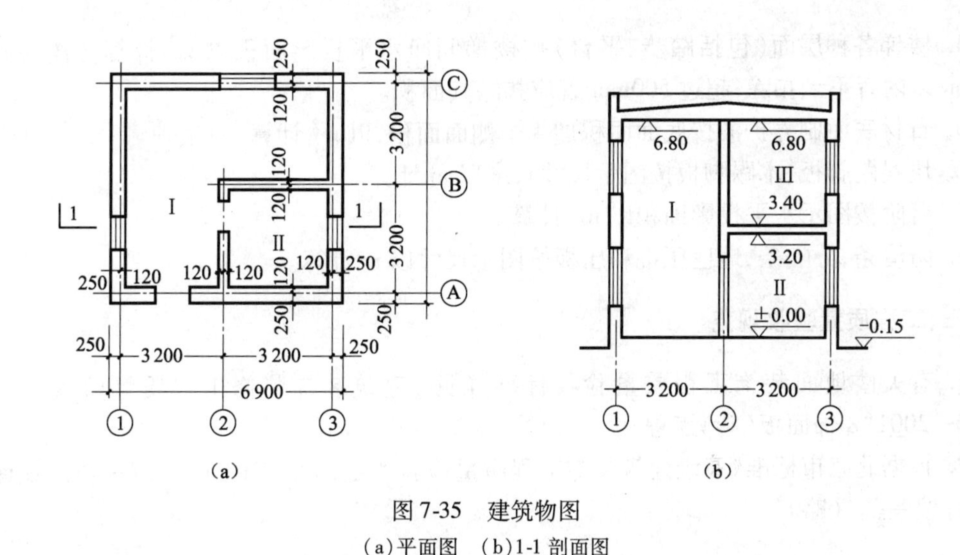

图 7-35　建筑物图

(a)平面图　(b)1-1 剖面图

第四节　楼地面工程量的计算

一、一般说明

1. 建筑装饰装修工程内容复杂,施工工艺多样,本章定额用工和材料消耗量综合取定,施工机具费综合考虑。定额中注明的规格、尺寸与实际施工设计图纸不同时,可以换算。

2. 本章定额单价材料价格为市场综合平均参考单价,与工程所在地区实际材料价格有差异时,可以换算。

3. 本章定额砂浆找平和抹面厚度,与施工设计图纸厚度有差异时,可以换算。

4. 本章定额采用块料楼地面装饰材料规格、尺寸、型号与施工设计图纸有差异时,可以换算。

5. 本章定额地面镶贴块料面层为二次装饰,其楼地面土建交工时以一次找平为准。

6. 本章定额楼地面镶贴施工工艺采用水泥砂浆粘贴工艺,如采用其他粘贴新工艺施工,另行补充报价单价。

7. 本章定额楼地面镶贴块料项目灰缝均为按密缝考虑,如灰缝采用宽缝(除定额注明者以外),其块料及灰缝材料用量作相应调整。

8. 本章定额项目包括酸洗打蜡内容,如实际施工中没有做,应扣除工料费用。

二、工程量计算规则

1. 找平层、整体面层按房间净面积以 m^2 计算,不扣除墙垛、柱、间壁墙及面积在 0.1m^2 以内孔洞所占面积,但门洞口、暖气槽的面积也不增加。

2. 块料面层、木地板、活动地板,按图示尺寸以 m^2 计算。扣除柱子所占的面积门洞口、暖气槽和壁龛的开口部分工程量并入相应面积内。

3. 塑胶地面按图示尺寸以 m^2 计算。

4. 楼梯各种层面(包括踏步、平台)按楼梯间净水平投影面积以 m^2 计算。楼梯井宽在500mm以内者不予扣除,超过500mm者应扣除其面积。

5. 石材底面刷养护液按底面面积加4个侧面面积,以 m^2 计算。

6. 块料踢脚板、木踢脚板按图示尺寸长度以m计算。

7. 台阶按图示水平投影面积以 m^2 计算。

8. 防滑条,分隔条,地毯压棍和压板按图示尺寸以m计算。

三、工程质量验收规范

1. 有关楼地面装饰工程质量验收标准详见《建筑装饰装修工程质量验收规范》GB 50210—2001"8 饰面板(砖)工程"。

2. 根据北京市标准《高级建筑装饰工程质量检验评定标准》DBJ 01—27—96,"地面工程的允许偏差"。(略)

四、楼地面工程定额单价(略)

【例】 某房间平面图如图7-36所示。试分别计算此房间铺贴大理石和做现浇水磨石整体面层时的工程量。

【解】

根据楼地面工程量计算规则,铺贴大理石地面面层的工程量为:

将①~③——长的净尺寸 $3.0+3.0-0.12\times2=5.76m^2$

Ⓐ~Ⓒ——宽的净尺寸 $2.0+2.0-0.12\times2=3.76m^2$

扣除烟道面积——$0.9\times0.5=0.45m^2$ 写 $-0.45m^2$

扣除柱面积——$0.4\times0.4=0.16m^2$ 写 $-0.16m^2$

填入工程量清单表A相关栏中。

【例】 某建筑物门前台阶如图7-37所示,试计算贴大理石台阶面层的工程量。

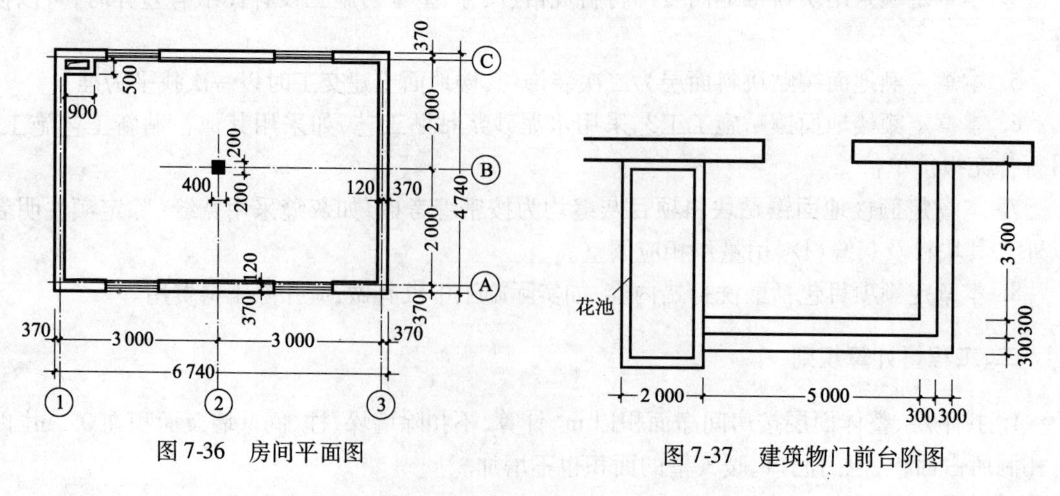

图7-36 房间平面图

图7-37 建筑物门前台阶图

【解】

(1)根据楼地面工程量计算规则,台阶贴大理石面层的工程量:

将台阶贴大理石的长、宽尺寸填入工程量清单相关栏内,得数量为 $9.50m^2$。

(2)平台贴大理石面层的工程量为：
将平台贴大理石面层板的长、宽尺寸填表得面积17.5m^2。
一页填满将同类汇总得出各单项工程量，最后得出分部工程量，填工程量汇总表。

五、附录：楼地面装饰装修工程工料消耗参考指标

表7-4 普通木地面(单位：100m^2)

内　容	单　位	方木地楞(m^3)		平口板铺在大木楞上	企口板铺在大木楞上	企口板铺在小木楞上
		带剪刀撑	不带剪刀撑			
综合工日	工日	3.47	2.97	36.34	36.49	42.52
装修材	m^3	1.273	1.111	—	—	0.789
装修钉	kg	1.84	0.82	12.61	12.61	14.79
防腐油	kg	2.05	2.05	—	—	12.46
平口地板	m^2	—	—	105.00	—	—
企口地板	m^2	—	—	—	105.00	105.00
12#镀锌铁丝	kg	—	—	—	—	3.82
炉　渣	m^3	—	—	—	—	4.43
地板漆	kg	—	—	14.59	14.59	14.59
硬白蜡	kg	—	—	9.74	9.74	9.74
熟桐油	kg	—	—	1.57	1.57	1.57
松香木	kg	—	—	0.73	0.73	0.73
石　膏	kg	—	—	2.55	2.55	2.55
色　粉	kg	—	—	0.87	0.87	0.87
骨　胶	kg	—	—	0.37	0.37	0.37
大白粉	kg	—	—	11.66	11.66	11.66

表7-5 带纹木地板(单位：100m^2)

内　容	单　位	铺在毛地板上	铺在混凝土板上马蹄脂胶合	铺在小木楞上的毛地板	上木踢脚板
综合工日	工日	120.38	104.02	126.21	32.52
装修材	m^3	—	—	0.789	0.880
装修钉	kg	57.7	—	59.68	4.85
防腐油	kg	—	—	12.46	35.18
席纹地板	m^2	103.00	103.00	103.00	—
毛地板	m^2	105.00	—	105.00	—
踢脚板	m^2	—	—	—	103.00
12#镀锌铁丝	kg	—	—	3.82	—
炉　渣	kg	—	—	4.43	—
100#石油沥青	kg	—	401.10	—	—
滑石粉	kg	—	163.22	—	—

续表

内　容	单　位	铺在毛地板上	铺在混凝土板上马蹄脂胶合	铺在小木楞上的毛地板	上木踢脚板
汽　油	kg	—	34.65	—	—
木　柴	kg	—	184.60	—	—
地板漆	kg	14.59	14.59	14.59	14.59
硬白蜡	kg	9.74	9.74	9.74	—
熟桐油	kg	1.57	1.57	1.57	1.57
松香木	kg	0.73	0.73	0.73	0.73
石　膏	kg	2.55	2.55	2.55	2.55
色　粉	kg	0.87	0.87	0.87	0.87
骨　胶	kg	0.37	0.37	0.37	—
大白粉	kg	11.66	11.66	11.66	—

表7-6　铺木楞、直铺席纹地板、镶踢脚

内　容	单　位	方木地楞铺在混凝土地面上	席纹地板铺在水泥地面上	柚木贴面踢脚板
		m^3	$100m^2$	
综合工日	工日	12.28	104.63	59.00
装修材	m^3	1.1	—	—
席纹地板	m^2	—	108.00	—
九夹板	m^2	—	—	120.00
柚木板	m^2	—	—	128.00
膨胀螺栓	个	472	—	—
防腐油	kg	16.32	—	35.18
装修钉	kg	6.00	—	3.00
水泥32.5级	t	—	0.85	—
108胶	kg	—	17.00	—
中　砂	m^3	—	2.42	—
地板胶(4116)	kg	—	33.33	—
水	m^3	—	3.9	—
钢　钉	kg	—	—	2 501.00
木压线	m	—	—	99.99
309胶	kg	—	—	30.00
石油沥青油毡	m^2	116.50	—	—
滑石粉	kg	147.86	—	—
10#石油沥青	kg	358.68	—	—
汽　油	kg	37.00	—	—

表 7-7　木质活动地板、柚木地板(单位:100m²)

内　容	单　位	铺木质活动地板	柚　木　地　板	
			架　铺	直　铺
综合工日	工日	80.08	107.59	82.25
木质地板(600×600)带支架	m²	121.32	—	—
橡皮条	m	368	—	—
柚木板(304.8×304.8)厚22	m²	—	105.00	105.00
装修材	m³	—	1.13	—
毛地板	m²	100.00	105.00	—
膨胀螺钉	个	—	—	—
角　钢	kg	322.00	150.00	—
防腐油	kg	—	13.71	—
装修钉	kg	—	59.68	—
108 胶	kg	—	—	17.00
309 胶	kg	—	27.50	—
地板胶(4116)	kg	—	—	27.50
1∶3 水泥浆找平	m³	—	—	(2.02)
水泥 32. 级	t	—	—	0.816
中　砂	m³	—	—	2.42
水	m³	—	—	1.21

表 7-8　大理石、花岗岩地面(单位:100m²)

内　容	单　位	贴天然大理石	贴人造大理石	贴光面花岗岩板	贴麻面花岗岩板
综合工日	工日	44.12	39.40	77.84	77.84
1∶3 水泥砂浆	m³	(2.02)	(2.02)	(2.02)	(2.02)
13 水泥砂浆	m³	(1.02)	(1.02)	(1.02)	(1.02)
素水泥浆	m³	(0.101)	(0.101)	(0.101)	(0.101)
白水泥浆	m³	(0.016)	(0.016)	(0.016)	(0.016)
天然大理石	m²	101.00	—	—	—
人造大理石	m²	—	101.00	—	—
光面花岗岩	m²	—	—	101.00	—
麻面花岗岩	m²	—	—	—	101.00
水泥 32.5 级	t	1.741	1.741	1.741	1.741
中　砂	m³	3.199	3.199	3.199	3.199
白水泥	t	0.024	0.024	0.024	0.024
水	m³	3.96	3.96	3.96	3.96
草　酸	kg	0.99	0.99	0.99	0.99
硬白蜡	kg	2.65	2.65	2.65	2.65
煤　油	kg	4.00	4.00	4.00	4.00
松香水	kg	0.53	0.53	0.53	0.53
清　油	kg	0.53	0.53	0.53	0.53

表 7-9　大理石、花岗岩台阶（单位：100m²）

内　容	单　位	贴天然大理石	贴人造大理石	贴光面花岗岩板	贴麻面花岗岩板
综合工日	工日	115.31	76.85	172.83	172.83
1∶2 水泥砂浆	m^3	(3.80)	(3.80)	(3.80)	(3.80)
素水泥浆	m^3	(0.10)	(0.10)	(0.10)	(0.10)
白水泥浆	m^3	(0.03)	(0.03)	(0.03)	(0.03)
天然大理石	m^2	170.00	—	—	—
人造大理石	m^2	—	170.00	—	—
光面花岗岩	m^2	—	—	170.00	—
麻面花岗岩	m^2	—	—	—	170.00
水泥 32.5 级	t	2.658	2.658	2.658	2.658
白水泥	t	0.045	0.045	0.045	0.045
中　砂	m^3	4.18	4.18	4.18	4.18
水	m^3	1.70	1.70	1.70	1.70
草　酸	kg	1.86	1.86	1.86	1.86
硬白蜡	kg	4.98	4.98	4.98	4.98

表 7-10　大理石、花岗岩踢脚线（单位：100m²）

内　容	单　位	贴天然大理石	贴人造大理石	贴光面花岗岩板	贴麻面花岗岩板
综合工日	工日	88.24	78.87	155.47	155.47
1∶2 水泥砂浆	m^3	(1.22)	(1.22)	(1.22)	(1.22)
素水泥浆	m^3	(1.02)	(1.02)	(1.02)	(1.02)
白水泥浆	m^3	(0.101)	(0.101)	(0.101)	(0.101)
天然大理石	m^2	101.00	—	—	—
人造大理石	m^2	—	101.00	—	—
光面花岗岩	m^2	—	—	101.00	—
麻面花岗岩	m^2	—	—	—	101.00
水泥 32.5 级	t	1.418	1.418	1.418	1.418
中　砂	m^3	2.239	2.239	2.239	2.239
水	m^3	2.20	2.20	2.20	2.20
草　酸	kg	0.99	0.99	0.99	0.99
硬白蜡	kg	2.65	2.65	2.65	2.65
煤　油	kg	4.00	4.00	4.00	4.00
松香水	kg	0.53	0.53	0.53	0.53
清　油	kg	0.53	0.53	0.53	0.53
8# 镀锌铁丝	kg	29.70	29.70	29.70	29.70

表 7-11　大理石、花岗岩楼梯面(单位:100m²)

内　容	单　位	贴天然大理石	贴人造大理石	贴光面花岗岩板	贴麻面花岗岩板
综合工日	工日	199.83	166.52	312.90	312.90
1:2 水泥砂浆	m^3	(3.02)	(3.02)	(3.02)	(3.02)
1:1 水泥砂浆	m^3	(0.48)	(0.48)	(0.48)	(0.48)
素水泥浆	m^3	(0.14)	(0.14)	(0.14)	(0.14)
1:3:9 水泥石灰砂浆	m^3	(1.40)	(1.40)	(1.40)	(1.40)
1:1:6 水泥石灰砂浆	m^3	(0.89)	(0.89)	(0.89)	(0.89)
麻刀灰浆	m^3	(0.26)	(0.26)	(0.26)	(0.26)
天然大理石	m^2	160.12	—	—	—
人造大理石	m^2	—	160.12	—	—
光面花岗岩	m^2	—	—	160.12	—
麻面花岗岩	m^2	—	—	—	160.12
水泥 32.5 级	t	2.696	2.696	2.696	2.696
白水泥	t	0.045	0.045	0.045	0.045
中　砂	m^3	6.577	6.577	6.577	6.577
生石灰	t	0.517	0.517	0.517	0.517
水	m^3	5.61	5.61	5.61	5.61
草　酸	kg	1.57	1.57	1.57	1.57
硬白蜡	kg	4.21	4.21	4.21	4.21
煤　油	kg	6.36	6.36	6.36	6.36
松香水	kg	0.84	0.84	0.84	0.84
清　油	kg	0.84	0.84	0.84	0.84
大白粉	kg	45.53	45.53	45.53	45.53
色　粉	kg	0.69	0.69	0.69	0.69
纤维素	kg	1.15	1.15	1.15	1.15
麻　刀	kg	3.15	3.15	3.15	3.15

表 7-12　碎拼块料地面(单位:100m²)

内　容	单　位	拼碎大理石	拼碎花岗岩	拼碎水磨石
综合工日	工日	48.53	84.46	35.46
1:3 水泥砂浆	m^3	(2.02)	(2.02)	(2.02)
1:1 水泥砂浆	m^3	(1.42)	(1.42)	(1.42)
1:1:5 白水泥石子浆	m^3	(0.51)	(0.51)	(0.51)
素水泥浆	m^3	(0.101)	(0.101)	(0.101)
碎大理石	m^2	94.00	—	—
碎花岗岩	m^2	—	94.00	—
碎水磨石	m^2	—	—	94.00

续表

内　容	单　位	拼碎大理石	拼碎花岗岩	拼碎水磨石
水泥32.5级	t	2.044	2.044	2.044
白水泥	t	0.499	0.499	0.499
中　砂	m^3	4.21	4.21	4.21
三角金刚石	块	20.00	20.00	20.00
草　酸	kg	3.00	3.00	3.00
硬白蜡	kg	4.00	4.00	4.00
松香水	kg	15.00	15.00	15.00
108胶	kg	2.20	2.20	2.20
白石子	t	0.649	0.649	0.649
水	m^3	4.21	4.21	4.21

表7-13　水磨石板地面(单位:$100m^2$)

内　　容	单　位	地　　面	踢　脚　线	楼　　梯
综合工日	工日	32.23	50.12	110.34
1:3水泥砂浆	m^3	(2.53)	—	—
1:2水泥砂浆	m^3	—	(1.22)	(3.20)
1:1水泥砂浆	m^3	(1.01)	(0.81)	(0.98)
素水泥浆	m^3	(0.13)	(0.101)	(0.14)
1:3:9混合砂浆	m^3	—	—	(1.40)
1:1:6混合砂浆	m^3	—	—	(0.89)
麻刀灰浆	m^3	—	—	(0.26)
水磨石板	m^2	101.00	—	—
水磨石踢脚板	m^2	—	101.00	17.00
水磨石踏步板	m^2	—	—	143.12
水泥32.5级	t	1.983	1.259	2.608
白水泥	t	—	—	0.003
中　砂	m^3	3.802	2.355	7.610
水	m^3	4.20	3.64	7.10
生石灰	t	—	—	0.517
草　酸	kg	0.99	0.99	1.57
硬白蜡	kg	2.65	2.65	4.21
煤　油	kg	4.00	4.00	6.36
松香水	kg	0.53	0.53	0.84
清　油	kg	0.53	0.53	0.84
色　粉	kg	—	—	0.69
纤维素	kg	—	—	1.15
大白粉	kg	—	—	45.53
麻　刀	kg	—	—	3.15

表 7-14　缸砖地面(单位:100m²)

内　容	单位	踢脚线	台阶	楼梯	地　面
综合工日	工日	74.83	80.22	164.78	38.56
1:3 水泥砂浆	m^3	(1.52)	—	(3.20)	(2.02)
1:2 水泥砂浆	m^3	—	(3.60)	—	—
1:1 水泥砂浆	m^3	(0.81)	—	(0.98)	(0.81)
素水泥浆	m^3	(0.14)	(0.442)	(0.14)	(0.14)
1:3:9 混合砂浆	m^3	—	—	(1.40)	—
1:1:6 混合砂浆	m^3	—	—	(0.89)	—
麻刀石灰浆	m^3	—	—	(0.26)	—
刷大白两遍	m^2	—	—	(131.00)	—
缸砖 150×150×15	千块	4.364	7.345	6.918	4.364
水泥 32.5 级	t	1.438	2.644	2.608	1.64
中　砂	m^3	2.44	3.96	7.61	3.038
生石灰	t	—	—	0.517	—
麻　刀	kg	—	—	3.15	—
大白粉	kg	—	—	45.53	—
纤维素	kg	—	—	1.15	—
水	m^3	3.30	4.67	7.100	3.89

表 7-15　锦砖地面(单位:100m²)

内　容	单位	镶贴拼锦砖			锦　砖
		地　面	踢脚线	台　阶	地　面
综合工日	工日	59.33	103.50	110.96	53.32
1:3 水泥砂浆	m^3	(2.02)	(1.52)	—	(2.02)
1:1 水泥砂浆	m^3	(0.81)	(0.81)	—	(0.81)
素水泥浆	m^3	(0.101)	(0.14)	(0.442)	(0.100)
白水泥浆	m^3	(0.056)	(0.092)	(0.090)	—
1:2 水泥砂浆	m^3	—	—	(3.60)	—
马赛克	m^2	106.00	106.00	180.00	101.00
水泥 32.5 级	t	1.582	1.438	2.644	1.58
白水泥	t	0.084	0.138	0.135	0.01
中　砂	m^3	3.04	2.44	3.91	3.038
水	m^3	3.90	3.30	4.24	3.49
聚醋酸乙烯乳液	kg	—	11.60	—	—
瓷防滑条 100×100×15	千块	—	—	3.29	—

表 7-16　塑料、橡胶地面(单位:100m^2)

内　容	单 位	贴塑料板		贴橡胶板	
		地　面	踢脚线	地　面	踢脚线
综合工日	工日	38.37	96.76	28.88	72.95
1:3 水泥砂浆	m^3	—	(1.60)	—	—
1:2.5 水泥砂浆	m^3	—	—	(2.02)	(2.62)
1:2 水泥砂浆	m^3	(2.02)	(1.00)	—	—
素水泥浆	m^3	(0.101)	(0.101)	(0.101)	(0.101)
塑料板 304.80×304.80×15	m^2	102	102	—	—
橡胶板 3 毫米	块	—	—	474.30	474.30
401 胶	kg	30.00	30.00	54.60	54.60
聚醋酸乙烯乳液	kg	18.00	18.00	—	—
二甲苯	kg	19.00	19.00	—	—
地板蜡	kg	2.30	2.30	—	—
水泥 32.5 级	t	1.263	1.348	1.132	1.423
中　砂	m^3	2.222	3.02	2.424	3.144
水	m^3	1.24	3.05	1.24	3.05

表 7-17　地毯、铝质活动地板(单位:100m^2)

内　容	单 位	地　面	楼　梯	楼梯钉不锈钢地毯压条 10 延长米	铺铝质活动地板
综合工日	工日	30.49	38.12	0.88	77.20
地　毯	m^2	115.00	152.00	—	—
地胶垫(泡沫海面垫)	块	115.00	152.00	—	—
铝压条	m	8.00	220.00	—	—
地毯胶带(烫带)	m	75.00	20.00	—	—
钢　钉	百个	1.30	3.89	—	—
固定地毯条	m	122.00	352.00	—	—
木螺丝	个	—	7.78	—	—
圆帽钉(15mm)	百个	0.67	1.94	—	—
不锈钢管压条	m	—	—	10.10	—
不锈钢锚固件	个	—	13.00	—	—
自攻螺丝	百个	—	—	60.00	—
防腐油	kg	—	—	—	101.00
铝质地板(带支架)	m^2	—	—	—	129.96
橡皮压条	m	—	—	—	367.80
角　钢	kg	—	—	—	322.00

注:地面、楼梯不铺地毯胶垫时,应在材料中扣除地毯胶垫。

第五节　扶手、扶栏工程量的计算

一、一般说明

1. 建筑装饰装修工程内容复杂，施工工艺多样，本章定额用工和材料消耗量综合取定，施工机具费综合考虑。定额中注明规格、尺寸与实际施工设计图纸采用不同时，可以换算。

2. 本章定额单价材料价格为市场综合平均参考单价，与工程所在地区实际材料价格有差异时，可以换算。

3. 不锈钢、铝、铜管材采用国产材料，如施工设计图纸采用不同时，可以换算。

4. 本章定额不锈钢扶手、护栏成型加工和运输费综合考虑。

5. 本章定额扶手、护栏施工未包括基脚处理装饰，另行补充报价单价。

6. 本章定额不锈钢、铜、铝扶手包括弯头，木扶手不包括弯头制作和安装，另按弯头子目定额计算。

7. 本章定额木材板材按毛料厚度25mm考虑编制。

8. 本章定额扶手、护栏玻璃、半玻项目定额玻璃面积按总面积的55%考虑。

9. 本章定额扶手包括栏板，单独木扶手、大理石扶手不包括栏板。

二、工程量计算规则

1. 楼梯扶手(包括栏板、栏杆)按扶手长度以延长米计算，计算扶手长度时不扣除弯头所占长度。

2. 护栏(包括扶手和栏板、栏杆)按扶手长度以m计算(嵌入墙内扶手长度不计算)。

3. 弯头按个计算，定额单价中已包括弯头不得重复计算。

4. 楼梯踏步包木板按水平投影面积以m^2计算。

三、工程质量验收规范

1. 根据国家标准GB 50210—2001《建筑装饰装修工程质量验收规范》的有关扶手、扶栏工程质量验收规范的内容摘录如下：(略)。

2. 根据北京市标准DBJ 01—27—96《高级建筑装饰工程质量检验评定标准》的有关扶手、护栏工程质量验收规范的内容摘录如下：(略)。

四、扶手、扶栏工程定额单价(略)

五、附录：扶手等工程工料消耗参数指标

这里仅选取几种工程工料消耗参数指标，实际工程中可查阅有关工料消耗定额。

表 7-18　送、回风口(单位:10 个)

内　　容	单 位	柚　木		铝 合 金	
		送风口安装(成品)	回风口安装(成品)	送风口安装(成品)	回风口安装(成品)
综合工日	工日	1.95	2.21	1.95	2.21
铝合金风口 300×300	个	—	—	10.1	10.1
柚木送风口 380×380	个	10.1	—	—	—
尼龙过滤网	m^2	—	1.44	—	0.9
木条 25×25	m^2	—	16	—	—
自攻螺钉	百个	0.44	0.44	0.44	0.44
装修钉	kg	—	1	—	—
柚木回风口 380×380	个	—	10.1	—	—

表 7-19　塑料扶手、防火橡胶塑料扶手(单位:10m)

内　　容	单 位	防火橡胶塑料扶手		塑 料 扶 手	
		方钢为主栏杆	扁钢为主栏杆	铁 栏 杆	靠墙
综合工日	工日	13.01	13.01	3.30	3.45
防火橡胶、塑料扶手 50.8	m	10.50	—	—	—
防火橡胶、塑料扶手 38.1	m	—	10.50	—	—
塑料扶手	m	—	—	11.00	11.00
塑料堵头	个	—	—	6.00	6.00
扁钢 50×3	kg	16	44.90	26.00	16.00
方钢 20×20	kg	166.47	32.50	—	—
圆　钢	kg	118.60	—	—	—
钢管 φ20	kg	—	—	1.6	—
铁　件	kg	—	—	5.94	10.98
木螺丝	百个	—	—	0.51	0.51
水泥 42.5 级	t	—	—	—	0.009
中　砂	m^3	—	—	—	0.017
石　子	m^3	—	—	—	0.26
电焊条	kg	1.8	2.50	2.82	0.21
防锈漆	kg	1.41	0.61	1.20	0.22
调和漆	kg	1.96	0.83	1.62	0.30
松节水	kg	0.18	0.06	0.15	0.03
309 胶	kg	—	—	0.12	0.12

表 7-20　铝合金半玻扶手、木扶手(单位:10m)

内　　容	单　　位	半　玻　扶　手	木　扶　手
		铝合金扁管	不锈钢管栏杆
综合工日	工日	13. 20	13. 2
铝合金扁管 100 × 44 × 1. 8	m	10. 6	—
铝合金方管 25 × 25 × 1. 2	m	8. 17	—
铝合金不等槽 80 × 13 × 1. 2	m	1. 17	—
铝合金不等角 30 × 12 × 1. 0	m	0. 5	—
方　钢	kg	16	—
茶色有机玻璃 6mm	m^2	6. 37	—
不锈钢管 ϕ35	m	—	1. 41
不锈钢管 ϕ20	m	—	70. 69
塑料管 ϕ32	m	—	17. 50
扁钢 - 40 × 4	kg	—	13. 36
不锈钢焊条 ϕ2. 5	kg	—	0. 5
电焊条 ϕ3. 2	kg	—	0. 5
铝拉铆钉	百个	0. 9	—
木螺丝	百个	—	0. 5
装修材	m^3	—	0. 104
硝基清漆	kg	—	0. 8
砂　布	张	—	3

表 7-21　靠墙扶手、全玻扶手(单位:10m)

内　　容	单　位	靠　墙　扶　手		全玻扶手
		不锈钢扁管	不锈钢圆管	不锈钢管
综合工日	工日	6. 45	6. 65	16. 50
不锈钢扁管 44. 45 × 76. 20	m	10. 60	—	—
不锈钢方管 25. 4 × 25. 4	m	2. 20	—	—
不锈钢管 ϕ80	m	—	10. 60	48. 80
不锈钢管 ϕ2. 5	m	—	2. 20	—
不锈钢焊条 ϕ2. 5	kg	0. 8	0. 8	0. 8
不锈钢圆盘 ϕ2. 5	kg	0. 3	0. 3	—
角　钢	kg	—	—	48. 80
钢板 2 厚	kg	—	—	21. 35
茶色有机玻璃 11. 5mm	m^2	—	—	11. 00
电焊条 ϕ3. 2	kg	—	—	1. 00
玻璃胶	支	—	—	23. 00
砂　布	张	5	5	—
膨胀螺栓 ϕ8	个	20	20	—

表 7-22　靠墙扶手、全玻扶手(单位:10m)

内　容	单　位	半玻拦板	全玻拦板	半玻扶手
		不锈钢扁管	黄钢管	不锈钢扁管
综合工日	工日	10.73	11.72	15.61
不锈钢扁管 25.4×38.1	m	—	—	30.53
不锈钢扁管 44.45×101.6	m	10.60	—	10.60
不锈钢方管 25.4×25.4	m	—	—	—
不锈钢方管 38.1×38.1	m	13.50	—	7.92
不锈钢方管 19.05×19.05	m	3.33	—	—
不锈钢槽 25.4×12.7	m	13.50	—	—
不锈钢槽 9.52×9.52	m	—	—	61.07
黄铜管 ϕ100	m	—	10.60	—
角　钢	kg	—	178.42	—
钢板厚 2	kg	—	38.28	—
钢板厚 4	kg	—	0.52	—
方钢 20×20	kg	11.10	—	—
茶色有机玻璃 11.5mm	m^2	5.96	—	—
平板玻璃 12mm	m^2	—	9.50	—
不锈钢电焊条 ϕ2.5	kg	1	—	1
铜焊条 ϕ2－4	kg	—	0.5	—
电焊条	kg	—	1	—
膨胀螺栓 ϕ8	个	10	—	—
钢　钉	百个	—	0.20	—
茶色有机玻璃 6mm	m^2	—	—	5.40
镀锌螺栓	百个	—	—	2
玻璃胶	支	—	23	3
砂　布	张	5	5	—

第六节　墙柱面装饰装修工程量的计算

一、一般说明

1. 建筑装饰装修工程内容复杂,施工工艺多样,本定额用工和材料消耗量综合取定,施工机具费综合考虑。定额中注明的规格、尺寸与实际施工设计图纸采用不同时,可以换算。

2. 本章定额单价材料价格为市场综合平均参考单价,与工程所在地区实际材料价格有差异时,可以换算。

3. 本定额隔断木龙骨断面规格与施工设计图纸断面规格有差异时可以换算。

4. 本定额隔墙轻钢龙骨列有:

墙天、地龙骨:100mm×40mm×0.63mm 和 75mm×40mm×0.63mm;

墙竖龙骨:100mm×50mm×0.63mm 和 75mm×50mm×0.63mm;

与施工设计图纸断面规格不同时,可以换算。

5. 隔墙木龙骨架、轻钢龙骨架与面层装饰分别列项,也有骨架和面层装饰合并列项两种,根据工程实际情况采用。木龙骨及基、面层均未包括刷防火涂料,如设计要求时,套用相应定额单价。幕墙玻璃定额单价按成品玻璃考虑,幕墙的封边、封顶及建筑物连接另行计算。

6. 玻璃幕墙设计图纸采用特殊规格和不同玻璃时,可以换算。

7. 本章定额墙面为镶贴块料面层,内墙饰面为二次装饰,其砖墙面、混凝土面以土建抹灰交工时一次找平为准。

8. 本章定额墙面镶贴工艺分四种做法:①水泥砂浆粘贴工艺;②粘结剂粘贴工艺;③水泥砂浆挂贴灌浆工艺;④干挂工艺,根据设计施工图纸说明选用。如采用其他镶贴新工艺施工,另行补充报价单价。

9. 本章定额外墙贴块料面砖项目灰缝分密缝、宽缝两种。宽缝缝宽为10mm,如灰缝宽超过10mm或少于10mm者,其块料及灰缝材料用量作相应调整。

10. 不锈钢镜面钢板包柱采用国产板厚度1mm,如与施工设计图纸不同时,可以换算。

11. 不锈钢镜面钢板包柱,本定额综合考虑机械加工成型和运输费。

12. 本定额柱面镶贴块料面层为二次装饰,土建交工按施工规范验收标准验收。

13. 本定额柱面镶贴工艺分两种做法:①为水泥砂浆粘贴工艺;②为粘结剂粘贴工艺。如采用其他粘贴新工艺施工另行补充报价单价。

14. 本定额柱面镶贴面砖项目灰缝均按密缝考虑。如灰缝采用宽缝(除定额注明者以外),其块料及灰缝材料用量作相应调整。

15. 定额木骨架未包括防火涂料。如图纸或规范要求涂防火涂料,另套子目。

16. 柱面装饰定额未包括柱顶部和柱脚部装饰及处理工程,如发生,另行补充。

17. 墙面基层木龙骨架各种规格木材含量见表7-23。

表7-23 墙面基层木龙骨架各种规格木材含量表

序号	材料名称	规格(mm)	中距(mm)	每10m² 面积含量(m³)
一	双向木龙骨	24×30	450×450	0.038 7
	双向木龙骨	25×40	450×450	0.053 7
	双向木龙骨	30×40	450×450	0.064 5
	双向木龙骨	40×40	450×450	0.086 0
	双向木龙骨	40×50	450×450	0.107 5
二	单向木龙骨	24×30	450×450	0.020 0
	单向木龙骨	25×40	450×450	0.027 7
	单向木龙骨	30×40	450×450	0.033 3
	单向木龙骨	25×50	450×450	0.034 7
	单向木龙骨	40×40	450×450	0.044 4
	单向木龙骨	40×50	450×450	0.055 5
三	双向木龙骨	24×30	500×500	0.034 3
	双向木龙骨	25×30	500×500	0.047 7
	双向木龙骨	30×40	500×500	0.057 2
	双向木龙骨	25×50	500×500	0.059 6
	双向木龙骨	40×40	500×500	0.076 3
	双向木龙骨	40×50	500×500	0.095 3

续表

序号	材料名称	规格（mm）	中距（mm）	每10m^2面积含量(m^3)
四	单向木龙骨	24×30	500×500	0.0175
	单向木龙骨	25×40	500×500	0.0243
	单向木龙骨	30×40	500×500	0.0291
	单向木龙骨	25×50	500×500	0.0303
	单向木龙骨	40×40	500×500	0.0388
	单向木龙骨	40×50	500×500	0.0485

注：设计图纸的木龙骨规格中距不同时，可按本表相应的规格换算。

二、工程量计算规则

1. 隔墙的龙骨、隔墙板、衬板、板式隔墙、幕墙均按墙体图示的净长乘以净高以m^2计算，扣除门窗框外围面积及0.3m^2以上的孔洞面积。

2. 隔断按图示框外围尺寸以m^2计算。

3. 玻璃隔断的工程量按四周边框的外边线图示尺寸以m^2计算。

4. 木质花式隔断、博古架墙按实做外围尺寸垂直投影面积以m^2计算。

5. 块料贴面按实贴面积以m^2计算。

6. 墙面水刷石、斩假石、拉毛及勾缝按实做面积以m^2计算。

7. 独立柱或饰贴半边柱均按实量面积以m^2计算。

8. 独立柱或饰贴半边柱采用两种饰面材料施工，可分别计算工程量套相应子目定额单价。

9. 柱基座和柱帽按个计算，按实际施工或按设计图纸编制补充定额单价。

10. 成品装饰柱按根计算（包括柱基座和柱帽）。

三、工程质量验收规范（GB 50210—2001）（略）

四、墙柱面装饰工程定额单价（略）

五、附录：墙、柱面装饰装修工程工料消耗参考指标

表7-24　石膏板墙（单位：100m^2）

内容	单位	木龙骨石膏板墙（外挑）	轻钢龙骨石膏板墙（带棉毡）		双层双面轻钢龙骨石膏板墙	双面轻钢龙骨防火石膏板墙
综合工日	工日	59.18	44	63.36	70.40	35.20
装修材	m^3	2.25	—	—	—	—
角钢L50×50×3	kg	258.91	—	—	—	—
纸面石膏板(12厚)	m^2	110	110	220	420	210
膨胀螺栓	个	222	—	—	—	—
墙体轻钢龙骨	kg	—	630	524.54	642.99	642.99
装修钉	kg	5	—	—	—	—
嵌缝石膏	kg	88	88	132	132	132

续表

内　容	单　位	木龙骨石膏板墙(外挑)	轻钢龙骨石膏板墙(带棉毡)		双层双面轻钢龙骨石膏板墙	双面轻钢龙骨防火石膏板墙
布　条	m	315	315	572	572	572
防锈漆	kg	5	—	—	—	—
自攻螺丝	百个	37.80	37.80	75.60	112.00	132
玻璃棉毡	m^2	—	105	105	—	—
防腐油	kg	12.79	—	—	—	—
射钉(带弹)	套	—	113	113	210	210
抽芯铆钉	百个	—	6.00	6.00	6.20	6.20
密封胶条	m	105	105	210	210	210

表 7-25　胶合板墙(1)(单位:$100m^2$)

内　容	单　位	胶合板墙(外挑)		胶合板弧形墙(附墙)	
		水曲板贴面	柚木板贴面	水曲板贴面(拼花)	柚木板贴面
综合工日	工日	102.70	92.65	88.10	73.02
装修材	m^3	2.25	2.25	1.879	1.879
三夹板	m^2	—	—	110	110
九夹板	m^2	110	110	—	—
水曲贴面板(拼花)	m^2	128	—	128	—
柚木贴面板	m^2	—	120	—	120
角钢 L50×50×3	kg	258.91	258.91	—	—
防锈漆	kg	5	5	—	—
309 胶	kg	25	25	25	25
装修钉	kg	10.99	10.99	5	5
防腐油	kg	2.73	2.73	4.5	4.5
乳　胶	kg	5	5	10	10
膨胀螺栓	个	222	222	—	—
油　毡	m^2	—	—	180	180

注:胶合板弧形墙为展开面积。

表 7-26　胶合板墙(2)(单位:$100m^2$)

内　容	单　位	胶合板墙(外挑)		双面胶合板墙	
		水曲板贴面(拼花)	柚木板贴面	水曲板贴面(拼花)	柚木板贴面
综合工日	工日	83.07	68.00	140.07	110.74
装修材	m^3	1.62	1.62	2.20	2.20
九夹板	m^2	110	110	220	220
水曲贴面板	m^2	128	—	256	—

续表

内　容	单　位	胶合板墙(外挑)		双面胶合板墙	
		水曲板贴面(拼花)	柚木板贴面	水曲板贴面(拼花)	柚木板贴面
柚木贴面板	m^2	—	120	—	240
309 胶	kg	25	25	50	50
装修钉	kg	15	15	30	30
防腐油	kg	3.31	3.31	4.97	4.97
油　毡	m^2	180	180	—	—
乳　胶	kg	5	5	10	10

表 7-27　防火板、柚木板包柱(墙)(单位:100m^2)

内　容	单　位	防　火　板			柚　木　板	
		圆　柱	方　柱	墙面、墙裙	圆　柱	方　柱
综合工日	工日	113.32	90.66	80.94	113.32	90.66
装修材	m^3	0.45	1.510	1.62	0.45	1.510
木夹板(18 厚)	m^2	26.88	—	—	26.88	—
三合板	m^2	120	—	—	120	—
射钉(带弹)	套	930	437	—	930	437
装修钉	kg	10	10	8	10	10
防火板	m^2	110	123	110	—	—
柚木板	m^2	—	—	—	110	123
309 胶	kg	25	25	25	25	25
九合板	m^2	—	124	110	—	124
防腐油	kg	—	—	2.73	—	—

表 7-28　胶合板墙裙(单位:100m^2)

内　容	单　位	胶合板墙裙(有造型)		胶合板墙裙(无造型)	
		水曲板贴面	柚木板贴面	水曲板贴面	柚木板贴面
综合工日	工日	117.78	103.64	89.80	75.67
装修材	m^3	1.62	1.62	1.409	1.409
九夹板	m^2	145	145	110	110
水曲板(拼花)	m^2	130	—	128	—
柚木板	m^2	—	122	—	120
钢　钉	个	130	130	130	130
装修钉	kg	19.50	19.50	19.50	19.50
防腐油	kg	11	11	11	11
油　毡	m^2	180	180	180	180
309 胶	kg	30	30	25	25
乳　胶	kg	8	8	8	8
封口木条	m	110	110	110	110

注:设计无油毡防潮层时,扣除油毡数量,其他不变。

表 7-29　铝合金、镁铝曲板墙面

内　　容	单　位	铝合金装饰板墙面		镁铝曲板柱面	镁铝曲板压条
		钢龙骨	木龙骨		
		100m²			100 延长米
综合工日	工日	34.44	38.50	23.78	3.61
铝合金装饰板	m²	106.00	106.00	—	—
镁铝曲板	m²	—	—	106.00	—
角　钢	kg	750.15	—	—	—
角铝 L25.4×25.4	m	210.00	210.00	—	—
装修材	m³	—	0.323	1.30	—
三合板	m²	—	—	110.00	—
镁铝压条	m	—	—	—	102
膨胀螺栓 φ8	个	130.00	160	—	—
铝拉铆钉	百个	21.00	—	—	—
电焊条	kg	4.00	—	—	—
木螺丝	百个	—	1.30	—	—
射　钉	个	—	—	420.00	—
309 胶	kg	—	—	20.00	0.8
装修钉	kg	—	—	0.14	—
乳　胶	kg	—	—	10.00	—

表 7-30　护壁板(单位:100m²)

内　　容	单　位	纤　维　板	胶　合　板	塑　料　板
制　作　安　装				
综合工日	工日	16.70	16.70	16.70
装修材	m³	1.129	1.129	1.129
五合板	m²	—	105.00	—
装修钉	kg	7.76	7.76	7.76
石油沥青油毡	m²	108.00	108.00	108.00
防腐油	kg	9.90	9.90	9.90
纤维板	m²	105.00	—	—
塑料板	m²	—	—	105.00
油　　漆				
综合工日	工日	12.19	58.64	—
石　膏	kg	2.29	2.40	—
调和漆	kg	9.99	0.45	—
无光调和漆	kg	11.32	—	—
清　油	kg	0.79	1.95	—
松香水	kg	3.73	5.09	—

续表

内容	单位	纤维板	胶合板	塑料板
制作安装				
熟桐油	kg	1.93	3.11	—
酚醛清漆	kg	—	0.34	—
醇酸清漆	kg	—	28.97	—
醇酸稀料	kg	—	4.86	—
大白粉	kg	—	8.47	—
砂蜡	kg	—	1.67	—
上光蜡	kg	—	0.56	—

表 7-31 木墙裙、吸音板护壁(单位:$100m^2$)

内容	单位	木墙裙		吸音板护壁
		木板	胶合板	
制作安装				
综合工日	工日	68.01	47.11	21.90
装修材	m^3	2.790	1.409	1.399
五合板	m^2	—	105.00	—
装修钉	kg	7.22	9.51	11.80
石油沥青油毡	m^2	108.00	108.00	108.00
防腐油	kg	8.47	9.81	31.46
矿棉吸音板	m^2	—	—	104.00
油漆				
综合工日	工日	58.64	58.64	—
石膏	kg	2.403	2.403	—
调和漆	kg	0.45	0.45	—
酚醛清漆	kg	0.342	0.342	—
醇酸清漆	kg	28.971	28.971	—
清油	kg	1.953	1.953	—
醇酸稀料	kg	4.86	4.86	—
松香水	kg	5.094	5.094	—
大白粉	kg	8.469	8.469	—
熟桐油	kg	3.114	3.114	—
砂蜡	kg	1.665	1.665	—
上光蜡	kg	0.558	0.558	—

表7-32 镶吸音板墙面、水泥纤维板墙面(单位:100m²)

内　容	单　位	胶合板吸音墙（外挑）	吸音纸板墙（木龙骨）	岩棉板隔音墙（轻钢龙骨）	水泥纤维板墙	
					木龙骨	轻钢龙骨
综合工日	工日	79.30	30.63	32.99	47.61	39.5
装修材	m^3	2.25	1.57	—	1.568	—
吸音板	m^2	105	—	—	—	—
钢板网	m^2	105	—	—	—	—
五夹板	m^2	125	—	—	—	—
吸音纸板	m^2	—	105	—	—	—
岩棉板	m^2	—	—	110	—	—
水泥纤维板	m^2	—	—	—	120	120
角钢L50×50×3	kg	258.91	—	—	—	—
装修钉	kg	10	—	—	—	—
木螺钉	百个	—	71.6	—	—	—
膨胀螺栓	个	222	—	—	—	—
自攻螺丝	个	—	—	3 780	3 780	3 780
抽芯铆钉	百个	—	—	6.00	—	6.00
射钉(带弹)	套	—	—	315	—	315
钢　钉	个	—	7.68	—	—	—
防腐油	kg	4.5	4.5	—	3.10	—
乳　胶	kg	10.0	—	—	—	—
防锈漆	kg	5	—	—	—	—
油　毡	m^2	—	180	—	—	—
布　条	m	—	—	260	260	260
铜皮条(2厚)	m	—	—	170	—	—
嵌缝石膏粉	kg	—	—	80	80	80
墙体轻钢龙骨	kg	—	—	172.74	—	572.74

表7-33 镶软包墙面、丝绒吸音墙面(单位:100m²)

内　容	单　位	镶软包墙面	木龙骨五合板		
			泡沫贴锦缎	丝绒吸音墙	丝绒墙面
综合工日	工日	110.8	891.27	71.36	34.42
装修材	m^3	1.06	1.06	1.06	1.129
三合板	m^2	105	—	—	—
五合板	m^2	110	110	115	110
泡沫海绵	m^2	115	110	—	—
软包面料	m^2	125	—	(丝绒)110	(丝绒)105
锦　缎	m^2	—	115	—	—

续表

内　　容	单　位	镶软包墙面	木龙骨五合板		
			泡沫贴锦缎	丝绒吸音墙	丝绒墙面
装修钉	kg	5	5	5	5
木螺丝	百个	4	—	—	—
钢　钉	百个	—	24	24	—
汽　钉	盒	1	1	—	—
立时得(胶)	kg	15	23.5	—	—
防火漆	kg	—	14.70	—	—
防腐油	kg	3.50	2.73	2.73	—
乳　胶	kg	10	—	22	—
醇酸清漆	kg	—	—	7	—
醇酸稀料	kg	—	—	3	—
纤维素	kg	—	—	0.72	—
滑石粉	kg	—	—	13.86	—
布　条	m	—	232	232	(纸带)50
108 胶	kg	—	—	21.3	20
油　毡	m^2	180	—	—	—
石　膏	kg	—	—	2.99	—

表 7-34　活动隔断、不锈钢包柱

内　　容	单　位	吊式活动木隔断		不锈钢板包圆柱
		吊　轨	柚木板隔断	
		10m	$100m^2$	$100m^2$
综合工日	工日	31.00	110.35	332.20
装修材	m^3	0.14	2.022	0.500
三合板	m^2	11.68	224	120.00
柚木板	m^2	11.68	224	—
12#工字钢	kg	122.00	—	—
ϕ6 吊杆(带丝带帽)	百个	0.4	—	—
扁钢—40×3	kg	26.00	—	—
角　钢	kg	12.00	—	105
钢　板	kg	11.00	—	—
螺栓(带丝带帽)	百个	1.17	—	—
膨胀螺栓	个	36	—	—
轴　承	个	70	—	—
木线条	m	—	1 001	—

续表

内　　容	单　位	吊式活动木隔断		不锈钢板包圆柱
		吊　　轨	柚木板隔断	
		10m	100m²	100m²
钢合叶	个	—	165	—
不锈钢螺丝	百个	—	10.95	—
装修钉	kg	—	9.02	10
白乳胶	kg	—	24.68	—
309 胶	kg	—	70	—
木夹板(18 厚)	m²	—	26.94	—
射钉(带弹)	套	—	—	930
进口 8k 镜面不锈钢板(1 厚)	m²	—	—	110
不锈钢焊条	kg	—	—	5

注:不锈钢包柱,柱为方柱时,人工费、装修费、三合板、木夹板(18 厚)乘系数 1.6,其他不变。

表 7-35　镶贴大理石(花岗岩)板(1)(单位:100m²)

内　　容	单　位	墙面、墙裙	梁 柱 面	其 他 面
综合工日	工日	61.68	68.50	85.47
素水泥浆	m³	(0.101)	(0.101)	(0.101)
1:2.5 水泥砂浆	m³	(2.578)	(2.707)	(2.707)
水泥 32.5 级	t	1.402	1.465	1.465
白水泥	t	0.025	0.025	0.025
钢筋 ϕ10 以内	t	0.079	0.079	—
焊接铁件	kg	34.00	34.00	—
铜　丝	kg	4.00	4.00	—
煤　油	kg	4.00	4.00	4.00
中　砂	m³	3.094	3.248	3.248
清　油	kg	0.53	0.53	0.53
松香水	kg	0.60	0.6	0.6
草　酸	kg	1.00	1.00	1.00
硬白蜡	kg	2.65	2.65	2.65
大理石板	m²	101.00	102.00	101.00
水	m³	0.973	1.134	1.134

表 7-36　镶贴大理石(花岗岩)板(2)(单位:100m²)

内　　容	单　位	拼花大理石墙面	圆　柱　面	碎大理石拼花墙面
综合工日	工日	222.2	142.55	227.70
素水泥浆	m³	(0.101)	(0.101)	(0.101)
1:2.5 水泥砂浆	m³	(2.578)	(2.707)	(2.707)

续表

内　　容	单　位	拼花大理石墙面	圆　柱　面	碎大理石拼花墙面
水泥 32.5 级	t	1.402	1.465	1.132
白水泥	t	0.025	0.025	0.499
钢筋 ϕ10 以内	t	0.079	0.079	—
焊接铁件	kg	34.00	34.00	—
铜　丝	kg	4.00	4.00	—
煤　油	kg	4.00	4.00	—
中　砂	m^3	3.094	3.248	2.40
清　油	kg	0.53	0.53	0.53
松香水	kg	0.60	0.6	15.00
草　酸	kg	1.00	1.00	3.00
硬白蜡	kg	3	2.65	5
圆弧形大理石板（花岗岩）	m^2	—	105	—
拼花大理石	块	110	—	—
碎大理石	块	—	—	115
方形金刚石	块	—	—	21.00
108 胶	kg	36.00	32.00	52.50
水	m^3	0.973	1.134	1.07

表 7-37　镶贴虎皮纹大理石、花岗岩板、干挂大理石板（单位：100m^2）

内　　容	单　位	虎皮纹墙面、墙裙		干挂大理石板	
		花　岗　岩	大　理　石	墙　　面	柱　　面
综合工日	工日	78.74	78.74	33.86	43.35
1:2.5 水泥砂浆	m^3	(2.702)	(2.702)	—	—
素水泥浆	m^3	(0.101)	(0.101)	—	—
碎花岗岩板	m^2	101.00	—	—	—
碎大理石板	m^2	—	101.00	—	—
大理石板	m^2	—	—	102.00	103.00
钢筋 ϕ10 以内	t	0.079	0.079	—	—
焊接铁件	kg	34.00	34.00	—	—
铜　丝	kg	4.00	4.00	—	—
不锈钢丝	kg	—	—	16.81	21.96
ϕ8 膨胀螺栓	个	—	—	410.00	410.00
水泥 32.5 级	t	1.462	1.462	—	—
中　砂	m^3	3.24	3.24	—	—
煤　油	kg	4.00	4.00	—	—
松香水	kg	0.60	0.60	—	—
清　油	kg	0.53	0.53	—	—
水	m^3	1.13	1.13	—	—

表 7-38　镶贴碎大理石、碎水磨石（单位：$100m^2$）

内　　容	单　位	拼碎大理石			拼碎水磨石	
		墙面、墙裙	柱　面	其他面	柱　面	其他面
综合工日	工日	127.27	193.90	165.24	164.65	146.19
1∶2.5 水泥砂浆	m^3	(2.02)	(2.02)	(2.02)	(2.02)	(2.02)
1∶1.5 白水泥石子浆	m^3	(0.51)	(0.51)	(0.51)	(0.51)	(0.51)
素水泥浆	m^3	(0.101)	(0.101)	(0.101)	(0.101)	(0.101)
碎大理石板	m^2	101.00	102.00	101.00	—	—
碎水磨石板	m^2	—	—	—	102.00	101.00
长方形金刚石	块	21.00	21.00	21.00	21.00	21.00
草　酸	kg	3.00	3.00	3.00	3.00	3.00
硬白蜡	kg	5.00	5.00	5.00	5.00	5.00
松香水	kg	15.00	15.00	15.00	15.00	15.00
水泥 32.5 级	t	1.132	1.132	1.132	1.132	1.132
白水泥	t	0.499	0.499	0.499	0.499	0.499
白石子	m^3	0.649	0.649	0.649	0.649	0.649
中　砂	m^3	2.42	2.42	2.42	2.42	2.42
水	m^3	1.07	1.07	1.07	1.07	1.07

表 7-39　镶贴瓷砖、面砖（单位：$100m^2$）

内　　容	单　位	瓷　　砖			面　　砖	
		墙面、墙裙	梁柱面	其他面	墙面、墙裙	其他面
综合工日	工日	74.48	100.18	84.99	66.75	76.51
素水泥浆	m^3	(0.101)	(0.101)	(0.101)	(0.101)	(0.101)
1∶3 水泥砂浆	m^3	(1.856)	(1.856)	(1.856)	(1.856)	(1.856)
1∶1 水泥砂浆	m^3	(0.825)	(0.825)	(0.825)	(0.825)	(0.825)
水泥 32.5 级	t	1.527	1.527	1.527	1.527	1.527
白水泥	t	0.025	0.025	0.025	—	—
中　砂	m^3	2.854	2.854	2.854	2.854	2.854
白瓷砖	m^2	102.00	102.00	102.00	—	—
面　砖	m^2	—	—	—	102.00	102.00
水	m^3	1.105	1.105	1.105	1.035	1.035

表 7-40　镶贴陶瓷锦砖（单位：$100m^2$）

内　　容	单　位	墙面、墙裙	梁　柱　面	其　他　面
综合工日	工日	87.92	99.37	100.78
素水泥浆	m^3	(0.101)	(0.101)	(0.101)
1∶3 水泥砂浆	m^3	(1.547)	(1.547)	(1.547)
1∶1 水泥砂浆	m^3	(0.825)	(0.825)	(0.825)

续表

内　容	单 位	墙面、墙裙	梁 柱 面	其 他 面
水泥 32.5 级	t	1.402	1.402	1.402
白水泥	t	0.035	0.035	0.035
中 砂	m^3	2.483	2.483	2.483
马赛克	m^2	101.00	101.00	101.00
乳 胶	kg	7.65	7.65	7.69
水	m^3	0.872	0.872	0.942

表 7-41　镶瓷砖收边、贴木线、墙面、天棚刮腻子

内　容	单 位	镶贴瓷砖阴阳角及压顶	胶粘木线条（成品）	墙面、天棚面满刮腻子	
				三　遍	每增一遍
		100m		$100m^2$	
综合工日	工日	7.27	8.30	17.13	6.51
阴阳角及压顶	块	973	—	—	—
白瓷砖	m^2	2.78	—	—	—
木线条（成品）	m	—	115	—	—
309 胶	kg	—	10	—	—
装修钉	kg	—	1.5	—	—
石膏粉	kg	—	—	7.48	2.85
滑石粉	kg	—	—	34.65	13.17
纤维素	kg	—	—	1.8	0.68
108 胶	kg	—	—	53.25	20.25
白乳胶	kg	—	—	3.00	1.14

表 7-42　镶贴陶瓷锦砖（单位：$100m^2$）

内　容	单 位	墙面、墙裙	梁 柱 面	其 他 面
综合工日	工日	96.49	109.09	110.64
素水泥浆	m^3	(0.101)	(0.101)	(0.101)
1:3 水泥砂浆	m^3	(1.547)	(1.547)	(1.547)
1:1 水泥砂浆	m^3	(0.825)	(0.825)	(0.825)
水泥 32.5 级	t	1.402	1.402	1.402
白水泥	t	0.035	0.035	0.035
中 砂	m^3	2.483	2.483	2.483
玻璃马赛克	m^2	101.00	101.00	101.00
乳 胶	kg	7.65	7.69	7.69
水	m^3	1.00	1.00	1.00

表 7-43　镶贴陶瓷锦砖(单位:$100m^2$)

内　　容	单　位	墙面、墙裙	梁 柱 面	其 他 面
综合工日	工日	47. 30	86. 30	70. 10
素水泥浆	m^3	—	(0. 101)	—
1∶2. 5 水泥砂浆	m^3	(2. 578)	(2. 578)	—
1∶2 水泥砂浆	m^3	—	—	(2. 11)
水泥 32. 5 级	t	1. 250	1. 402	1. 161
白水泥	t	0. 015	0. 023	0. 015
钢筋 ϕ10 以内	t	0. 079	0. 079	—
焊接铁件	kg	34. 00	34. 00	—
铜　丝	kg	4. 00	4. 00	—
煤　油	kg	4. 00	4. 00	4. 00
中　砂	m^3	3. 094	3. 094	2. 321
清　油	kg	0. 53	0. 53	0. 53
松香水	kg	0. 60	0. 60	0. 60
草　酸	kg	1. 00	1. 00	1. 00
硬白蜡	kg	2. 65	2. 65	2. 65
水	m^3	0. 943	1. 08	0. 85
水磨石板	m^2	101. 00	103. 00	102. 00

表 7-44　玻璃镜面墙面(1)(单位:$100m^2$)

内　　容	单　位	镶贴玻璃镜面(抹灰面)		
		梁柱面(不带框)	墙面、墙裙	其 他 面
综合工日	工日	—	—	—
1∶6 水泥石灰砂浆	—	(1. 89)	(1. 804)	(1. 804)
1∶2 水泥砂浆	—	—	(0. 714)	(0. 714)
素水泥浆	—	(0. 10)	(0. 10)	(0. 10)
玻璃镜(5 厚)	m^2	139. 00	117. 00	117. 00
309 胶	kg	33. 33	33. 33	33. 33
电镀平头螺丝	百个	4. 00	4. 00	4. 00
32. 5 级水泥	t	0. 543	0. 654	0. 654
生石灰	t	0. 193	0. 186	0. 186
中　砂	m^3	2. 27	2. 76	2. 76
水	m^3	2. 77	2. 61	2. 61

表 7-45　玻璃镜面墙面(2)(单位:100m²)

内　　容	单　位	木龙骨九合板基层玻璃镜面				木龙骨三合板基层玻璃镜面	
		螺丝固定		粘贴固定		粘贴固定	
		墙面、墙裙	梁柱面	墙面、墙裙	梁柱面	墙面、墙裙	梁柱面
综合工日	工日	50.19	59.80	73.27	85.76	50.19	59.80
装修材	m^3	1.129	1.185	1.719	2.004	1.129	1.185
三合板	m^2	—	—	—	—	110	110
胶合板(九层)	m^2	110	110	110	124	—	—
玻璃镜面(5 厚)	m^2	112	117	112	121	112	117
射钉(带弹)	套	—	437	—	—	—	437
玻璃胶	支	143	143	200	210	300	300
不锈钢钉 $\phi 8$	个	1 039	1 039	—	—	—	—
装修钉	kg	10	12	10	10	10	12
醇酸清漆	kg	—	—	5	5	5	5
醇酸稀料	kg	—	—	0.4	0.4	0.4	0.4
双面胶带	m	—	—	630	713	—	—
10#石油沥青	kg	—	—	225.5	225.5	—	—
汽　油	kg	—	—	37	37	—	—

表 7-46　镶软包墙面、丝绒吸音墙面(单位:100m²)

内　　容	单　位	全玻璃墙	木制玻璃间壁墙(艺术形式)	玻璃砖墙	玻璃间壁墙	
					半截玻璃	全玻璃
综合工日	工日	132.20	397.43	97.35	61.78	58.10
装修材	m^3	—	4.68	—	2.334	2.810
平板玻璃(12 厚)	m^2	120	—	—	(3 厚)105.10	105.49
彩印玻璃	m^2	—	120	—	—	—
玻璃砖	块	—	—	2 600	—	—
不锈钢方槽钢	m	128	—	—	—	—
不锈钢角钢(25×25×0.7)	m	—	—	113.33	—	—
铁　件	kg	—	—	200	—	—
装修钉	kg	—	6.5	—	5.40	3.40
膨胀螺栓	个	189	—	—	—	—
射钉(带弹)	套	—	113	—	—	—
玻璃胶	支	250	—	200	—	—
立时得(胶)	kg	—	—	10	—	—
调和漆	kg	—	—	—	18.15	18.15
无光调和漆	kg	—	—	—	20.59	20.59
熟桐油	kg	—	—	—	3.50	3.50

续表

内　　容	单　位	全玻璃墙	木制玻璃间壁墙（艺术形式）	玻璃砖墙	玻璃间壁墙	
					半截玻璃	全玻璃
清　油	kg	—	—	—	1.45	1.45
乳　胶	kg	—	15	—	—	—
胶　条	m	162	—	—	—	—
松香水	kg	—	—	—	6.77	6.77
石　膏	kg	—	—	—	4.16	4.16

表 7-47　墙面贴普通壁纸(1)(单位:100m²)

内　　容	单　位	不　对　花			对　　花		
		三合板面	白灰麻刀面	水泥抹面	三合板面	白灰麻刀面	水泥抹面
综合工日	工日	21.78	22.87	23.96	23.76	24.95	26.14
壁纸(国产)	m^2	110	110	110	116.00	116.00	116.00
108 胶	kg	29.70	25.50	25.50	29.70	25.50	25.50
乳　胶	kg	4.5	4.5	4.5	4.5	4.5	4.5
醇酸清漆	kg	7	7	—	7	7	—
调和漆	kg	—	—	7	—	—	7
醇酸稀料	kg	3	3	3	3	3	3
布　条	m	232	—	—	232	—	—
砂　布	张	10	10	10	10	10	10
腻　子	kg	30	45	45	30	45	45

表 7-48　梁柱面贴普通壁纸(2)(单位:100m²)

内　　容	单　位	不　对　花			对　　花		
		三合板面	白灰麻刀面	水泥抹面	三合板面	白灰麻刀面	水泥抹面
综合工日	工日	23.76	24.95	26.14	25.26	26.52	27.79
壁纸(国产)	m^2	117	117	117	123	123	123
108 胶	kg	29.70	25.50	25.50	29.70	25.50	25.50
乳　胶	kg	4.5	4.5	4.5	4.5	4.5	4.5
醇酸清漆	kg	7	7	—	7	7	—
调和漆	kg	—	—	7	—	—	7
醇酸稀料	kg	3	3	3	3	3	3
布　条	m	232	—	—	232	—	—
腻　子	kg	30	45	45	30	45	45
砂　布	张	10	10	10	10	10	10

表 7-49　墙面贴金属壁纸(3)(单位:100m²)

内　容	单　位	不　对　花			对　花		
		三合板面	白灰麻刀面	水泥抹面	三合板面	白灰麻刀面	水泥抹面
综合工日	工日	23.16	24.32	25.48	25.15	26.31	27.88
金属壁纸	m^2	110	110	110	116	116	116
108 胶	kg	29.70	25.50	25.50	29.70	25.50	25.50
乳　胶	kg	4.5	4.5	4.5	4.5	4.5	4.5
醇酸清漆	kg	7	7	—	7	7	—
调和漆	kg	—	—	7	—	—	7
醇酸稀料	kg	3	3	3	3	3	3
布　条	m	232	—	—	232	—	—
腻　子	kg	30	45	45	30	45	45
砂　布	张	10	10	10	10	10	10

表 7-50　梁柱面贴金属壁纸(4)(单位:100m²)

内　容	单　位	不　对　花			对　花		
		三合板面	白灰麻刀面	水泥抹面	三合板面	白灰麻刀面	水泥抹面
综合工日	工日	24.91	26.16	27.41	26.41	27.73	29.05
金属壁纸	m^2	117	117	117	123	123	123
108 胶	kg	29.70	25.50	25.50	29.70	25.50	25.50
乳　胶	kg	4.5	4.5	4.5	4.5	4.5	4.5
醇酸清漆	kg	7	7	—	7	7	—
调和漆	kg	—	—	7	—	—	7
醇酸稀料	kg	3	3	3	3	3	3
布　条	m	232	—	—	232	—	—
腻　子	kg	30	45	45	30	45	45
砂　布	张	10	10	10	10	10	10

表 7-51　石膏板墙贴壁纸、贴带胶壁纸(单位:100m²)

内　容	单　位	石膏板墙面贴壁纸		贴带胶壁纸	
		不 对 花	对　花	墙　面	柱　面
综合工日	工日	22.22	23.60	23.16	25.26
壁　纸	m^2	110	116	—	—
带胶壁纸	m^2	—	—	110	123
108 胶	kg	29.70	29.70	—	—
穿孔纸带	m	199.80	199.80	—	—
醇酸清漆	kg	7	7	—	—
醇酸稀料	kg	3	3	—	—
酚醛清漆	kg	—	—	7	7
松香水	kg	—	—	3	3

续表

内　　容	单　位	石膏板墙面贴壁纸		贴带胶壁纸	
		不　对　花	对　　花	墙　　面	柱　　面
砂　布	张	10	10	10	10
腻　子	kg	30	30	—	—

表 7-52　墙、柱面喷塑（一塑三油）（单位：$100m^2$）

内　　容	单　位	墙、柱、梁面			
		大压花月球表面	中压花喷大点	喷中点、幼点	平　　面
综合工日	工日	11.99	10.78	9.76	5.61
1：3 底油（底层巩固剂）	kg	21.75	17.10	15.07	8.70
塑粉（中层涂料）	kg	142.50	93.10	65.61	—
面油（高光、油面）	kg	43.20	40.85	40.00	35.19
水	m^3	0.20	0.20	0.20	0.10

第七节　顶棚工程量的计算

一、一般说明

1. 建筑装饰装修工程内容复杂，施工工艺多样，本章定额用工和材料消耗量综合取定，施工机具费综合考虑。定额中注明的规格、尺寸与实际施工设计图纸采用不同时，可以换算。

2. 本章定额单价材料价格为市场综合平均参考单价，与工程所在地区实际材料价格有差异时，可以换算。

3. 顶棚面吊顶分为平面型、跌级造型两种。

平面型。顶棚面层在同一标高的水平面上；

跌级造型：顶棚面层不在同一标高的平面上，其高差 200mm 以上。

4. 顶棚木龙骨大龙骨为 50mm × 70mm，中小龙骨为 50mm × 50mm，标准木龙骨断面为 25mm × 50mm，龙骨间距为 300mm。

5. 顶棚木龙骨架、轻钢龙骨架与面层装饰分别列项分项，有骨架和面层装饰可合并列项计算，根据工程实际情况采用。

6. 顶棚铝合金吊顶骨架与面层装饰分别列项，也有两者合并列项，任意采用。

7. 顶棚吊顶遇混凝土空心板，不宜采用射钉和膨胀螺栓承重，必须使用预埋铁件工艺，因此扣除本定额中膨胀螺栓，增加铁件每平方米 0.58kg。

8. 本定额顶棚吊顶纸面石膏板为普通防水石膏板，厚度 9 ~ 9.5mm。封板不包括补缝、勾缝、贴缝和点防锈漆工作内容，包括在批刮腻子涂料子目内。

9. 本定额顶棚吊顶 U 形轻钢龙骨主龙骨分为：

上人主龙骨　　C—60mm × 27mm × 1.5mm；

不上人主龙骨　C—60mm × 27mm × 0.63mm。

二、工程量计算规则

1. 顶棚各种吊顶按房间净面积以 m^2 计算，不扣除检查口，附墙烟囱、柱、垛和管道所占面积。但应扣除独立柱、与顶棚相连的窗帘盒，0.3m^2 以上洞口及嵌顶灯槽所占的面积。

2. 拱形吊顶按水平投影面积以 m^2 计算。

3. 金属格栅、木格栅吊顶等均按顶棚图示尺寸按水平投影面积以 m^2 计算。

4. 玻璃采光顶棚按玻璃顶棚面积的图示尺寸展开面积以 m^2 计算。

5. 顶棚藻井反光灯槽按灯带外边线长度以 m 计算。

6. 顶棚吊顶跌级造型和艺术造型按水平投影面积以 m^2 计算。错台灯槽按长度以 m 计算。

7. 顶棚排风口、抽风口按个计算。

8. 保温层按水平投影面积计算。

三、工程质量验收规范

根据国家标准 GB 50210—2001《建筑装饰装修工程质量验收规范》的有关顶棚装饰工程质量验收规范标准内容（略）。

四、顶棚工程定额单价（略）

五、附录：顶棚装饰装修工程工料消耗参考指标

表 7-53　普通天棚吊木楞（单位：100m^2）

内　　容	单　位	楞木在墙或钢筋混凝土梁上		钢筋混凝土板下吊木楞	
		2 米以内	2 米以外	单层楞木	双层楞木
综合工日	工日	13.58	15.82	14.46	16.69
装修材	m^3	1.239	1.757	1.397	1.960
装修钉	kg	5.72	10.23	3.22	23.00
防腐油	kg	4.06	2.68	1.19	2.93
螺栓铁件	kg	—	—	11.49	42.00
8#镀锌铁丝	kg	—	—	17.21	—
12#镀锌铁丝	kg	—	—	9.48	3.16

表 7-54　普通天棚镶面层（单位：100m^2）

内　　容	单　位	胶合板	吸音板	纤维板
综合工日	工日	8.54	10.93	8.54
装修钉	kg	1.81	1.72	1.81
三合板	m^2	105.00	—	—
矿棉吸音板	m^2	—	104.00	—
纤维板	m^2	—	—	105.00

表 7-55　普通天棚镶塑料板、镁铝板(单位:100m²)

内　　容	单　位	仿镁铝合金	塑　料　板
综合工日	工日	8.54	—
装修钉	kg	1.81	—
三合板	m^2	105.00	—
矿棉吸音板	m^2	—	—
纤维板	m^2	—	—

表 7-56　普通天棚镶泡沫板、钙塑板及压条(单位:100m²)

内　　容	单　位	压胶刨花板	钙塑板	钉木压条	铝压条
		100m^2		100m	
综合工日	工日	8.76	11.81	8.42	8.78
胶压刨花板	m^2	103.5	—	—	—
钙塑板	m^2	—	104.00	—	—
装修钉	kg	7.57	1.72	2.80	—
装修材	m^3	—	—	0.336	—
铝压条	m	—	—	—	102.08
镀锌螺栓	kg	—	—	—	0.17

表 7-57　上人轻钢龙骨天棚(单位:100m²)

内　　容	单　位	石膏板	穿孔石膏吸声板	石棉水泥板	钙塑泡沫板
			600×600	400×400	500×500
综合工日	工日	48.80	51.24	53.68	56.12
CS60 轻钢龙骨	m	87.09	113.32	113.32	113.32
C60 轻钢龙骨	m	237.60	366.68	567.88	420.00
CS60-1 吊挂件	个	115.00	115.00	119.00	119.00
ϕ8 吊杆	kg	40.74	36.23	36.23	36.23
CS60-2 吊挂件	个	227.00	—	—	—
CS60-3 吊挂件	个	1 050.00	674.00	674.00	674.00
CS60-L 连接件	个	31	31	31	31
C60-L 连接件	个	49	233	170.00	107.00
射钉带弹	个	36.00	—	—	—
角　钢	kg	15.34	15.34	15.34	15.34
4×25 自攻螺丝	百个	9.82	37.3	52.5	—
石膏板(12mm)	m^2	110	—	—	—
防锈漆	kg	6	6	6	6
腻　子	kg	5	5	5	—
穿孔石膏吸声板	m^2	—	110	—	—
石棉板(6mm)	m^2	—	—	110	—
钙塑泡沫板	m^2	—	—	—	101
401 胶	kg	—	—	—	6.8

表 7-58　非上人轻钢龙骨天棚(单位:100m²)

内　　容	单　位	石膏板	穿孔石膏吸声板	石棉水泥板	钙塑泡沫板
			600×600	400×400	500×500
综合工日	工日	43.92	48.31	50.51	46.12
石膏板(12mm)	m^2	110	—	—	—
C60 轻钢龙骨	m	336	336	336	336
C60-L 连接件	个	105	105	105	105
石棉板(6mm)	m^2	—	110	—	—
钙塑泡沫板	m^2	—	—	101	—
穿孔石膏吸声板	m^2	—	—	—	110
CS60-1 吊挂件	个	158.00	158.00	158.00	158.00
CS60-2 吊挂件	个	473.00	473.00	473.00	473.00
自攻螺丝	百个	21.00	21.00	—	21.00
膨胀螺栓	个	158.00	158.00	158.00	158.00
401 胶	kg	—	—	6.80	—

表 7-59　T 型铝合金龙骨天棚(1)(单位:100m²)

内　　容	单　位	T 型铝合金龙骨矿棉吸音板天棚	门头铝合金装饰板雨篷
综合工日	工日	48.810	46.89
T 主龙骨	m	175.00	—
T 次龙骨	m	175.00	—
L 边龙骨	m	85.75	—
T 型吊挂件	个	204.00	—
铝合金装饰板	m^2	—	106.00
角铝(25.4×25.4)	m	—	96.33
装饰材	m^3	—	0.164
矿棉吸音板	m^2	110.00	—
ϕ4 吊杆	kg	15.71	—
膨胀螺栓	个	204	93.00
角　钢	kg	—	571.00
射钉(带弹)	个	161.90	—
铝拉铆钉	百个	—	22.72
电焊条	kg	—	34

表 7-60　T 型铝合金龙骨天棚(2)(单位:100m²)

内　　容	单　位	铝片天棚	钢筋混凝土雨篷底吊铝骨架铝条天棚	铝栅假天棚
综合工日	工日	26.75	23.27	13.95
铝片天花板	m	1 060	—	—
铝龙骨(25.4×50.8)	m	96	—	—
角铝(25.4×25.4)	m	110	21.60	56.15
射　钉	套	80	—	132
12#镀锌铁丝	kg	27	—	5
大铝条	m	—	1 062.30	—
小铝条	m	—	1 062.30	—
铝龙骨	m	—	141.30	—
角　钢	kg	—	148.00	—
膨胀螺栓 $\phi8$	个	—	143	—
螺栓 $\phi5$	套	—	133	—
铝　栅	m	—	—	1 655.20
钢　钉	百个	—	—	0.64

表 7-61　九夹板丝绒面、防火板、柚木板天棚(单位:100m²)

内　　容	单　位	木骨架九夹板丝绒天棚	防火板天棚	柚木板贴面
综合工日	工日	86.71	84.55	23.95
装修材	m²	1.397	1.397	—
108 胶	kg	21.30	—	—
砂　布	张	20.00	—	—
装修钉	kg	10.06	—	1.81
309 胶	kg	—	25.00	25.00
防火板	m²	—	112	—
柚木板	m²	—	—	115
九夹板	m²	110	110	—
丝绒布	m²	112.00	—	—
膨胀螺栓	个	198.00	198	—
膨胀铁件	kg	11.49	11.49	—
白乳胶	kg	24.00	—	—
布　条	m	232.00	—	—
防腐油	kg	5.00	2.75	—
醇酸清漆	kg	7.00	—	—
醇酸漆稀料	kg	3.00	—	—
石　膏	kg	2.99	—	—
滑石粉	kg	13.00	—	—
纤维素	kg	0.72	—	—
腻　子	kg	—	1.00	—
铁　钉	kg	—	0.84	—

注:艺术吊顶或“井”字吊顶贴柚木板面层时,工料乘系数 1.3。

表 7-62　木花格、矿棉板、有机玻璃等天棚（单位:100m²）

内　　容	单　位	木花槽	透空木花格天棚	铝合金暗骨架矿棉板天棚	有机玻璃发光天棚
		每 10m			
综合工日	工日	10.27	100.1	75.06	62.94
装修材	m³	0.414	5.55	—	—
九夹板	m²	29.9	—	—	—
防火板	m²	16.1	—	—	—
膨胀螺栓	个	—	198	120	295
铁　钉	kg	—	6.44	—	—
309 胶	kg	7.35	—	—	—
防腐油	kg	2.98	2.0	—	—
腻　子	kg	—	—	—	—
挂　件	个	—	198	—	295
钢筋 ϕ10 以内	t	3.15	0.026	0.069	0.065
白乳胶	kg	—	10.5	—	—
暗架龙骨	m²	—	—	110	—
矿棉吸音板	m²	—	—	115	—
边龙骨	m	—	—	—	60.00
T 型铝骨架	m	—	—	—	246.00
次龙骨	m	—	—	—	260.00
有机玻璃	m²	—	—	—	110.00
柚木板	m²	14.38	—	—	—
装修钉	kg	3.23	—	—	—
镀锌铁皮 26#	m²	15.98	—	—	—

表 7-63　天棚压条（单位:100m²）

内　　容	单　位	透空木花格天棚	铝合金暗骨架矿棉板天棚	有机玻璃发光天棚
综合工日	工日	9.96	7.47	9.96
木压条	m	110	—	—
装修钉	kg	2.5	2.0	—
309 胶	kg	10.00	—	11.00
塑料压条	m	—	110.00	—
镁铝曲板压条	m	—	—	110

表 7-64　木骨架艺术天棚（单位:100m²）

内　　容	单 位	混凝土板下吊钢筋	木龙骨九夹板艺术吊顶	木骨架五夹板井字天棚	木骨架五夹板吊平顶
综合工日	工日	19.69	93.25	106.06	35.10
装修材	m³	—	2.066	2.299	1.405
九夹板	m²	—	134.00	—	—
五夹板	m²	—	—	137.00	115.00

续表

内　　容	单 位	混凝土板下吊钢筋	木龙骨九夹板艺术吊顶	木骨架五夹板井字天棚	木骨架五夹板吊平顶
面　层	m^2	—	(134)	(137)	(115)
钢筋 ϕ10 以内	t	0.062	—	—	—
膨胀螺栓	个	135.00	—	—	—
射钉(带弹)	套	—	411	—	362.00
装修钉	kg	—	23.00	25.30	5.03
白乳胶	kg	—	31.50	34.65	—
防锈漆	kg	2.52	—	—	21.00

表 7-65　镜面玻璃天棚(单位:$100m^2$)

内　　容	单　位	木骨架胶合板		钢骨架胶合板 雨篷底贴镜面
		天　　棚	自动扶手楼梯	
综合工日	工日	62.40	62.40	169.29
装修材	m^3	1.178	0.831	—
玻璃镜面(5 厚)	m^3	112	112	112
胶合板九合板	m^3	110	110	—
胶合板十二合板	m^3	—	—	110
不锈钢压条 1.5×1.5	m	—	102.32	—
铜压条(2.5 厚)	kg	—	—	175.00
玻璃胶	支	300	300	300
电镀平头螺丝	百个	10.39	11.22	6.22
角铝 25.4×25.4	m	73	—	—
角　钢	kg	—	—	288.65
槽钢 40×40	kg	—	—	644.00
射　钉	套	—	183	223
装修钉	kg	10	—	—
膨胀螺栓 ϕ8	个	—	—	223
镀锌螺栓	百个	—	—	11.17
自攻螺丝	百个	—	0.164	0.744

表 7-66　中空玻璃、钢化玻璃天棚(单位:$100m^2$)

内　　容	单　位	中空玻璃采光天棚		钢化玻璃采光天棚
		型钢骨架	铝框骨架	
综合工日	工日	141.29	97.13	95.72
槽钢	kg	1 966.00	—	460.82
T 型钢 25×25	kg	21.00	—	294.28
扁　钢	kg	477	—	338.38
螺　栓	百个	0.45	—	—

续表

内　　容	单　位	中空玻璃采光天棚		钢化玻璃采光天棚
		型钢骨架	铝框骨架	
装修钉	kg	1.40	—	—
铝框骨架	kg	—	502.40	—
中空玻璃	m^2	107	97	—
钢化玻璃	m^2	—	—	109.20
玻璃胶	支	—	20.40	—
耐热胶垫	m	—	170	—
橡皮垫条(大)	m	161.64	—	—
橡皮垫条(小)	m	161.64	—	137.70
橡皮垫片 250 宽	m	104.74	—	45.90
橡皮垫片 25 宽	m	64.66	—	—
焊接铁件	kg	74.65	—	—
26#镀锌铁皮	m^2	1	—	—
镀锌螺栓	百个	—	10.95	—
铁钩(5 厚)	kg	—	—	27
熟桐油	kg	—	—	6.70
醇酸清漆	kg	39	—	13.30
建筑油膏	kg	89.62	—	—

表 7-67　普通壁纸(单位:100m^2)

内　　容	单　位	不　对　花			对　花		
		三合板	白灰麻刀面	水泥抹面	三合板	白灰麻刀面	水泥抹面
综合工日	工日	29.72	31.21	32.69	31.65	33.23	34.82
壁　纸	m^2	110	100	110	116	116	116
108 胶	kg	29.70	25.50	25.50	29.70	25.50	25.50
乳　胶	kg	4.5	4.5	4.5	4.5	4.5	4.5
醇酸清漆	kg	7	7	—	7	7	—
调和漆	kg	—	—	7	—	—	7
醇酸稀料	kg	3	3	3	3	3	3
布　条	m	232	—	—	232	—	—
腻　子	kg	30	45	45	30	45	45
砂　布	张	10	10	10	10	10	10

表 7-68　天棚贴金属壁纸(单位:$100m^2$)

内　　容	单　位	不　　对　　花			对　　　花		
		三合板	白灰麻刀面	水泥抹面	三合板	白灰麻刀面	水泥抹面
综合工日	工日	37.02	38.87	40.22	38.63	40.56	42.49
金属壁纸	m^2	110	110	110	116	116	116
108 胶	kg	29.70	25.50	25.50	29.70	25.50	25.50
乳　胶	kg	4.5	4.5	4.5	4.5	4.5	4.5
醇酸清漆	kg	7	7	—	7	7	—
调和漆	kg	—	—	7	—	—	7
醇酸稀料	kg	3	3	3	3	3	3
腻　子	kg	30	45	45	30	45	45
砂　布	张	10	10	10	10	10	10

表 7-69　天棚喷塑(一塑三油)(单位:$100m^2$)

内　　　容	单　位	大压花球表面	中压花喷大点	喷中点、幼点	平　面
综合工日	工日	25.55	24.21	23.08	18.47
1∶3 底油(底层巩固剂)	kg	21.75	17.10	15.0	78.70
塑粉(中层涂料)	kg	142.50	93.10	65.61	—
面油(高光、油面)	kg	43.20	40.85	40.00	35.19
水	kg	1.00	1.00	1.00	0.90

第八节　门、窗及装饰线工程量的计算

一、一般说明

1. 建筑装饰装修工程内容复杂,施工工艺多样,本章定额用工和材料消耗量综合取定,施工机具费综合考虑。定额中注明规格、尺寸与实际施工设计图纸采用不同时,可以换算。

2. 本章定额单价材料价格为市场综合平均参考单价,与工程所在地区实际材料价格有差异时,可以换算。

3. 本章定额部分子目产品为成品成套配套价格,如铝合金卷帘门、转门等。

4. 本章定额门窗制作安装项目未包括小五金,材料费另行计算,但小五金安装人工费已包括在定额中,不包括特殊五金和门锁、闭门器、地弹簧等应另行列项计算。

5. 本章定额装饰木门均为现场制作,同类木门参考使用。

6. 本章定额木墙裙为不带防潮层做法,未包括防火涂料。

7. 本章定额门窗套、窗帘盒、窗台板、筒子板采用的木种与实际施工设计图纸选材不同时,可以换算。

8. 本章定额石膏线条为一般石膏线条,如果选用特殊石膏线条产品,另行补充或换算。

9. 本章定额线条以成品为准。

二、工程量计算规则

1. 门窗均按门窗框的外围尺寸以 m^2 计算,不带框的门按门扇外围尺寸以 m^2 计算。

2. 卷帘门按洞口高度增加600mm 乘以门的图示宽度以 m^2 计算,电动装置按套计算。

3. 双扇全玻璃地弹簧门和固定扇及亮子工程量合并计算面积以 m^2 计算。

4. 窗帘盒、窗帘轨按图示尺寸以 m 计算。

5. 电子感应自动门及转门按樘计算,自动感应装置按套计算,平移电子感应自动门本定额已包括电子感应自动装置不得重复计算。

6. 窗台板和筒子板及门窗套按展开面积以 m^2 计算。

7. 拼管按图示尺寸以 m 计算。

8. 本定额门窗玻璃采用白玻璃,如设计图纸玻璃颜色、品种和厚度不同时,可以换算。

9. 木墙裙、护墙板均按图示尺寸以 m^2 计算;假梁柱装饰按展开面积以 m^2 计算。

10. 角花、灯盘、灯圈分规格按个计算。

11. 暖气罩按不同式样以 m^2 计算。

三、工程质量验收规范

根据国家标准 GB 50210—2001《建筑装饰装修工程质量验收规范》的有关“门窗工程”工程质量验收规范的内容:(略)

四、门窗及装饰线工程定额单价(略)

五、附录:门窗工料消耗参考指标

表 7-70　木门扇、木门框、木挂镜线

内　　容	单　位	柚木板门扇	软包木门扇	木门框	木挂镜线
		100m² 扇面积		100m² 框外围面积	100 延长米
综合工日	工日	133.67	199.26	39.33	8.30
装修材	m^3	2.619	4.14	2.29	—
三层胶合板	m^2	220.00	—	—	—
柚木板	m^2	260.00	—	—	—
铁　钉	kg	9.34	8.02	4.37	0.83
乳　胶	kg	18.51	7.49	—	—
309 胶	kg	50.00	—	—	—
防腐油	kg	—	—	14.54	1.97
石灰麻刀砂浆	m^3	—	—	0.27	—
双弹簧合叶	付	—	42.00	—	—
铜合叶	个	117.00	—	—	—
不锈钢螺钉	个	936.00	—	—	—
机制螺丝	个	—	706.00	—	—
泡沫海绵	m^2	—	220.00	—	—

续表

内　　容	单　位	柚木板门扇	软包木门扇	木门框	木挂镜线
		100m^2 扇面积		100m^2 框外围面积	100 延长米
皮革面料	m^2	—	220.00	—	—
圆头泡钉	百个	—	182.00	—	—
木挂镜线	m	—	—	—	106

表 7-71　全玻璃门（无框）

内　　容	单　位	平　开　门	感　应　门
		100m^2 洞口面积	
综合工作日	工日	291.08	340.62
装修材	m^3	0.731	0.731
铁　钉	kg	7.50	7.50
乳　胶	kg	5.00	5.00
玻璃胶	支	40.00	40.00
九夹板	m^2	59.75	59.75
防腐油	kg	28.80	28.80
木螺丝	百个	457	457
射　钉	套	390	390
膨胀螺栓	个	38.00	38.00
角　钢	kg	443.24	443.24
进口 8k 镜面不锈钢板（1mm）	m^2	56.36	56.36
钢化玻璃（12mm）	m^2	110	110
地弹簧	个	29	10
抽心锁	个	29	10
不锈钢门拉手	付	29.00	10
感应器	套	—	5
不锈钢护边	个	57.00	57.00

表 7-72　铝合金门窗（单位：100m^2）

内　　容	单　位	100 系列白铝合金自动门	白铝合金平开门	固定窗	推拉窗	平开窗
综合工日	工日	101.50	90.20	56.38	90.20	90.20
白色铝合金地弹簧门（成品）	m^2	100	—	—	—	—
白色铝合金平开门（成品）	m^2	—	100	—	—	—
白色铝合金固定窗（成品）	m^2	—	—	100	—	—
白色铝合金推拉窗（成品）	m^2	—	—	—	100	—
白色铝合金平开窗（成品）	m^2	—	—	—	—	100
白色玻璃（5mm）	m^2	100	100	100	100	100
胀管螺栓（带弹）	套	404.00	783.00	840.00	526.00	526.00

续表

内容	单位	100系列白铝合金自动门	白铝合金平开门	固定窗	推拉窗	平开窗
水泥32.5级	t	0.091	0.091	0.091	0.091	0.091
中砂	m^3	0.18	0.18	0.18	0.18	0.18
水	m^3	0.05	0.05	0.05	0.05	0.05

注:1. 成品铝合金门窗带玻璃时扣除子目中玻璃窗。

2. 塑料门窗可参照本表射钉改为胀管螺栓。

表7-73 铝合金卷帘门、窗帘轨(单位:分示)

内容	单位	银白色铝合金卷帘窗 $100m^2$		白色工字铝窗帘轨
		导槽焊在墙或柱脊面上	导槽焊在墙柱侧正中心装饰面上	100m
综合工日	工日	50.44	50.44	7.00
银白色铝窗	m^2	105	105	—
卷帘架	套	0.711	0.711	—
焊接铁件	kg	80.10	183.33	—
契铁	kg	10.63	10.63	—
工字型铝合金窗帘轨	m	—	—	120.00
大脚	只	—	—	412.00
小脚	只	—	—	206.00
滚轮	只	—	—	715.00
单双葫芦	个	—	—	120.00
木螺丝	百个	—	—	8.40
水泥42.5级	t	0.029	0.189	—
中砂	m^3	0.06	0.37	—
碎石	m^3	0.08	0.52	—
水	m^3	0.02	0.13	—

注:该子目不包括传动部分的卷筒、电机、变电箱、滑槽等材料。

表7-74 窗台板、暖气罩、门窗贴脸、窗帘盒

内容	单位	窗台板外贴		暖气罩	门窗口套及贴脸	窗帘盒(中密度板)外贴	
		柚木板	水曲板			柚木板	壁纸
		$100m^2$				10延长米	
综合工日	工日	42.85	42.85	59.50	64.01	9.38	9.14
装修材	m^3	—	—	3.28	0.864	—	—
铁钉	kg	4.75	4.75	5.0	10.50	—	—
防腐油	kg	30.4	30.4	2.2	28.8	0.7	0.7

续表

内容	单位	窗台板外贴		暖气罩	门窗口套及贴脸	窗帘盒(中密度板)外贴	
		柚木板	水曲板			柚木板	壁纸
		100m^2				10延长米	
柚木板	m^2	120	—	—	120	4.20	—
乳胶	kg	—	—	—	50	—	—
水曲胶合板	m^2	—	120	—	—	—	—
九夹板	m^2	—	—	110	—	—	—
钢板网	m^2	—	—	46.7	—	—	—
木螺丝	kg	—	—	13.50	—	—	—
309胶	kg	30.00	30.00	—	25.00	—	—
中密度板(12mm)	m^2	120	120	—	120	5.8	5.8
立时得胶	kg	—	—	—	—	1.6	0.6
焊接铁件	kg	—	—	—	—	6.22	6.22
清油	kg	—	—	—	—	0.34	0.34
调和漆	kg	—	—	—	—	0.44	0.44
螺栓	百个	—	—	—	—	0.40	0.40
铝制窗帘轨	m	—	—	—	—	11	11
108胶	kg	—	—	—	—	—	1.4
钢钉	百个	—	—	—	—	0.30	0.30
壁纸	m^2	—	—	—	—	—	4.20

注:暖气罩面层装饰见有关子目。

表7-75　塑料百叶窗、网扣窗帘(单位:100m^2)

内容	单位	塑料百叶窗	塑镁铝百叶窗	窗帘	网扣窗帘
综合工日	工日	2.41	2.41	0.55	0.5
塑料百叶窗	m^2	10.10	—	—	—
塑镁铝百叶窗	m^2	—	10.10	—	—
窗帘	m^2	—	—	11.50	—
网扣窗帘	m^2	—	—	—	12.00
木螺丝	个	60	60	—	—

第九节　裱糊与软包装饰工程量的计算

一、一般说明

1. 建筑装饰装修工程内容复杂，施工工艺多样，本章定额用工和材料消耗量综合取定，施工机具费综合考虑。定额中注明规格、尺寸与实际施工设计图纸采用不同时，可以换算。

2. 本章定额单价材料价格为市场综合平均参考单价，与工程所在地区实际材料价格有差异时，可以换算。

3. 本章定额贴墙纸子目未包括墙纸腰线内容，如果施工图纸设计需要贴墙纸腰线，则腰线工程量另行列项计算。

4. 墙面饰面选用织锦缎，织锦缎产品单价包括宣裱工作价格。

5. 本章定额织物软包墙面未包括龙骨架内容，定额分带夹板基层和不带夹板基层直接做在墙面上两种。

6. 本章定额贴木皮、切片皮按展开面积计算。

二、工程量计算规则

1. 裱贴与软包工程量均按图示尺寸以 m^2 计算。

2. 梁、柱裱贴与软包工程量按展开面积以 m^2 计算。

3. 墙面与天棚装饰贴面和软包定额分带龙骨架衬板和不带骨架衬板两种。计算工程量和套用定额单价不可重复，工程量面积按图示尺寸以 m^2 计算。

4. 贴木皮、切片皮和切板砖块工程量按实贴面积以 m^2 计算。

5. 墙面软包艺术装饰块幅工程量按实做边框面积以 m^2 计算。

三、工程质量验收规范

根据国家标准 GB 50210—2001《建筑装饰装修工程质量验收规范》的有关“裱糊与软包工程”质量验收规范的内容摘录：（略）

四、裱糊与软包装装饰工程定额单价（略）

五、附录：工程消耗量定额（略）

第十节　油漆、涂料工程量的计算

一、一般说明

1. 建筑装饰装修工程内容复杂，施工工艺多样，本章定额用工和材料消耗量综合取定，施工机具费综合考虑。定额中注明规格、尺寸与实际施工设计图纸采用不同时，可以换算。

2. 本章定额单价材料价格为市场综合平均参考单价，与工程所在地区实际材料价格有差异时,可以换算。

3. 本章定额油漆涂料施工工艺采用手工、机械操作综合考虑。

4. 本章定额油漆涂料各种颜色浅、中、深综合考虑。

5. 本章定额在同一平面上的分色及门窗内外分色综合考虑。如需做美术、艺术图案者另行计算,补充定额。

6. 本章定额规定的油漆涂料喷、刷、辊涂遍数,如与施工设计图纸要求不同时,可以换算调整。

7. 油漆涂料品种繁多,在实际施工采用新材料时,可以套用相应子目换算。

8. 本章定额中的木扶手油漆为不带托板考虑。

9. 本章定额中的单层木门、木窗刷油是按双面刷油考虑,如采用单面刷油计算其定额含量(单价)乘以0.49系数计算。

二、工程量计算规则

1. 单层木门、窗油漆按框外围面积以 m^2 计算。

2. 木墙裙、门窗套、窗台板、木隔断等按图示尺寸以 m^2 计算,各种柜、台、柱按图示尺寸展开面积以 m^2 计算。

3. 玻璃隔断木框油漆按框外围面积以 m^2 计算。

4. 木板、胶合板天棚按图示尺寸以 m^2 计算。

5. 阁楼墙面、顶棚按实刷面积以 m^2 计算。

6. 木扶手、木栏杆、木栅栏、窗帘盒、踢脚板、木线条、石膏线条、窗帘杆等按图示尺寸以m计算。

7. 木地板按图示尺寸以 m^2 计算,木楼梯按水平投影面积以 m^2 计算。

8. 金属面油漆按图示尺寸以 m^2 计算。

9. 各种抹灰面油漆按图示尺寸以 m^2 计算。

10. 木基层防火漆按面层图示尺寸以 m^2 计算,其他防火漆按实刷面积以 m^2 计算。

11. 内、外墙批刮腻子及喷、刷、辊涂料均按图示尺寸以 m^2 计算。

三、工程质量验收规范

根据国家标准GB 50210—2001《建筑装饰装修工程质量验收规范》的有关油漆涂料装饰面工程质量验收标准详见“10 涂饰工程”摘录(略)。

四、油漆、涂料工程定额单价(略)

五、附录:油漆工程工料消耗参考指标

表7-76 油漆大门(硝基清漆、磁漆)(单位:$100m^2$)

内　　容	单　位	硝基清漆(五遍成活)	每增刷一遍	硝基磁漆(三遍成活)	每增刷一遍
综合工日	工日	187.65	42.89	167.71	47.92
石　膏	kg	1.31	—	1.31	—

续表

内　　容	单　位	硝基清漆（五遍成活）	每增刷一遍	硝基磁漆（三遍成活）	每增刷一遍
滑石粉	kg	13.86	—	13.86	—
纤维素	kg	0.56	—	0.56	—
108 胶	kg	2.75	—	2.74	—
色　粉	kg	3.85	—	—	—
漆　片	kg	7.41	—	5.93	—
酒　精	kg	31.31	—	25.05	—
香蕉水	kg	50.1	—	40.08	—
硝基清漆	kg	208.51	39.34	—	—
硝基漆稀料	kg	416.12	78.51	164.26	52.99
硝基底漆	kg	—	—	25.59	—
硝基磁漆	kg	—	—	92.14	29.72
砂　蜡	kg	3.37	—	2.7	—
上光蜡	kg	1.12	—	0.9	—

表 7-77　漆漆全板门（过氯乙烯）（单位：$100m^2$）

内　　容	单　位	五遍成活	每增刷一遍		
			底　漆	磁　漆	清　漆
综合工日	工日	133.13	20.54	21.59	20.54
过氯乙烯腻子	kg	55.30	—	—	—
过氯乙烯底漆	kg	38.68	38.68	—	—
过氯乙烯磁漆	kg	136.50	—	68.25	—
过氯乙烯清漆	kg	150.36	—	—	126.91
过氯乙烯溶剂	kg	48.98	12.90	18.05	41.14
砂　蜡	kg	3.37	—	—	—
上光蜡	kg	1.12	—	—	—

注：若设计要求不上蜡，扣除上蜡的综合工日。

表 7-78　油漆木墙面、墙裙（硝基清漆、醇酸清漆）（单位：$100m^2$）

内　　容	单　位	硝基清漆（五遍成活）	每增刷一遍	醇酸清漆（五遍成活）	每增刷一遍
综合工日	工日	143.28	28.35	102.53	16.40
石　膏	kg	4.27	—	4.27	—
滑石粉	kg	15.06	—	15.06	—
108 胶	kg	2.26	—	2.26	—
纤维素	kg	0.72	—	0.72	—
色　粉	kg	4.24	—	—	—

续表

内　　容	单　位	硝基清漆（五遍成活）	每增刷一遍	醇酸清漆（五遍成活）	每增刷一遍
漆　片	kg	0.64	—	—	—
酒　精	kg	2.76	—	—	—
香蕉水	kg	4.14	—	—	—
硝基清漆	kg	114.67	21.64	—	—
硝基漆稀料	kg	228.87	41.18	—	—
调和漆	kg	—	—	0.5	—
清　油	kg	—	—	2.17	—
松香水	kg	—	—	5.66	—
熟桐油	kg	—	—	3.46	—
酚醛清漆	kg	—	—	0.76	—
醇酸清漆	kg	—	—	51.50	9.29
醇酸漆稀料	kg	—	—	8.1	1.56
砂　蜡	kg	1.85	—	1.85	—
上光蜡	kg	0.62	—	0.62	—

表 7-79　油漆做装饰花纹(单位:100m²)

内　　容	单　位	油漆面画石纹	抹灰面做假木纹	彩色内墙喷涂
综合工日	工日	33.88	48.4	61.25
石　膏	kg	5.98	5.98	5.98
滑石粉	kg	27.72	27.72	27.72
108 胶	kg	—	—	42.6
清　油	kg	3.1	3.1	—
色　粉	kg	—	1.5	—
纤维素	kg	0.1	0.1	1.44
调和漆	kg	17.5p	17.5	—
无光调和漆	kg	4.3	4.3	—
熟桐油	kg	2.3	2.3	—
松香水	kg	5.0	5.0	8.0
聚醋酸乙烯乳液	kg	0.2	0.15	—
醇酸清漆	kg	3.5	5.2	—
醇酸漆稀释剂	kg	2.2	3.3	—
106 涂料	kg	—	—	82.4
底涂料	kg	—	—	24.2
中涂料	kg	—	—	28.6
面涂料	kg	—	—	44.0

表 7-80　油漆金属、木构件(防火漆)、木扶手(醇酸漆、硝基漆)(单位:m^2)

内　容	单 位	防火漆(两遍成活)			醇酸漆(三遍成活)	硝基漆(三遍成活)
		金属构件	木方面	木板面	木扶手	木扶手
		t	$100m^2$	$100m^2$	100m	100m
综合工日	工日	22.18	16.39	12.53	35.08	56.82
清　油	kg	116	—	—	0.62	—
防火漆	kg	10.56	—	—	—	—
松香水	kg	2.66	—	—	—	—
防锈漆	kg	8.93	—	—	—	—
催干剂	kg	1.50	—	—	—	—
膨胀型防火涂料	kg	—	77.52	99.75	—	—
石　膏	kg	—	—	—	0.77	0.13
滑石粉	kg	—	—	—	2.69	8.73
108 胶	kg	—	—	—	0.92	0.27
色　粉	kg	—	—	—	0.6	—
漆　片	kg	—	—	—	1.17	0.59
酒　精	kg	—	—	—	4.91	2.56
香蕉水	kg	—	—	—	7.37	4.01
酚醛清漆	kg	—	—	—	0.11	—
醇酸清漆	kg	—	—	—	9.18	—
醇酸漆稀料	kg	—	—	—	1.55	—
砂　蜡	kg	—	—	—	0.53	0.53
上光蜡	kg	—	—	—	0.18	0.18
硝基底漆	kg	—	—	—	—	2.69
硝基磁漆	kg	—	—	—	—	8.06
硝基漆稀料	kg	—	—	—	—	14.37

注:木方面按投影面积计算,木板面按双面计算。

表 7-81　油漆天棚(乳胶漆、防火漆)(单位:$100m^2$)

内　容	单 位	抹灰乳胶漆		木材面防火漆(三遍成活)	金属面防火漆(三遍成活)
		三遍成活	每增刷一遍		
综合工日	工日	50.1	16.70	20.11	24.85
石　膏	kg	3.23	—	—	—
滑石粉	kg	21.83	—	—	—
108 胶	kg	4.94	—	—	—
纤维素	kg	0.82	—	—	—
乳胶漆	kg	49.97	6.66	—	—
醋酸乙烯乳胶	kg	4.46	1.49	—	—

续表

内　　容	单　位	抹灰乳胶漆		木材面防火漆（三遍成活）	金属面防火漆（三遍成活）
		三遍成活	每增刷一遍		
清　油	kg	—	—	2.73	1.70
防火漆	kg	—	—	29.99	15.50
松香水	kg	—	—	4.40	3.90
防锈漆	kg	—	—	—	13.10
催干剂	kg	—	—	—	2.20

表 7-82　油漆木制天棚（过氯乙烯漆）（单位：100m²）

内　　容	单　位	五遍成活	每增刷一遍		
			底漆	磁漆	清漆
综合工日	工日	65.78	10.13	10.59	10.13
过氯乙烯腻子	kg	38.84	—	—	—
过氯乙烯底漆	kg	16.24	16.24	—	—
过氯乙烯磁漆	kg	57.33	—	28.67	—
过氯乙烯清漆	kg	64.31	—	—	32.16
过氯乙烯溶剂	kg	20.57	5.42	7.57	7.58
砂　蜡	kg	2.12	—	—	—
上光蜡	kg	0.70	—	—	—

注：若设计要求不上蜡，扣除上蜡材料和综合工日 12.5 个。

表 7-83　油漆墙面（抹灰面）、**天棚**（乳胶漆、硝基漆）（单位：100m²）

内　　容	单　位	乳胶漆（抹灰面）墙面		硝基清漆刷天棚	
		三遍成活	每增刷一遍	五遍成活	每增刷一遍
综合工日	工日	41.28	10.71	162.41	32.48
石　膏	kg	3.08	—	3.23	—
滑石粉	kg	20.79	—	21.83	—
大白粉	kg	2.15	—	—	—
纤维素	kg	0.81	—	0.82	—
漆　片	kg	—	—	0.67	—
色　粉	kg	—	—	4.45	—
108 胶	kg	11.60	—	4.94	—
酒　精	kg	—	—	2.9	—
松香水	kg	—	—	4.35	—
乳胶漆	kg	11.60	15.86	—	—
醋酸乙烯乳胶	kg	47.59	1.42	—	—
熟桐油	kg	4.25	—	—	—

续表

内　　容	单　位	乳胶漆(抹灰面)墙面		硝基清漆刷天棚	
		三遍成活	每增刷一遍	五遍成活	每增刷一遍
硝基清漆	kg	—	—	114.06	22.81
硝基稀料	kg	—	—	227.67	45.53
砂　蜡	kg	—	—	1.94	—
上光蜡	kg	—	—	0.65	—

表 7-84　油漆木地面(聚氨酯清漆、醇酸清漆)(单位:100m²)

内　　容	单　位	聚氨酯清漆		醇酸清漆	
		五遍成活	每增刷一遍	四遍成活	每增刷一遍
综合工日	工日	82.50	19.25	100.33	23.33
石　膏	kg	3.83	—	3.83	—
滑石粉	kg	17.49	—	17.49	—
熟桐油	kg	2.36	—	2.36	—
纤维素	kg	0.66	—	0.66	—
漆　片	kg	1.37	—	—	—
色　粉	kg	3.18	—	3.18	—
108 胶	kg	2.75	—	2.75	—
酒　精	kg	7.15	—	7.15	—
松香水	kg	2.50	—	8.49	2.12
清　油	kg	3.26	—	3.26	—
聚氨酯甲乙料	kg	151.20	29.08	—	—
聚氨酯稀料	kg	50.04	10.5	—	—
酚醛清漆	kg	—	—	0.75	0.14
醇酸清漆	kg	—	—	48.29	12.07
醇酸稀料	kg	—	—	8.10	2.03
地板蜡	kg	16.67	—	16.67	—

第十一节　客房装饰装修各部工程量计算练习

一、客房装饰装修设计说明及各部工程做法

(一)地面

1. 卫生间

花岗岩地面,浴盆尺寸 1 600mm×750mm×460mm。

2. 客厅、卧室、过道

花岗岩地面，铺纯毛地毯。

3. 踢脚板

踢脚板 120mm 高，材料同地面。

(二)顶棚

屋面板、楼板均为现浇钢筋混凝土板

1. 卫生间

轻钢龙骨吊顶，不燃埃特板面层，板面喷仿瓷涂料。嵌入式铝格栅日光灯槽。

2. 过道

轻钢龙骨吊顶，不燃埃特板面层，板面喷仿瓷涂料。

3. 客厅及卧室顶棚

(1)靠卫生间部分，混凝土板下贴矿棉板，面喷仿瓷涂料。

(2)靠窗部分，轻钢龙骨吊顶、柚木胶合板面，面刷聚氨酯漆两遍。

(三)墙面

1. 卫生间

墙面贴 150mm ×200mm 瓷砖(卫生间门洞尺寸为 780mm ×2 000mm)，组合梳妆镜。

2. 客厅、卧室、墙面、柱面、窗台下墙裙

水曲柳胶合板护壁板、墙裙(窗台高 900mm)面刷聚氨酯漆三遍。

3. 过道墙面

木龙骨石膏护壁板，面喷仿瓷涂料。

(四)门装饰

门制作、安装项目已完成。

1. 双面局部包真皮胶合板门 1 扇(套间内门，包皮面积为 $0.95m^2$)。单面局部包真皮胶合板门 2 扇(进户门，每扇门包皮面积为 $0.50m^2$)。上述 3 扇门尺寸均为 800mm ×2 100mm，未包真皮部分刷聚氨酯漆三遍。

2. 进户门(单面)、套间门(双面)、门洞(单面)边框包柚木面胶合板护框，边宽 200mm，刷聚氨酯漆两遍。

二、客房装饰装修工程量计算

按照定额的列项，写出定额编号逐项计算工程量，见图 7-38 至图 7-48。

1. 卫生间花岗岩地面

S = 主墙面净面积 - 浴盆所占面积

$=[(1.80-0.12)\times(2.40-0.24)-1.60\times0.75-(0.40\times0.40\times1/2\times2)]\times2$

$=4.54(m^2)$

2. 客厅、卧室、过道花岗岩地面

$$S_{过道}=(1.80-0.60-0.12-0.06)\times2.40\times2=4.90(m^2)$$

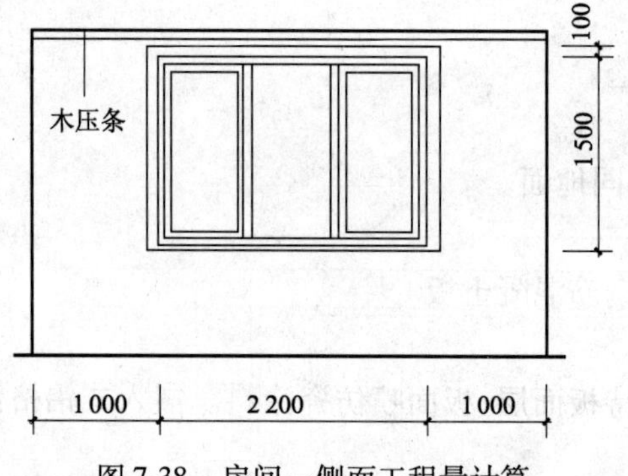

图 7-38　房间一侧面工程量计算

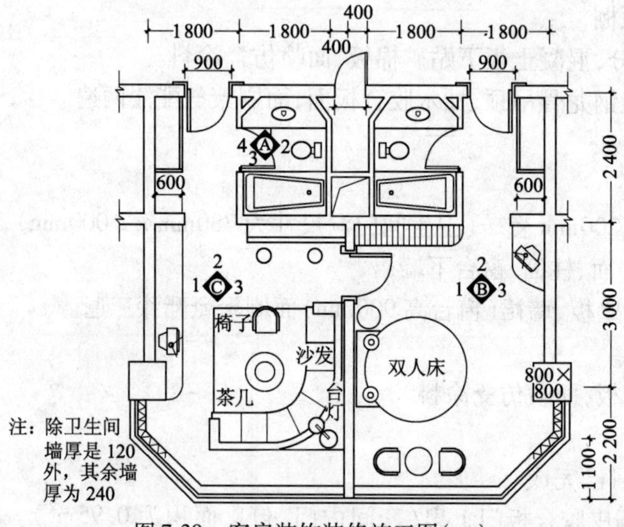

图 7-39　客房装饰装修施工图(一)

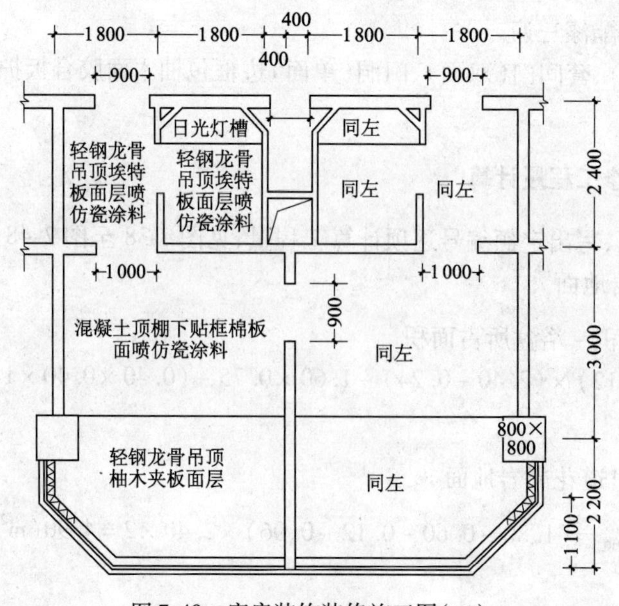

图 7-40　客房装饰装修施工图(二)

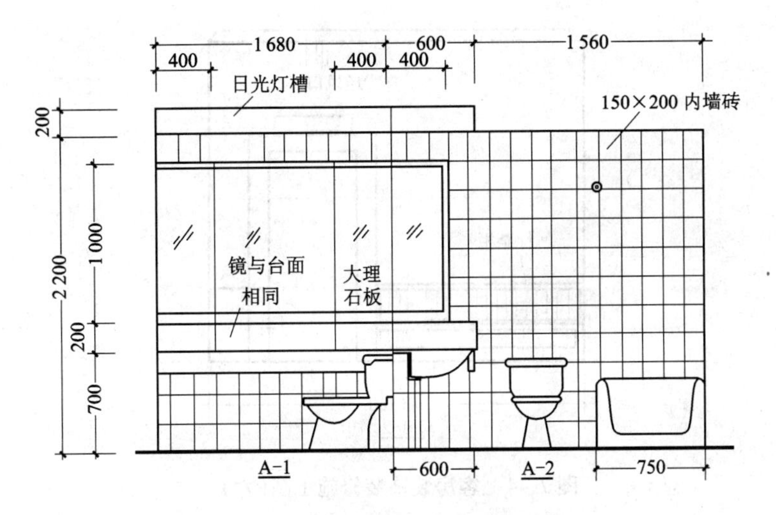

图 7-41　客房装饰装修施工图(三)

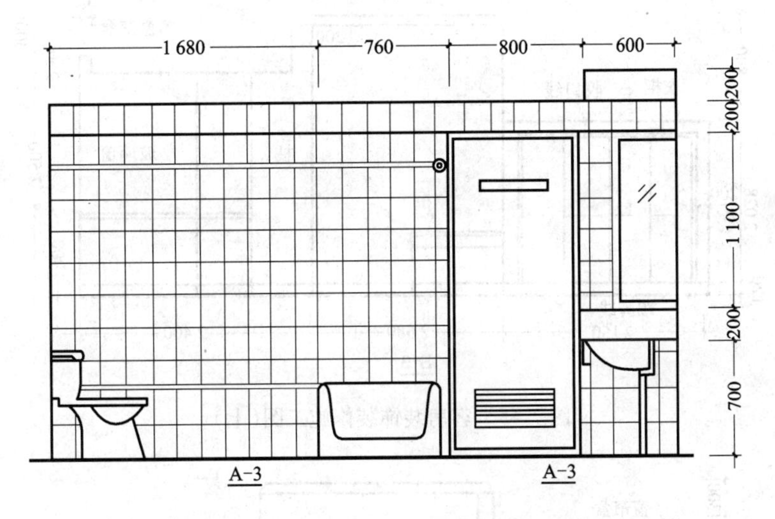

图 7-42　客房装饰装修施工图(四)

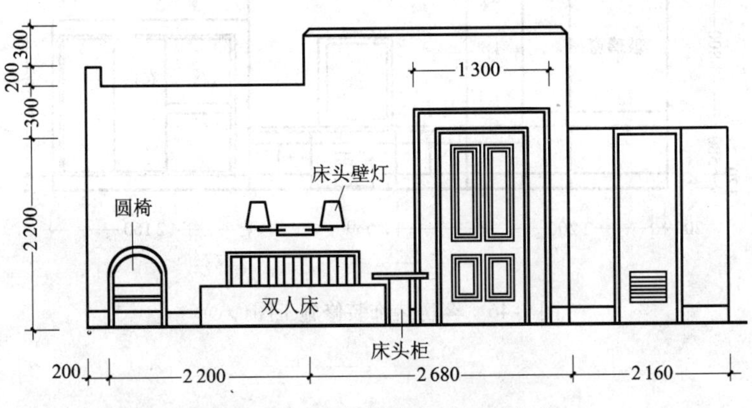

图 7-43　客房装饰装修施工图(五)

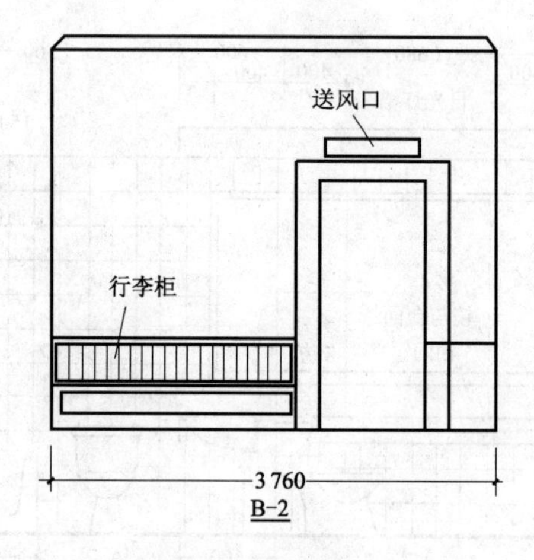

图 7-44　客房装饰装修施工图(六)

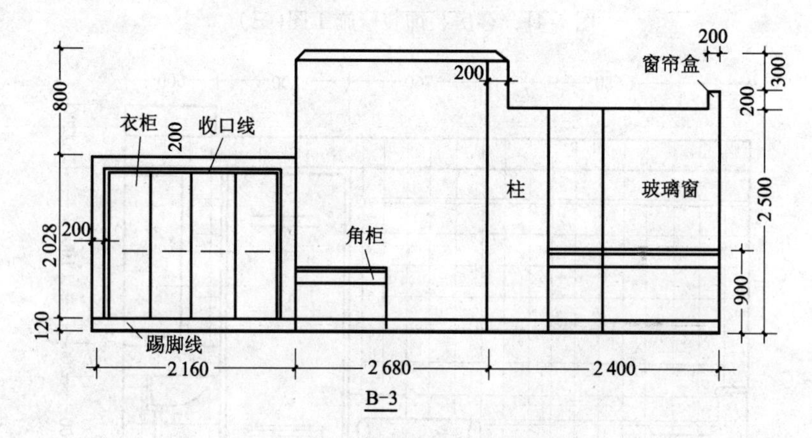

图 7-45　客房装饰装修施工图(七)

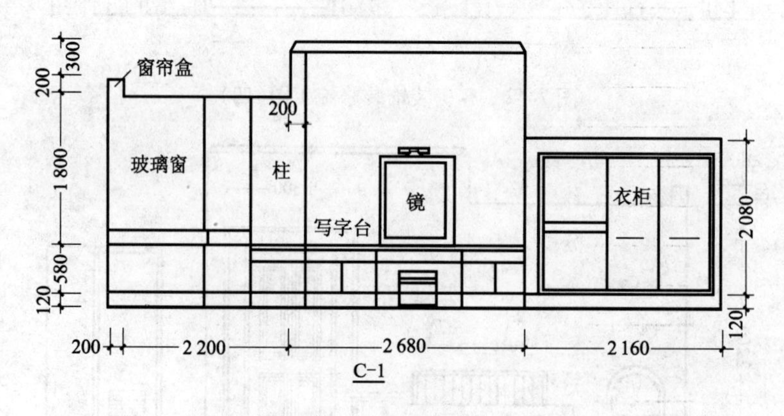

图 7-46　客房装饰装修施工图(八)

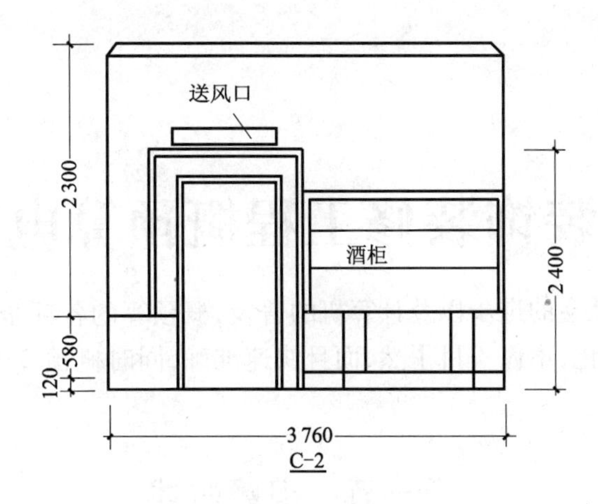

图 7-47　客房装饰装修施工图(九)

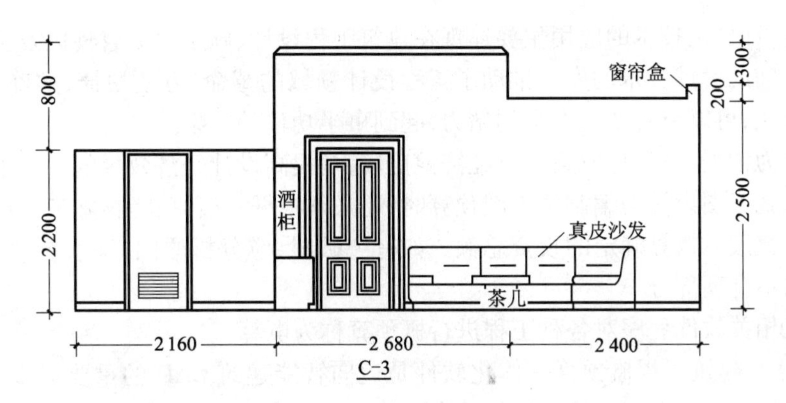

图 7-48　客房装饰装修施工图(十)

复习题

1. 什么是工程量?
2. 工程量计算的一般原则有哪些?
3. 什么是建筑面积,如何计算?
4. 脚手架如何计算?
5. 楼地面工程量计算规则?
6. 墙柱面工程量计算规则?
7. 按图 7-37 ~ 图 7-44 所给条件试练习各部装饰装修工程量计算。

第八章　装饰装修工程概预算电算化简介

随着时代的发展，社会的进步以及计算机的普及，概预算的各项步骤也进入到电算阶段。电算把繁复的计算明朗化，不仅一目了然，而且快速准确，同时概预算人员也从大量的计算工作中解放出来。

第一节　电算概述

在建筑业，计算机技术的应用主要体现在建筑工程设计、施工组织管理以及工程概预算等方面。计算机辅助设计技术的发展推动了工程设计领域的革命，方便快捷、准确，对于大量性的繁琐工作来说，可以节省使用人员的精力，起到事半功倍的效果。

以概预算为依据，对设计方案进行经济性比较，是提高设计经济效果的重要手段之一。设计单位在进行施工图设计与编制施工图预算时，还必须根据总概算，考核施工图预算所确定的工程造价是否突破总概算确定的投资总额。如有突破时，应分析原因，采取有效措施，修正施工图设计中的不合理部分。

用计算机相关软件程序对各种工程进行概预算称为电算。

建筑 CAD 与建筑工程概预算一体化软件是迈向智能建筑 CAD 的重要一步。因为，任何优秀的设计成果都不能没有经济指标的约束。

第二节　电算过程

由于建筑装饰装修工程概预算软件开发较晚，并且是基于其他大型软件系统基础上的实用程序，所以种类繁多，开发程序也不尽相同，但概预算计算流程基本相似，只是在某些过程中不同程度的减轻了操作人员的繁琐程度，而且方便、准确、快捷。

一、概预算基本计算流程

1. 读图纸：熟悉施工图以及相关工程文件，检查工程图纸或电子工程或电子工程文件。
2. 定规则：熟悉定额并确定工程量计算规则。
3. 套定额：编制工程预算表，列出概预算项目套用定额基价。
4. 查细项：进行人材机分析，查看定额细项，根据市场情况调研。
5. 总费用：汇总直接费，根据定额取工程管理费、利润等。
6. 编封面：编制工程预算书封面，打印工程预算表。
7. 审数据：数据审核，成本、利润和风险分析。
8. 签字、装订。

二、系统概述

装饰装修工程概预算软件虽不及建筑各种绘图软件普及，但是各种研发的软件功能都较为全面，效率较高，现就一般软件程序简单介绍。单纯的装饰装修工程概预算软件以 Windows 系统为基础，并且要求操作人员对 Office 办公软件较为熟悉，对其中的 Excel 表格知识掌握较好。为了提高工作效率，则应运用“建筑 CAD 与概预算一体化系统”，它是基于能用 CAD 设计平台的建筑 CAD 与概预算一体化软件系统，以提高工程量提取和概预算编制的自动化水平为目标，主要解决了以下几个问题：建筑工程图纸的管理、工程量提取的自动化、概预算的编制和系统的集成。其中工程量提取的自动化程度是整个系统的关键。

为了能使建筑 CAD 与概预算一体化系统具有较广的适用面，能为大多数的设计和施工单位所接受，该预算软件从目前我国建筑设计单位使用面最广的 AutoCAD 设计绘图平台产生的设计文件（DWG 文件、DXF 文件）中提取工程量数据存入工程量数据库，然后查询各类数据库、制作各类报表，完成概预算工作。这就要求预算者不仅能熟悉概预算软件系统的应用规则和操作过程，同时还要掌握建筑工程概预算原理。

三、实际操作过程

（一）装饰装修工程造价组成

装饰装修工程概预算造价由直接费、间接费、计划利润和税金四部分组成。

1. 计算直接费

按各省市的定额进行定价、根据工程实际列项定量，单价乘数量得到各工程子项的造价，最后汇总得到工程直接费。如实际发生的工日单价、材料与定额中规定的单价相比有差距，可根据实际工程进行调价，调价后的工程子项每单位价格与定额规定的单价的差额称为“价差”。

2. 计算非直接费

主要有两种形式

（1）取费报价：汇总人材机费，计算出工程直接费，并以直接费为基数，乘以一定比例得到其他间接费用。

（2）综合报价：管理费按比例合进人材机费中。使用取费方式计算非直接费用时，如使用额定工程直接费，价差没参与取费，如采用调价后的直接费，则价差参与取费。

（二）报价模式

不同的概预算支持的报价模式不尽相同，基本有三种形式：

定额量价、市场价、竞争费率、价差参与取费；

定额量价、增补材料价差模式：价差不参与取费，单独汇总到“工程总价差”，并加入计算工程总造价；

综合价格模式：在家庭装修、外资企业装修项目中比较适用，施工单位不一定按定额规定索取管理费、利润等。

（1）定额量、市场价、竞争费率、价差参与取费

程序中材料价差参与取费。在取费报价模式下，系统先对工程量及其子目录进行汇总，然后根据定额中的费率公式取费，此时材料价差应参与取费，按市场价计算项目基价。

$$预算基价 = \sum(人工市场价 \times 人工量) + \sum(材料市场价 \times 材料量) + \sum(机具市场价 \times 机具量)$$

$$合价 = 基价 \times 工程量$$

$$材料价差 = \sum(材料市场价 - 材料额定价) \times 材料量 \times 工程量$$

每项工程子项合计后都包含了市场价,所以工程取费不应再有“材料市场价差”。

注:当预算项目使用皆为市场价,每个工程子项汇总也包含市场价,工程总造价不再加入材料价差。

(2)增补材料价差模式

程序中材料价差不参与取费,取费中应有“材料市场价差”项目。

$$预算基价 = \sum(人工定额价 \times 人工量) + \sum(材料定额价 \times 材料量) + \sum(机具定额价 \times 机具量)$$

$$合价 = 定额基价 \times 工程量$$

$$材料价差 = \sum(材料市场价 - 材料额定价) \times 材料量 \times 工程量$$

注:当预算项目使用皆为定额价,每个工程子项不包含市场价,换价得到的市场价差单独汇总称“工程总价差”,并加入工程总造价中。

(3)综合报价模式

在“综合报价”模式中,每一项工程子项应附有“费用”一栏。部分定额本身有费用,在套用定额时应当使用定额中的费用。当系统同时允许用户自定协议费用,自定协议费用应根据工程子项的“人材机”按比例计算,用户可在工程属性界面中提供系数。如果用户已设定了系数,则按此系数计算的费用优先。

目前,一般电算系统的参数设置如下:

工程管理费:人工费 ×0.5 + 材料费 ×0 + 机械费 ×0

工程成本:人工费 + 材料费 + 机械费 + 工程管理费

利润:工程成本 ×0.1

费用:工程管理费 + 利润

综合价格:人工费 + 材料费 + 机械费 + 费用

由此可以看出,每一项工程子项目的合价实际等于:

$$预算基价 = \sum(人工市场价 \times 人工量) + \sum(材料市场价 \times 材料量) + \sum(机具市场价 \times 机具量)$$

$$合价 = 综合价格 \times 工程量 = (预算基价 + 费用) \times 工程量$$

(三)创建工程预算文件

在装饰装修工程概预算系统中,每个工程的预算数据,会被自动保存在一个独立的预算文件中。在程序启动时,系统会自动打开“程序显示”工程项目属性设置对话框。在该对话框中可以创建工程预算文件,也可以打开已经存在的文件。在新建工程时,系统会首先提示设定工程属性;在预算过程中,可以打开[工程菜单]选择[工程属性]打开“工程属性”窗口,对工程属性进行修改(见图8-1)。

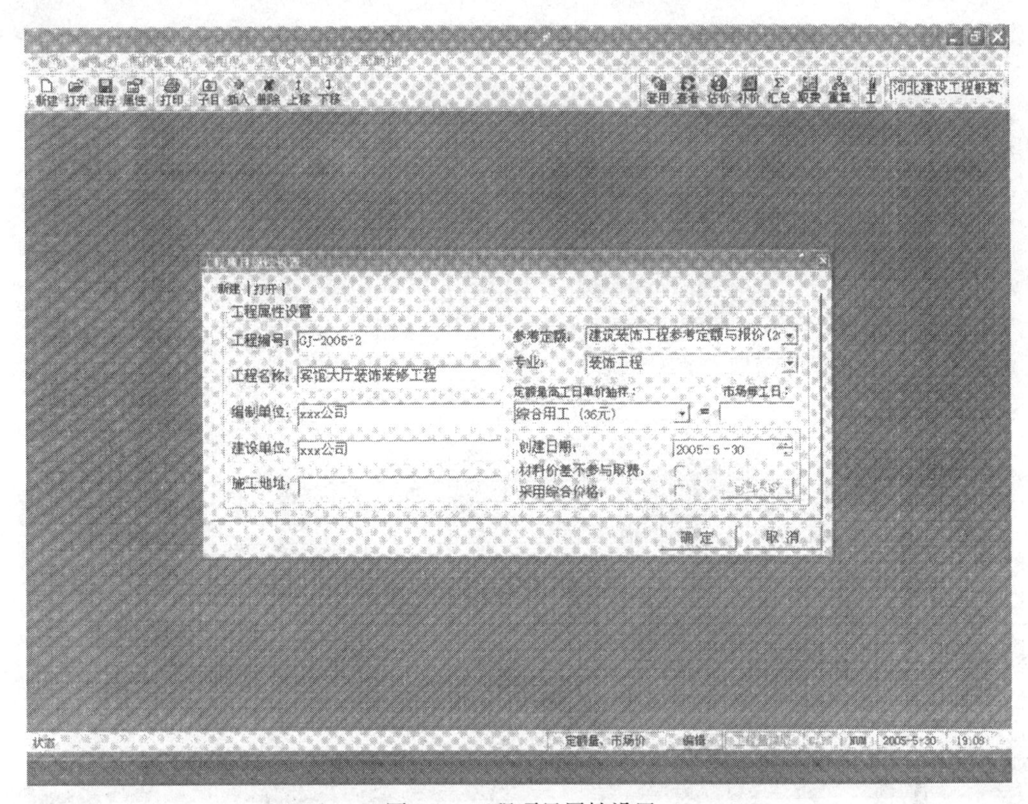

图8-1　工程项目属性设置

(四)列出工程子项

凡是工程预算都是由两个因素决定的,一个是由所有工程子项的工程量;另一个是完成该工程子项的每单位预算单价。

在编制工程概预算之前,必须熟悉施工图纸,详尽地掌握施工图纸和有关设计资料,熟悉施工组织设计和现场情况;了解施工方法、工序、操作及施工组织、进度;要掌握工程各部位建筑概况。对工程的全貌和设计意图有了全面、详细的了解以后,才能正确列出发生费用的所有工程子项;并结合定额计算相应工程量。

(1)建立树状目录

在建筑CAD与概预算一体化系统中,可存在着大量图纸、文档、报表。因此,为了更好地使用概预算电算系统,通过建立工程树状目录的方式,来组织管理工程子项及其汇总记录。在工程项目树状目录区中,大项目的名称是工程项目树状目录区的根节点。根据工程划分的需要,在根目录下可以创建子目录,子目录下再建立分项子目录。结构清晰,层层细化,不仅方便明了,而且还可以根据需要调整工程项目的层次结构(用户可以在工作目录区中,上下移动工程目录和其下面的工程项目,从而调整项目的顺序)。使用者可以通过创建子目,把分部或分项将相关的工程子项集合在一起,来划分和管理工程。子目既可以包含同一个空间内的所有工程子项,如"贵宾厅",也可以是按功能集合在一起的子项目组合,如"门窗工程"等。在计算工程量时,可以对子目内的所有项目进行汇总,也可以对某个分项工程进行汇总。通过工程目录树窗口,可以查看和访问工程项目中的所有创建子目,分部或分项将相关的工程子项集合在一起，来划分和管理工程（见图8-2）。

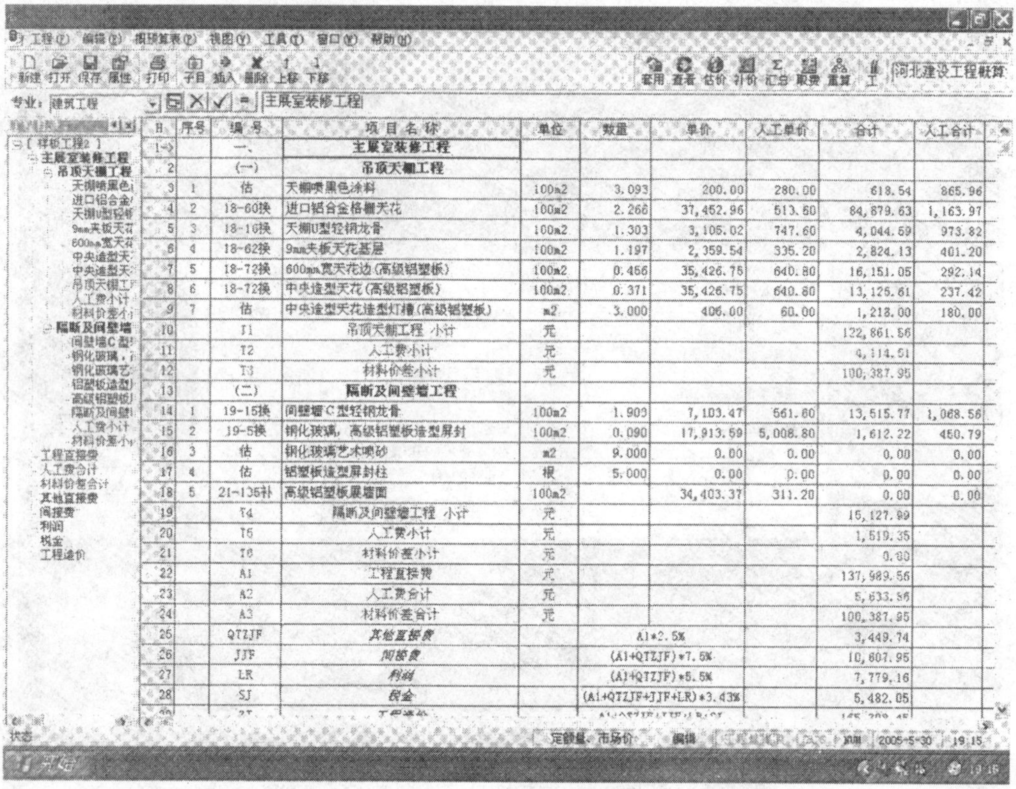

B	序号	编号	项目名称	单位	数量	单价	人工单价	合计	人工合计
1		一、	主展室装修工程						
2		(一)	吊顶天棚工程						
3	1	估	天棚喷黑色涂料	100m2	3.093	200.00	280.00	618.54	865.96
4	2	18-60换	进口铝合金格栅天花	100m2	2.266	37,452.96	513.60	84,879.63	1,163.97
5	3	18-16换	天棚U型轻钢龙骨	100m2	1.303	3,105.02	747.60	4,044.59	973.82
6	4	18-62换	9mm夹板天花基层	100m2	1.197	2,359.54	335.20	2,824.13	401.20
7	5	18-72换	600mm宽天花边（高级铝塑板）	100m2	0.456	35,426.75	640.80	16,151.05	292.14
8	6	18-72换	中央造型天花（高级铝塑板）	100m2	0.371	35,426.75	640.80	13,125.61	237.42
9	7	估	中央造型天花造型灯槽（高级铝塑板）	m2	3.000	406.00	60.00	1,218.00	180.00
10		T1	吊顶天棚工程 小计	元				122,861.56	
11		T2	人工费小计	元				4,114.51	
12		T3	材料价差小计	元				100,387.95	
13		(二)	隔断及间壁墙工程						
14	1	19-15换	间壁墙C型轻钢龙骨	100m2	1.903	7,103.47	561.60	13,515.77	1,068.56
15	2	19-5换	钢化玻璃，高级铝塑板造型屏封	100m2	0.090	17,913.59	5,008.80	1,612.22	450.79
16	3	估	钢化玻璃艺术喷砂	m2	9.000	0.00	0.00	0.00	0.00
17	4	估	铝塑板造型屏封柱	根	5.000	0.00	0.00	0.00	0.00
18	5	21-136补	高级铝塑板展墙面	100m2		34,403.37	311.20	0.00	0.00
19		T4	隔断及间壁墙工程 小计	元				15,127.99	
20		T5	人工费小计	元				1,519.35	
21		T6	材料价差小计	元				0.00	
22		A1	工程直接费	元				137,989.56	
23		A2	人工费合计	元				5,633.86	
24		A3	材料价差合计	元				100,387.95	
25		QTZJF	其他直接费		A1*2.5%			3,449.74	
26		JJF	间接费		(A1+QTZJF)*7.5%			10,607.95	
27		LR	利润		(A1+QTZJF)*5.5%			7,779.16	
28		SJ	税金		(A1+QTZJF+JJF+LR)*3.43%			5,482.05	

图8-2　工程项目管理子目

（2）顺序计算

为了快速、准确地列项和计算工程量，防止漏项和重复计算，并便于审查，在计算建筑装饰工程量时，应结合施工图的具体情况，按以下几种顺序进行：

①按顺时针的方向先左后右、先上后下、先横后竖计算；

②按图纸的轴线先外后内进行；

③按建筑物层次及图纸结构构件编号顺序进行计算；

④使用子目来划分工程。

（五）计算工程量

工程量的计算无论在手工计算，还是电算都是比较繁重的劳动。工程量是依据施工图规定的各部分项工程的尺寸、数量等通过列项具体计算出来的。工程量是确定工程造价的基础数据，施工图概预算的工程量，具有特定的含义，不同于施工现场的实物量。工程量往往要综合、包含多种工序的实物量。国家有关部门对工程量的计算规则作了规范（本书在第七章已作了较详细的介绍），造价工程师应该熟悉有关规定，以施工图及设计文件为基础，参照概预算定额计算工程量的有关规定列项、计算。建筑CAD与概预算一体化软件系统一般由三个子系统组成：工程项目图纸、管理子系统、工程量提取子系统和概预算编制子系统。

工程量提取系统提供了多种灵活的数据提取和计算方式：

（1）从图纸中点选或窗选图形元素

系统构造其中属于尺寸标注的选择集，将所有尺寸进行累加，并和相应的工程量数据输入框中已有的数值进行累加（见图 8-3）。

项目名称	单 位	数 量	单 价
吊顶天棚工程			
天棚喷黑色涂料	100m^2	3.093	200.00
进口铝合金格栅天花	100m^2	2.266	37,452.96
天棚 U 型轻钢龙骨	100m^2	1.303	3,105.02
9mm 夹板天花基层	100m^2	1.197	2,359.54
600mm 宽天花边（高级铝塑板）	100m^2	0.456	35,426.75
中央造型天花（高级铝塑板）	100m^2	0.371	35,426.75
中央造型天花造型灯槽（高级铝塑板）	m^2	3.000	406.00
吊顶天棚工程 小计	元		
人工费小计	元		
材料价差小计	元		

图 8-3 工程量数据累加

（2）人工在编辑框中输入

当图纸中没有明确的尺寸数值和计算的工程量数据时，可由人工在编辑框中进行输入或选择度增减等。

（3）用公式输入工程量

装饰装修工程概预算电算系统中可用公式计算工程量，代替原来的繁琐而细致的手工计算工作。只需在公式编辑栏输入计算公式，然后单击“计算公式”按钮。程序即自动计算出工程量，并填入概预算表格中。

工程量的计算要认真、仔细，既不重复计算，又不漏项。可以直接在概预算表格中分系统列项，并套用施工定额。

（六）套用定额和换价

定额是指在建设工程施工中完成一定计量单位供工程的人工、材料、机械和资金消耗的规定额度。

1. 套用定额

在运用定额编制装饰装修工程预算书时，应首先明确需要定预算单价的工程子项属于哪个分部工程，然后从定额中核对工程名称，工作内容和技术规格等，找到与工程子项最吻合的条目，就可以套用定额条目定预算单价（见图 8-4）。

电算系统中一般提供了两种方法套用定额：

（1）熟知定额，可以在预算表中一步到位，输入定额编号或项目名称。系统会根据输入结果查找与之匹配的定额，并在下拉框中显示。可以从中直接选取并套用定额，然后再根据需要修改项目名称。

（2）对定额不太熟悉，可先列项，再套用定额。在列项过程中或结束后，选中要套用定额的项目，打开“定额查询”窗口，按专业、分部缩小查找范围，确定要使用的定额条目。

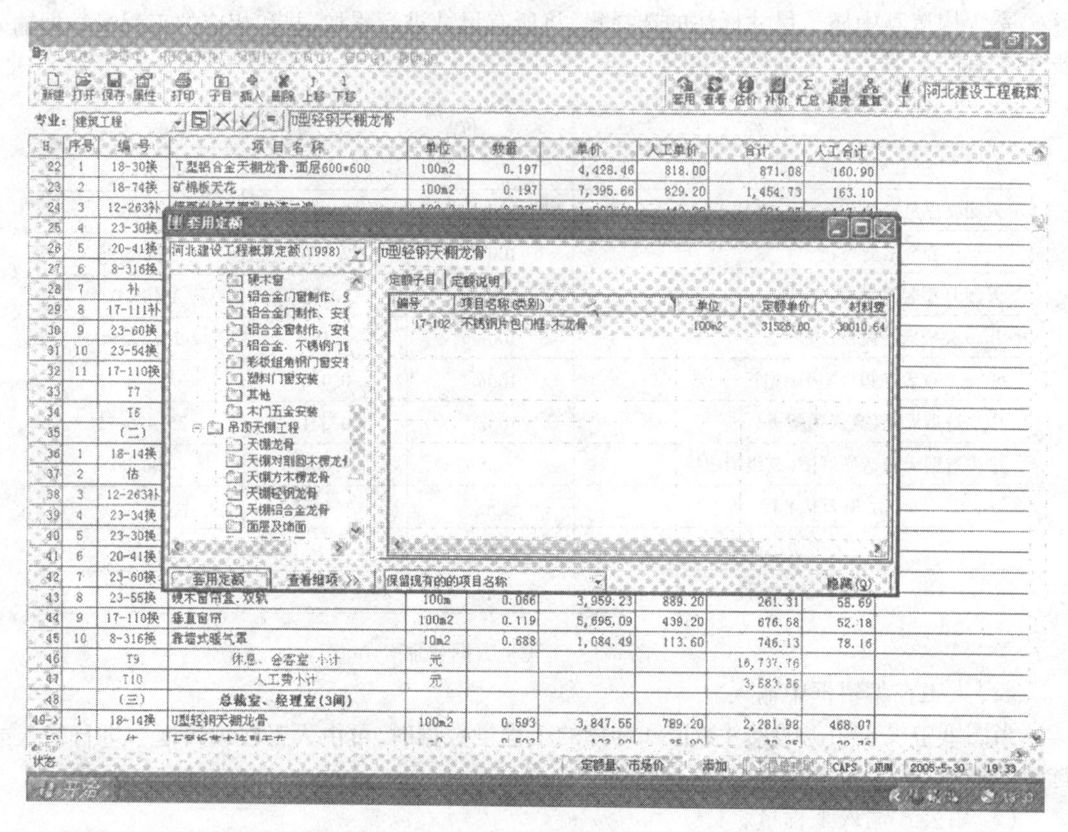

图 8-4 计算工程量

2. 换价和补充价格

定额中绝大部分工程子目单价是可以直接套用的,但设计中往往根据实际需要替换了某些材料,或实际产生费用比定额高。如人工工日单价一般都比定额规定的要高,又如装修材料的类别不同都会与定额有差距,这时就需要换价或补价。

换价是指将定额中规定内容与设计要求内容不相一致,而在定额允许换算的前提下进行调整换算,而取得定额规定与设计要求一致的过程。在换价时,可以根据设计和施工实际,更改部分人材机含量的单价,但是一般不得更改定额中人材机含量的比例。

如果在定额中找不到相似的项目进行套用,应按《全国统一建筑工程基础定额》的编制格式,编制补充定额。

电算系统一般都提供了灵活的调价和补价功能:

①对套用的定额进行换价,并将经过换价的人工、机具或材料的新价格应用到整个工程,因为其他工程子项可能也使用了该项的人材机单价。换过价的预算行,编号后会自动加上“换”字。

②在没有项接近的分项工程套用时,可以进行简单的估价,直接指定预算单价,如石雕喷水台等独立的装饰项目。经过估价的预算行,编号后会自动加上“估”字。

③在没有项接近的分项工程套用时,也可进行补价,在输入人材机构成的过程中,还可以导入其他定额进行增减;使用补充价格的预算行,编号后会自动加上“补”字。

(七)汇总和取费

1. 工程费用汇总

进行费用汇总的目的,不单是合计工程子项的费用得到工程的合价,还可以得到材料价差总计、人工费、总工日等信息。只要指定要汇总的分量,在汇总时自动生成汇总信息。

工程子项的合价汇总,由于计划利润,税金等项目没有包含在内,所以不代表工程的总造价。这些费用都是以工程直接费为基础,根据定额中关于工程复杂程度的相关规定,按照一定的百分比抽取的,所以费用汇总是进行工程造价预算的重要步骤。在电算系统中注意:

(1)每个子项目单独汇总时,是否包含子目中预算的所有项目费用,不得丢项。

(2)选择工程目录树中的根目录,则对整个工程进行汇总,所有直接费用项目都会被合计到汇总行中。

2. 取费

电算软件一般都提供了灵活的费率公式,只需在费率公式中指令所需预算项目的编号。

例如:预算表中有下列费用:

A1　　工程直接费　　3 467.50

A2　　其他直接费　　244.23

如果计划利润是直接费的7%,只需要在它的费率公式中定义:

$$(A1 + A2) \times 7\%$$

(八)打印和输出

需打印表格包含:

1. 封面
2. 工程造价取费表　含工程和所有子工程的汇总，以及所有取费公式。
3. 工程预算表　含工程主窗口中所有的行。
4. 工程预算明细表　在打印工程子项时同时打印其人材机构成。
5. 人材机汇总表　含工程中所使用过的人材机数量和费用。

四、结语

21世纪,人类步入了信息时代,计算机技术在社会生活各个方面得到了广泛应用。概预算电算化主要基于Office系统上发展与完善的,在工程量数值的提取上也是依靠CAD技术化繁为简。概预算系统应用对提高概预算效率与质量,增强招投标快速响应能力等都具有重要的意义,将产生重大的经济效益。

复习题

1. 概预算的基本流程是什么?
2. 电算系统采用哪两种方法套用定额?
3. 概述装饰装修工程概预算电算的优点?
4. 计算工程量时,如何防止漏项和重复计算?
5. 编号后“换”字是何意义?
6. 报价模式的三种形式?

第九章　工程结算和竣工决算

第一节　工程结算

一、概述

工程竣工结算是指单项工程完成并达到验收标准，取得竣工验收合格证签证后，施工企业与建设单位之间办理的工程财务结算。主要包括工程价款结算，设备、工器具购置结算，劳务供应结算和其他货币资金结算。

单项工程应在竣工验收后，由施工单位及时整理交工技术资料，绘制主要工程竣工图和编制竣工结算并附上施工合同、补充协议、设计变更等洽商记录，送建设单位审查，经承发包双方达到一致意见后办理结算。但属中央和地方财政投资工程的结算，需经财政主管部门委托的专业银行或中介机构审查，有的工程还需经审计部门审计。

1. 工程价款结算的分类

工程价款的结算按时间和对象可分为定期结算、阶段结算、年终结算和竣工后一次结算等，如图 9-1 所示。

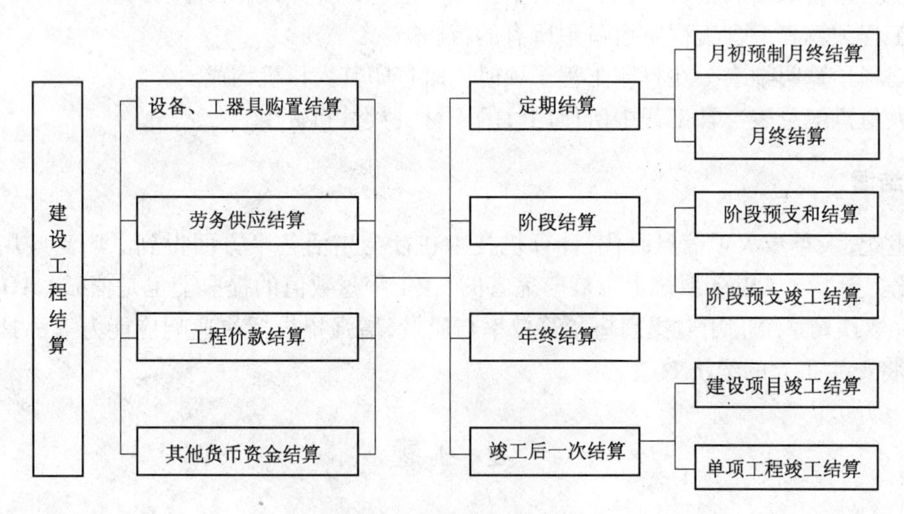

图 9-1　工程结算分类表

2. 工程结算的作用

工程结算的作用有以下几点：

（1）通过工程结算办理已完工程的价款，确定施工企业的货币收入，补充施工生产过程中的资金消耗；

（2）工程结算是统计施工企业完成生产计划和建设单位完成建设投资任务的依据；

（3）竣工结算是施工企业完成该工程项目的总货币收入，是企业内部编制工程决算进行成本核算，确定工程实际成本的重要依据；

(4)竣工结算是建设单位编制竣工决算的主要依据；

(5)竣工结算的完成，标志着施工企业和建设单位双方所承担的合同义务和经济责任的结束。

二、工程竣工结算的编制依据、结算方式和编制方法

(一)工程竣工结算编制依据

编制工程竣工结算必需提供如下依据。

1.《建设工程工程量清单计价规范》(GB 50500—2008)；

2. 施工合同；

3. 工程竣工图纸及资料；

4. 双方确认的工程量；

5. 双方确认追加(减)的工程价款；

6. 双方确认的索赔、现场签证事项及价款；

7. 投标文件；

8. 招标文件；

9. 其他依据。

(二)工程竣工结算方式

1. 决标或议标后的合同价加签证结算方式

(1)合同价：经过建设单位(业主)、招投标主管部门对标底和投标报价进行综合评定后确定的中标价与施工企业，以合同的形式固定下来。

(2)变更增减账等：对合同中未包括的条款，在施工过程中发生的历次工程变更所增减的费用，经建设单位(业主)或监理工程师签证后，与原中标合同一起结算。

2. 施工图预算加签证结算方式

(1)施工图预算：这种结算方式一般是小型工程，其原施工图预算经业主审定后作为工程竣工结算的依据。

(2)变更增减账等：凡施工图预算未包括的，在施工过程中发生的历次工程变更所增减的费用，各种材料(构配件)预算价格与指导价(中准价)的差价等，经建设单位(业主)或监理工程师签证后，与审定的施工图预算一起在竣工结算中进行调整。

3. 预算包干结算方式

即预算包干结算，也称施工图预算加系数包干结算。

结算工程造价 = 经业主审定后的施工图预算造价 × (1/包干系数)

在签订合同条款时，预算外包干系数要明确包干内容及范围。包干费通常包括下列费用：

(1)在原施工图基础上增加的建筑面积；

(2)工程结构设计变更、标准提高，非施工原因的工艺流程的改变等；

(3)隐蔽工程的基础加固处理；

(4)非人为因素所造成的损失。

4. 平方米造价包干的结算方式

它是双方根据一定的工程资料，事先协商好每平方米单方造价指标后，乘以建筑面积。

结算工程竣工造价 = 建筑面积 × 每平方米单方造价

(三)工程结算的编制方法

工程竣工结算的编制,因承包方式的不同而有所差异,其结算方法均应根据各省市建设工程造价(定额)管理部门和施工合同管理部门的有关规定办理工程结算,下面介绍几种不同承包方式在办理结算中一般发生的内容(主要以北京市为例)。

1. 采用招标方式承包工程

这种工程竣工结算原则上应以中标价(议标价)为基础进行,由于我国社会主义市场经济体制未完全形成,正在由计划经济体制向市场经济体制过渡。因此,工程中诸多因素不能反映在中标价格中,这些因素均应在合同条款中明确。如工程有较大设计变更、材料价格的调整、合同条款规定通常允许调整的、或当合同条文规定不允许调整但非建筑企业原因发生中标价格以外的费用时,承包双方应签订补充合同或协议,承包方可以向发包方提出工程索赔,作为结算调整的依据。施工企业在编制竣工结算时,应按本地区主管部门的规定,在中标价格基础上进行调整。采用招标(或议标)方式承包工程的结算方法是普遍的常用方法。

2. 采用施工图预算加增减账方式

以原施工图预算为基础,对施工中发生的设计变更、原预算书与实际不相符、经济政策的变化等,编制变更增减账,即在施工图预算的基础上作增减调整。

编制竣工结算的具体增减内容,有以下几个方面。

(1)工程量量差

工程量量差,是指施工图预算所列分项工程量与实际完成的分项工程量不相符而需要增加或减少的工程量。一般包括:

①设计变更:

a. 工程开工后,建设单位提出要求改变某些施工做法。如原设计为水泥地面改为现浇水磨石地面,增减某些具体工程项目。

b. 设计单位对原施工图的完善。如有些部位相互衔接而发生量的变化。

c. 施工单位在施工过程中遇到一些原设计未预料的具体情况,需要进行处理。

对于设计变更经设计、装饰装修单位(或监理单位)、施工企业三方研究、签证、填写设计变更洽商记录,作为结算增减工程量的依据。

②工程施工中发生特殊原因与正常施工不同,经建设(或监理)单位同意、签证后,作为工程结算的依据。

③施工概预算分项工程量不准确。在编制工程竣工结算前,应结合工程竣工验收,核对实际完成的分项工程量。如发现与施工图预算书所列分项工程量不符时,应进行调整。

(2)各种人工、材料、机械价格的调整

在工程结算中,人工、材料、机械费差价的调整办法及范围,应按当地主管部门的规定办理。

①人工单价调整。在施工过程中,国家对工人工资政策调整或劳务市场工资单价变化,一般按文件公布执行之日起的未完施工部分的定额工日计算,有三种方法进行调整。

a. 按预算定额分析的人工工日乘以人工单价的差价。

b. 按预算定额分析的工人费乘以系数。

c. 按预算定额编制的直接费为基数乘以主管部门公布的季度或年度的综合系数一次调整。

②材料价格的调整。概预算定额中材料的基价表示一定时限的价格(静态价)在施工过程中,价格在不断地变化,对于市场不同施工期的材料价格与定额基价的差价,按与其相应的

材料量进行调整。

调整的方法有两种：

a. 对于主要材料，分规格、品种以定额的分析量为准，定额量乘以材料单位价差即为主要材料的差价。市场价格以当地主管部门公布的指导价为准。

对于辅助(次要)材料，以预算定额编制的直接费乘以当地主管部门公布的调价系数。

b. 造价管理部门根据市场价格变化情况，将单位工程的工期与价格调整结合起来，测定综合系数，并以直接费为基数乘以综合系数。该系数一个单位工程只能使用一次，使用的时间为按国家或地方制定的工期定额计算的工程竣工工期。

③机械价格的调整：

a. 采用机械增减幅度系数。一般机械价格的调整是按预算定额编制的直接费乘以规定的机械调整综合系数。或以预算定额编制的分部工程直接费乘以相应规定的机械调整系数。

b. 采用综合调整系数。根据机械费增减总价，由主管部门测算，按季度或年度公布综合调整系数，一次进行调整。

(3)各项费用调整

间接费、计划利润及税金是以直接费(或定额人工费总额)为基数计取的。随着人工费、材料费和机械费的调整，间接费、计划利润及税金也同样在变化，除了间接费的内容发生较大变化外，一般间接费的费率不作变动。

各种人工、材料、机械价格的调整后在计取间接费、计划利润及税金方面有两种方法：

①各种人工、材料等差价，不计算间接费和计划利润，但允许计算税金。

②将人工、材料、机械的差价列入工程成本计取间接费、计划利润及税金。

3. 采用施工图预算加包干系数或平方米造价包干的方式

采用施工图预算加包干系数或平方米造价包干方式的工程结算，一般在承包合同中已分清了承、发包单位之间的义务和经济责任，不再办理增减调整。工程竣工后，仍以原预算加系数或平方米造价包干进行结算。对于上述承包方式，必须对工程施工期内各种价格进行预测，获得一个综合系数，即风险系数。这种做法对承包或发包方均具有较大的风险性，一般只适用于建筑面积较小、结构简单、工期短的工程。对工期较长、结构类型复杂、材料品种多等的工程不宜采用这种方法。

目前，工程竣工结算书国家没有统一规定的格式，各地区可结合当地的情况和需要自行设计供结算使用。如表9-1所示。

表9-1　土建工程结算费用计算程序表

序　　号	费　用　项　目	计　算　公　式	金　额　(元)
(1)	原预算直接费		
(2)	历次增减变更直接费		
(3)	调价金额	[(1)+(2)]×调价系数	
(4)	工程直接费	(1)+(2)+(3)	
(5)	企业经营费	(4)×相应工程类别费率	
(6)	利　润	(4)×相应工程类别费率	
(7)	税　金	(4)+(5)+(6)×相应工程类别费率	
(8)	工程造价	(4)+(5)+(6)+(7)	

第二节　工程料款的预支和抵扣

承包商组织施工都需要一定数额的备料金，用以提前储备材料和订购配件，保证施工的顺利进行，工程备料款预支数额，扣还的起扣点以及办理的手续和方法应在工程建设合同中明确规定。

一、工程备料款的预收

确定工程备料款数额的原则应该是保证施工、所需材料和购件的正常储备，预收工程备料款的数额一般应根据施工工期、年度建筑安装工作量，主要材料和构件费用占年度建筑安装工作量的比例以及材料储备等因素确定。

二、确定工程备料款数额的方法

按确定工程备料款数额的原则和有关依据，可以采用以下两种方法计算工程备料款的数额。

（一）影响因素法

影响因素法主要是将影响工程备料款数额的每个因素，作为一个参数，按其影响关系，进行工程备料款数额计算。

$$A = \frac{B \times K}{T} \times t$$

式中　A——预收备料款数额；

B——年度建筑安装工作量；

K——材料比例，即主要材料构件费占年度建筑安装工作量的比例；

T——计划工期；

t——材料储备时间，可根据材料储备定额或当地材料供应情况定。

$K = C/B$，其中 C 为主要材料和构件费用，可根据施工图预算中的主要材料和构件费确定。

（二）额度系数法

为了简化工程备料款的计算，将影响工程备料款数额的因素，进行综合考虑，确定为一个系数，即工程备料款额度。其含义是预收工程备料款数额占年度建筑安装工作量的百分比。据此含义得出计算式如下：

$$\lambda = \frac{A}{B} \times 100\%$$

于是，则有：

$$A = \lambda B$$

式中　λ——工程备料款额度；

A——预收工程备料款数额；

B——年度建筑安装工作量。

工程备料款额度，一般情况，各地区按工程类别、施工期限以及建筑材料和构件生产供应情况，统一测定。通常取 $\lambda=20\%\sim30\%$。对于装配化程度高的项目，需要的预制钢筋混凝土构件、金属构件、木制品、铝合金和塑料配件较多，工程备料款额度应适当增大。若工程计划完成年度建筑安装工程量为700万元，则工程备料款数额为：

$$700\times25\%=175(\text{万元})$$

三、扣还工程备料款

工程备料款，它是建设单位为了保证施工生产的顺利进行而预支给施工企业的一部分垫款。当施工进行到一定程度之后，材料和构配件的储备量，将随工程的顺利进行而减少，需要的工程备料款也随之减少，此后，在办理工程价款结算时，可以开始扣还工程备料款。

工程备料款的扣还是随着工程价款的结算，以冲减工程价款的方法，逐渐抵扣，待到工程竣工时，全部工程备料款抵扣完。工程施工进行到何时（或阶段）开始扣还工程备料款，每次办理工程价款结算时抵扣多少？这两个问题都应合理地确定。

（一）确定工程备料款起扣点

工程备料款开始扣还时的工程进度状态称为工程备料款的起扣点。工程备料款起扣点，可以用累计完成建筑安装工程量的数额表示，称为累计工作量起扣点；也可以用累计完成建筑安装工作量与年度建筑安装工作量的百分比表示，称为工作量百分比起扣点。

按确定工程备料款起扣点的原则，可以确定下述两种方法表示的起扣点。

1. 确定累计工作量起扣点

根据累计工作量起扣点的含义，即累计完成建筑安装工作量达到起扣点的数额时，开始扣还工程备料款。此时，未完工程的工作量应等于年度建筑安装工作量与其之差，未完工程的材料和构件费等于未完工作量乘以材料比例。考虑此关系，按确定工程备料款起扣点的原则，可得下式：

$$(B-W)K=A$$

于是，则有：

$$W=B-\frac{A}{K}$$

式中　W——累计工作量起扣点；

A——预收工程备料款数额；

B——年度建筑安装工作量；

K——材料比例。

【例】　某工程计划完成年度建筑安装工作量为700万元，按本地区规定备料款额度为25%，材料比例为50%，试计算累计工作量起扣点。

【解】　（1）工程备料款数额为：

$$700\times25\%=175(\text{万元})$$

（2）累计工作量起扣点为：

$$700-\frac{175}{50\%}=350(\text{万元})$$

2. 确定百分比起扣点

根据百分比起扣点的含义，即累计完成的建筑安装工作量 W，占年度建筑安装工作量的百分比达到起扣点的百分比时，开始扣还工程备料款，设其为 λ，则可得公式为：

$$\lambda=\frac{W}{B}\times100\%$$

即：
$$W=\lambda B$$

将上式 W 代入下式，可得：

$$\lambda=(1-A/KB)\times100\%$$

式中 λ——工作量百分比起扣点；

A——预收工程备料款数额；

B——年度建筑安装工作量；

K——材料比例。

在实际工作中，工程备料款的起扣点，可以由施工企业与建设单位根据性质和材料供应情况协商确定。如有的合同曾注明工程进度达到年度建筑安装工作量的60%时，开始扣还工程备料款。

【例】 某工程计划完成年度建筑安装工作量为700万元，按本地区规定工程备料款额度为25%，材料比例为50%，试计算百分比起扣点。

【解】 (1)工程备料款数额为：

$$700\times25\%=175(\text{万元})$$

(2)百分比起扣点为：

$$\lambda=1-\frac{175}{700\times50\%}=1-0.5=50\%$$

按本法求出的百分比起扣点为50%。此时，累计完成的建筑安装工作量为：

$$700\times50\%=350(\text{万元})$$

它与前例求出的累计工作量起扣点相同，可见，两种起扣点只是表示法和计算法不同，起扣工程备料款时的工程进度状态是一定的，即起扣点只有一个。

(二)应扣工程备料款数额

1. 工程备料款分次扣还

应自起扣点开始，在每次工程价款结算中扣抵工程备料款。抵扣的数量，按扣还工程备料款的原则，应该等于本次工程价款中的材料和构件费的数额。即工程价款数额和材料比的乘积。但是，一般情况下，工程备料款的起扣点与工程价款结算间隔点不一定重合。因此，第一次扣还工程备料款额计算式与其后各次工程备料款扣还数额计算式略有区别。

(1)第一次扣还工程备料款数额的计算式为：

$$a_1 = (\sum_{i=1}^{n} W_i - W) \times K$$

式中　a_1——第一次扣还工程备料款数额；

$\sum_{i=1}^{n} W_i$——累计完成建筑安装工作量之和；

W——累计工作量起扣点；

K——材料比例。

（2）第二次及其以后各次扣还工程备料款额的计算式为：

$$a_i = W_i \times K$$

式中　a_i——第 i 次扣还工程备料款数额（$i > 1$）；

W_i——第 i 次扣还工程备料款时，当次结算完成的建筑安装工作量；

K——材料比例。

【例】　某建设项目计划完成年度建筑安装工作量 800 万元，工程备料款为 200 万元，材料比例为 50%，工程备料款起扣点为累计完成建筑安装工作量 400 万元，6 月份累计完成建筑安装工作量 500 万元，当月完成建筑安装工作量 110 万元，7 月份当月完成建筑安装工作量 108 万元。试计算 6 月份和 7 月份月终结算应抵扣工程备料款数额。

【解】　（1）6 月份应抵扣工程备料款数额为：

$$(500 - 400) \times 50\% = 50（万元）$$

（2）7 月份应抵扣工程备料款数额为：

$$108 \times 50\% = 54（万元）$$

2. 工程备料款一次扣还

预收工程备料款的扣还也可以在未完工的建筑安装工作量等于预收备料款时，用其全部来完工作价款一次抵扣工程备料款，施工企业停止向建设单位收取工程价款。因此，需要计算出停止收取进度工程价款的起点，根据以上原则应按下式计算：

$$B_N = B \times (1 - 5\%) - A$$

式中　B_N——停止收取工程价款的起点；

B——年度建筑安装工作量；

A——预收工程备料款数额；

5%——扣留工程价款比例，一般取 5% ~ 10%，其目的是为了加快收尾工程的进度。扣留的工程价款在竣工结算时算清。

（三）工程进度款的支付

企业一般在月末，根据本期的完成量向建设单位收取工程进度款。在预支工程备料款的情况下，当达到预收备料款的起扣点时，则应从应支工程进度款中减去应扣还的备料款的数额。这时，支付给施工单位的工程进度款可按下列公式计算：

本期应支付的工程进度款 = 本期完成工作量 - 应扣还的预收备料款

假设本月完成建设工作量24万元(占年计划工作量的2%),按上述计算应扣还的预收备料款为14.4万元,则本月应支付给施工单位的工程进度款为:

24万元-14.4万元=9.6万元

此外,给施工单位的备料款和工程进度款之总额,最高不得超过工程预算造价的98%,所余5%的工程结算余款,待工程竣工验收完毕,按规定时间及时办理结算,结清尾款。

第三节　竣工决算的编制

基本建设项目竣工决算,是反映竣工项目建设成果的文件,是基本建设投资效果的反映,是核定新增固定资产和工程办理交付使用验收的依据,也是竣工验收报告的重要组成部分。

一、及时组织竣工验收

竣工验收是基本建设的最后阶段,是检验工程质量的重要环节。同时也是编制竣工决算的前提。建设单位应根据国家建委《关于基本建设竣工项目验收暂行规定》,对单项工程竣工后,已能满足生产要求或具备使用条件的,即可组织验收。建设项目全部竣工后,应组织设计、施工单位进行初验,并向主管部门呈报竣工验收申请报告,由主管部门及时组织验收。对于初验时发现的工程质量以及影响生产等问题,应及时予以处理或解决,以保证尽早进行正式验收、交付使用和编制竣工、决算。

二、及时清理财产和债权债务,落实结余资金

在全部工程竣工前后,要认真做好各种账务、物资财产以及债权债务的清理结束工作,做到工完账清。各种材料、设备、施工机具等,要逐项清点核实,妥善保管,按照国家规定进行处理,不准任意侵占。积极清理落实结余资金,竣工后的结余资金,一律通过建设银行上交主管部门。按照财务部、国家建委关于试行《基本建设项目竣工决算编制办法》的规定,各建设单位的筹建人员,在没有编报竣工决算、清理好各种账务、物资和债权债务之前,机构不得撤销,有关人员不得调离。

三、竣工决算的内容

竣工决算的内容,包括文字说明和决算报表两部分组成。

文字说明主要包括工程概况、设计概算和基建计划的执行情况、各项技术经济指标完成情况、各项款额的使用情况、建设成本和投资效果的分析,以及建设过程中的主要经验和存在问题、处理办法等。决算报表按大、中型建设项目和小型建设项目分别制订。

1. 小型装饰装修项目竣工决算总表,见表9-2。
2. 大中型建筑装饰装修工程项目财务决算表见表9-3。

表 9-2　小型装饰装修项目竣工决算总表

装饰装修项目名称						
装饰装修地址			占地面积		设计	实际
新增生产能力	能力(或效益名称)	设计	实际	初步设计获概算批准机关、日期		
装饰装修时间	计划	从××年月开工至××年月竣工				
	实际	从××年月开工至××年月竣工				
装饰装修成本	项　目	概　算（元）		实　际		

	项　目	金额(元)	主要事项说明
资金来源	1. 基建预算拨款		
	2. 基建其他拨款		
	3. 应付款		
	4. ……		
	合　计		
资金运用	1. 交付使用固定资产		
	2. 交付使用流动资产		
	3. 应核销投资支出		
	4. 应核销其他支出		
	5. 库存设备、材料		
	6. 银行存款即现金		
	7. 应收款		
	8. ……		
	合　计		

表 9-3　大、中型装饰装修项目财务决算表

建设项目名称：

资　金　来　源	金额(千元)	资　金　运　用	金额(千元)	
一、基建预算拨款		一、交付使用财产		补充资料：
				基本建设收入
二、基建其他拨款		二、在建工程		总计
				其中:应上交财政
三、基建收入		三、应核销投资支出		已上交财政
		1. 拨付其他单位基建款		支出
四、专用基金		2. 移交其他单位未完工程		
		3. 报废工程损失		
五、应付款				
		四、应核销其他支出		
		1. 器材销售亏损		

续表

资 金 来 源	金额(千元)	资 金 运 用	金额(千元)	
		2. 器材折价损失		
		3. 设备报废盘亏		
		五、器材		
		1. 需要安装设备		
		2. 库存材料		
		六、施工机具设备		
		七、专用基金财产		
		八、应收款		
		九、银行存款及现金		
合 计		合 计		

复习题

1. 工程竣工结算的概念?编制的依据?
2. 工程结算的作用?
3. 工程结算的方式有哪些?
4. 什么是工程量差,包括哪些方面?
5. 人工单价调整的方法?
6. 材料调整的方法有哪些?
7. 工程备料款的定义,确定工程备料款数额有哪些方法?简述其公式?

第十章 招标及审计

第一节 装饰装修工程招标与投标

招标与投标是经济合作中习惯采用的一种买卖双方成交的方式。

招标是指招标人(又称“发包商”、“发包方”或“甲方”),根据拟装饰装修工程项目的规模、内容、条件和要求等拟成招标文件,通过招标公告或邀请几家承包商(即施工单位)来参加该工程的投标竞争,利用投标单位之间的竞争,从中择优选定能保证工程质量、工期及报价合理的承包商的活动。

投标是指投标人(又称“承包商”、“承包方”或“乙方”)获得招标信息后,根据招标文件所提出的各项条件和要求,并结合本企业的有关具体情况,开列出工程造价、施工方案等,致函招标人,请求承包该项工程,并通过投标竞争而获得承包工程资格的活动。投标人在中标后,也可以按规定条件对部分工程进行二次招标,即分包转让。

随着国家经济的发展和政策的调整改变,招投标也要及时变更。所以招投标双方都要建立建筑工程资料信息库以便查找和参考。

一、招标、投标的作用

招标和投标是为了适应社会主义市场经济的需要,是市场竞争的必然结果。建筑装饰装修工程项目实行招标、投标制,对于改进施工企业的经营管理和提高施工技术水平,保证建筑装饰装修业市场的健康发展,具有重要的作用。

二、装饰装修工程招标、投标的程序

建筑装修工程招标、投标是一个连续的过程,必须按照一定的程序来进行。装饰装修工程招标、投标的程序,如图 10-1、图 10-2 所示。

三、装饰装修工程招标

(一)招标的条件

实行招标发包的工程,必须具备下列条件方可申请批准招标:

(1)具有法人资格。

(2)招标工程项目已列入国家或地方计划。

(3)装修资金已落实。

(4)具备施工条件,装修施工图纸已完成。

(5)由当地建设主管部门颁发的有关证件。

以上条件,由招标单位负责进行落实,报建设主管部门批准后,即进行招标工作。

(二)招标文件

招标单位在进行招标前,必须编制招标文件。它是招标单位介绍工程概况和说明工程要

求、标准的书面文件，是工程招标的核心，也是投标报价的依据。招标文件的编制由招标单位负责，要求尽量详细、完善、文字简明。如按工程量清单报价，甲方应依据《建设工程工程量清单计价规范》规定和表格要求提供资料。

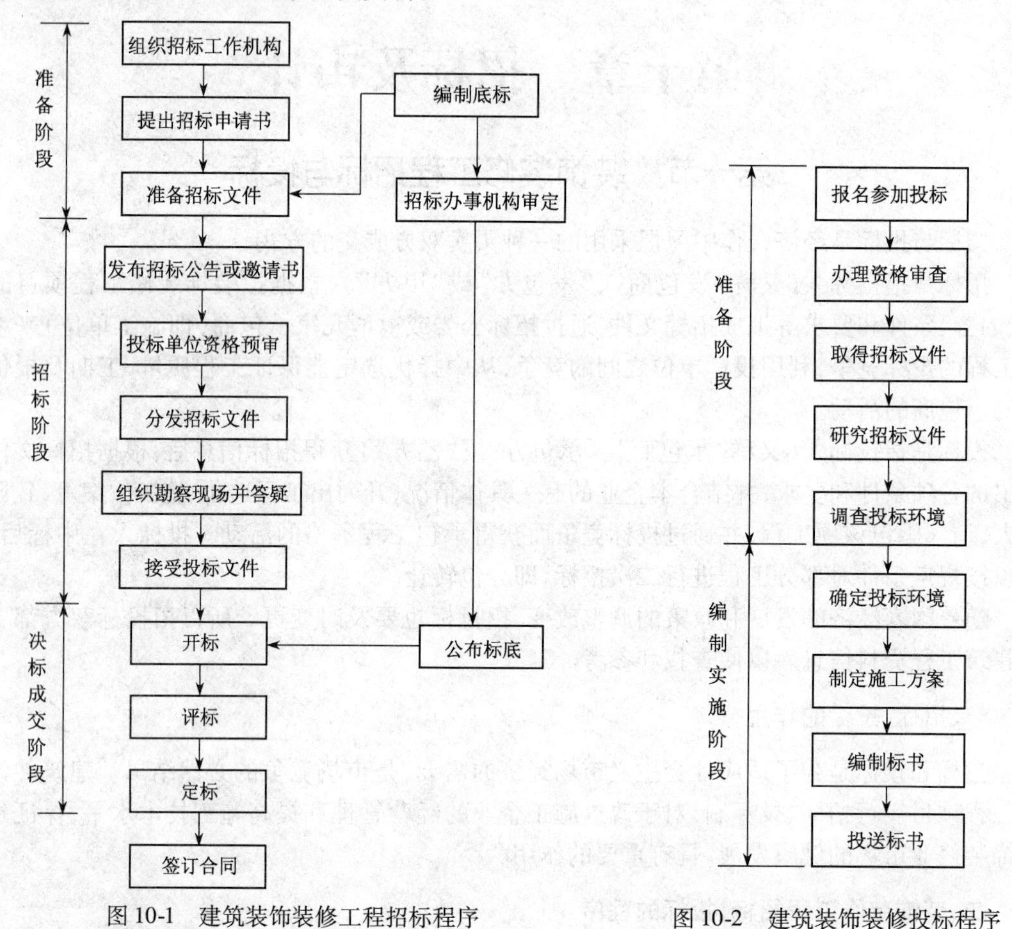

图 10-1 建筑装饰装修工程招标程序

图 10-2 建筑装饰装修投标程序

（三）招标方式

1. 公开招标

由招标单位通过报刊、电视、广播等新闻媒体发布招标公告，凡获悉招标信息的施工企业均可参加招标工程的投标。

2. 邀请招标

由招标单位向三个以上有工程承包能力的建筑装饰装修施工企业发出招标通知书，邀请他们参加工程投标。

3. 议标

对于不宜公开招标或邀请招标的工程，如技术难度大、工艺复杂或施工工期紧迫的工程或小型工程，经招标主管部门同意，并核定标底后，可由两个以上有工程承包能力的施工企业进行议标，共同协商确定工期、造价、质量等问题，一旦取得一致意见，即可确定中标单位。为加强管理防止不正当竞争，主管部门应严格控制“议标形式”。

（四）招标标底

工程标底，又称“招标价”。标底由招标单位自行编制或委托经建设行政主管部门认定具有编制标底能力的咨询、监理单位编制,并经招标办公室审定。标底是进行招标和评标工作的主要依据之一。

1. 标底的分类

标底根据不同工程的特点,主要有以下几种:

(1)按装饰装修工程量的单位造价包干的标底。

(2)按装饰装修施工图预算总造价包干的标底。

(3)按装饰装修施工图预算加系数一次性包干的标底。

(4)按扩大初步设计图纸及说明书资料实行总概算交钥匙包干的标底。

2. 标底的作用

(1)标底是建设单位确定工程总造价的依据。

(2)标底是衡量投标单位的工程报价高低的标准。

(3)标底是保证工程质量的经济基础。

3. 标底编制的依据

工程标底由成本、利润、税金等组成,应考虑人工、材料、机械台班等价格变动因素,还应包括施工不可预见费、包干费和措施费等。工程标底应充分体现当地装修市场的实际情况,要有利于竞争和保证工程质量。因此,标底编制的依据主要包括以下几方面:

(1)设计部门提供的施工图纸及有关资料。

(2)国家和省市现行的装饰定额、参考定额和费用定额。

(3)地区材料、设备预算价格、价差和超价差等。

(4)现场施工条件、交通运输条件。

(5)招标文件等。

四、装饰装修工程投标

(一)投标的条件

根据建设部颁发的《工程建设施工招标投标管理办法》的规定,凡持有营业执照和相应资质证书的施工企业或施工企业联合体,均可按招标文件的要求参加投标。投标单位应向招标单位提供以下材料,以供招标单位进行资格审查:

(1)企业营业执照和资质证书。

(2)企业简历。

(3)自有资金情况。

(4)全员职工人数,包括技术人员、技术工人数量及平均技术等级等。

(5)企业自有主要施工机械设备一览表。

(6)近三年内承建的主要工程及其质量情况。

(7)现有主要施工任务,包括在建和尚未开工工程的项目一览表。

(二)投标文件的编制

当投标单位领取招标文件后,即可进行投标文件的编制工作,以确定投标报价。投标文件的编制一般分为以下几个步骤:

(1)熟悉标书、图纸、资料。对图纸、资料有不清楚、不理解的地方,可以用口头或书面方式向招标单位询问和澄清。

(2)参加招标单位召集的施工现场情况介绍和答疑会。

(3)调查研究,收集有关资料,如交通运输、材料供应和价格情况等。

(4)复查和计算图纸工程量。

(5)编制和套用投标单价。

(6)计算取费标准或确定采用取费标准。

(7)计算投标造价。

(8)核对和调整投标造价。

(9)决策投标报价。

投标文件应按统一的投标书要求和条件填写,按规定的投标日期送交招标单位,等待开标。

(三)投标的竞争策略

凡是参加投标的单位都希望自己能够中标,以取得工程承包权。为了中标,投标单位就要使自己的报价尽量接近标底,而又略低于竞争对手的报价。

投标的竞争策略主要是解决企业在投标过程中的重要决策问题,特别是投标报价。决策是否正确,对企业在工程投标中的成败有着决定性的影响。决策正确,则中标率高。投标的策略主要体现在报价上,因此,投标单位应根据掌握的有关信息,确定自己的报价策略。报价策略一般有以下几种:

(1)免担风险,增大报价。对于工程情况复杂、技术难度较大,没有把握的工程,可采取增大报价来减少风险,但这种做法的中标机会很少。

(2)活口报价。在工程报价中留有一些活口,表面上看好像报价较低,但在投标报价中附加多项备注或说明,留在施工过程中处理,其结果不是低标,而是高标。

(3)多方案报价。针对招标文件不明确或本身存在多个可选方案,投标单位可作多方案报价,最后与招标单位协商处理。

(4)薄利保本报价。对于招标条件优越,同时本单位做过类似的工程,而且在企业施工任务不饱满的情况下,为了争取中标,可采取薄利保本策略,按较低的报价水平报价。

(5)亏损报价。企业在某种特殊情况下,可以采取亏损报价。例如:企业无施工任务,为了减少更大的损失,争取中标;企业为了创牌子,采取先亏后盈的方法;企业实力雄厚,出于长远考虑,为了占领某一地区市场,采取以东补西的方法等。

(四)装饰装修工程投标文件主要内容举例

投标书举例

投标书编制的格式和主要内容要按统一的要求进行填写,但根据不同的工程要求和特点也有一定的补充和灵活性。现将一般投标书的主要内容举例如下:

1. 投标书总说明:它包括投标单位建设单位工程简况,投标依据文件和资料、预计工期、投标保证金,以及简要的施工技术措施。

2. 投标单位资格证明和法人代表的资格证明,或法人委托授权他人的资格证明

3. 工程的履约担保:担保单位公章、法人代表、担保内容及金额等

4. 投标报价总表见表10-1所示

5. 各专业预算造价明细表见表10-2所示

6. 建筑工程预算书

表 10-1　投标报价总表

	工程概况	包括名称、层数、结构类型、建筑面积					
序号	项目	基价	利润	其他费用	税金	造价合计	其他
一	各专业造价小计						
(1)	其中基价报价表						
(2)	其中设备报价表						
二	施工措施费						
三							
四	合计 (一)+(二)+(三)						
	加风险金	合计×风险系数					
	投标总价						

表 10-2　各专业预算造价明细表

项　　目		基价	利润	差价	设备费	施工组织措施费	小计	税金	造价合计
		1	2	3	4	5	6=1+2+3+4+5	7	8=6+7
各专业预算报价小计									
其中	基础工程								
	土建工程								
	给 排 水								
	消　　防								
	采　　暖								
	电　　气								
	施工技术措施费								
	施工组织措施费								
	合　　计								
	风 险 金								
	投标总价	总价：					平方米造价		

7. 施工组织措施报价明细表见表 10-3 所示

表 10-3　施工组织措施报价明细表

序　号	项　　　目	单　位	计算基数	计取费率	合　计
1	材料二次倒运费				
2	工程远征费				
3	缩短工期措施费				
	(1)夜间施工费				
	(2)材料机具场外运费				
4	封闭作业照明费				
5	施工环境维护费				
6	总承包费				
7	工程外业主用工(清工)				

8. 审查资料

(1)企业资质:人员技术水平、资金、设备机械等。

(2)营业执照及各种有关证件。

9. 该工程施工组织设计

10. 企业以往业绩

说明:上述投标主要内容可根据工程情况、特点、加以调整和增减。

五、开标、评标和定标

(一)开标

开标由招标单位邀请上级主管部门、招标管理部门、建设银行、公证处及标底编审单位等召开开标会议,组成评标小组,在规定的时间、地点,由各投标企业和有关单位参加的情况下公开进行,投标书当众启封。凡投标书有下列情况之一者,视为废标函,不予受理:

(1)标函未密封。

(2)未按规定格式填写或字迹模糊辨认不清、内容不全等。

(3)未加盖单位公章和负责人印章。

(4)逾期送达的。

(5)投标企业未参加开标会议。

(二)评标

评标是指招标单位将开标后整理的投标资料逐个进行内部评议、审查,初步评出中标单位的过程。

1. 评标原则

(1)实事求是,公正平等。

(2)经济、合理、技术先进。

(3)标价不能超过标底所规定的幅度范围,一般为5%。

(4)综合考虑投标单位所提出的保证工程质量措施、施工工期、报价以及企业的,社会信誉等因素,择优确定。

2. 评标方法

(1)条件对比法。即列出若干条件,然后对应这些条件将各投标单位逐条比较,选择综合条件优越者为中标单位。

(2)打分评标法。对各投标单位的投标函,按报价、工期、质量、材料供应、社会信誉等评分条件分别进行定量打分。择其总分最高者为中标单位。各项评分条件的权重和增减分数细节应事先讨论确定,并同标底一样注意保密,避免泄露给投标单位。

(三)定标

定标,又称"决标",是指招标单位对投标单位所报送的投标文件进行全面审查、分析评比,最后选定中标单位承包工程的过程。

定标时要充分体现报价、工期、质量和信誉的有机统一,防止片面性。既要克服压低标价、违背价值规律的倾向,又要提高投标单位的履约率,避免对投标单位的苛求。

中标单位确定后,应由招标单位填写中标通知书,经上级主管部门审核签发后,通知中标单位,并应在一个月内签订工程承包合同。如投标单位接到中标通知后,不在规定的时间内与招标单位签订合同，除负责赔偿损失外，还有可能被取消中标资格，招标单位可另行招标。

六、招、投标文件格式（略）

第二节　装饰装修工程承包合同

装饰装修工程承包合同是经济合同中的一种，是发包方与承包方为完成装饰装修工程任务所签订的具有法律效力的经济合同。它旨在明确双方的责任、权利及经济利益的关系。

一、工程承包合同的作用

(1)明确双方的责任、权利、利益，使合同双方的计划能得到有机的统一，使计划落实有所制约和保证，确保建筑装饰装修工程能按照预控目标顺利实施。

(2)为有关管理部门和签约双方提供监督和检查的依据，能随时掌握施工生产的动态，全面监督检查各项工作的落实情况，及时发现问题和解决问题。

(3)有利于提高施工企业的经营水平和技术水平。

(4)有利于充分调动合同双方的积极性，共同在合同关系的相互制约下，有效地保证项目工程的顺利完成。

二、工程承包合同的种类

根据取费方式的不同，装饰装修合同可划分为以下几类：

（一）总价不变合同

总价不变合同，是指发包方与承包方按固定不变的工程投标报价进行结算，不因工程量、设备、材料价格、工资等变动而调整合同价格的合同。对承包商来说，有可能获得较高的利润，但是也要承担一定的风险。这种承包方式的优点是装饰装修工程造价一次性包死，简单省事，但是承包商要承担工程量与单价的双重风险；这种方式多用于有把握的工程。

（二）单价合同

单价合同，是指按照实际完成的工程量和承包商的投标单价结算，也就是量可变、单价不变的合同。这种合同形式目前国际上最为普遍。对承包商来说，工程量可以按实际完成的数量进行调整，但是单价不变，仍担风险，可是比总价不变合同的风险相对要少。

（三）成本加酬金合同

成本加酬金合同，是指工程成本实报实销，另加一定额度的酬金（利润）的合同。酬金的额度，按照工程规模和施工难易程度确定，酬金的多少随工程成本的变化而变动。这种成本订酬金的合同，虽然酬金较少，但是承包商可以不担任何风险，保收酬金，比较安全。

（四）统包合同

统包合同，是指承包商从工程的方案选择、总体规划、可行性研究、勘察设计、施工，直至工程竣工、验收合格后，移交发包方使用为止，全部承包，即所谓交钥匙的合同。

三、工程承包合同的主要条款

根据《中华人民共和国经济合同法》、《建筑安装工程承包合同条例》、《建筑市场管理规定》和《建设工程施工合同管理办法》等法规，装饰装修工程承包合同应具备以下主要条款：

(一)合同标的

合同标的要明确。如建筑装饰装修工程合同中，要明确工程项目、工程范围、工程量、工期和质量等。

(二)数量和质量

合同数量要明确计量单位，如 m、m^2、m^3、kg、t 等，在质量上，要明确所采用的验收标准、质量等级和验收方法等。

(三)价款或酬金

价款或酬金是装饰装修工程承包合同的主要部分之一。合同中要明确货币的名称、支付方式、单价、总价等，特别是国际工程承包合同。

(四)履约的期限、地点和方式

合同履行包括工程开工到竣工交付使用的全过程及工程期限、地点及结算方式等。

(五)违约责任

当合同当事人违反承包合同或不按承包合同规定期限完成时，将受到违约罚款。违约罚款有违约金和赔偿金等。

(1)违约金。违约金是指合同规定的对违约行为的一种经济制裁方法。违约金一般由合同当事人在法律规定的范围内双方协商确定，如事后发生争议，可由仲裁机构或审判机关依法裁决或判决。

(2)赔偿金。赔偿金是指由违约方赔偿给对方造成的经济损失，赔偿金的数量根据直接损失计算，也可根据直接损失加由此引起的其他损失一并计算，如双方发生争执，可由仲裁机构或法律机关依法裁决或判决。

四、合同的签订

工程承包合同分为按招标、投标方式订立的承包合同和按概预算定额、单价订立的承包合同两类。前者按招标文件的要求报价，签订合同；后者，由双方协商洽谈，统一意见后签订。

订立承包合同，都要经过洽谈协商阶段，又称“邀约”和“承诺”阶段。开始时，由一方向另一方提出订立合同的想法和要求，拟定订立合同的初步内容(即合同草案)。经过双方二次洽谈，同意对方的意见，达成协议，就由“邀约”达到“承诺”。如果另一方不完全同意对方的意见，则再次洽谈，不视为承诺。而订立一份合同往往要经过几番周折，多次洽谈，即邀约——二次邀约——再次邀约——承诺，直到签字为止。

在订立装饰装修工程承包合同时，应注意以下几个问题：

(1)装饰装修工程承包项目种类多、内容复杂，在签订合同时应根据具体情况，由当事人协商订立各项条款。应注意执行国务院发布的《建设工程勘察设计合同条例》第五条和《建筑安装工程承包合同条例》第六条的有关规定。

(2)签订合同应注意工程项目的合法性。一方面要了解该项目是否已列入年度计划，是否经有关部门批准；另一方面，要注意当事人的真实性，避免那些不具备法人资格、没有施工能力(技术力量)的单位充当施工方。此外,还要看资金、材料、设备是否落实,现场水、电、道路、电话是否通畅,场地是否平整等。

(3)合同必须按照国家颁发的有关定额、取费标准、工期定额、质量验收规范标准执行。双方当事人应该在核定清楚后签约。如果是通过招标、投标方式签订承包合同,双方可以不受国家定额、取费和工期的规定限制,但在标书中必须明确。

(4)签订合同尽量不留活口,免得事后发生争议,影响合同的执行。

五、工程承包合同的主要内容

装饰装修工程承包合同应当宗旨明确,内容具体完整,文字简练,叙述清楚,含义明确。对于关键词或个别专有名词,应作必要的定义,以免模棱两可,解释不一,责任不明确,而埋了纠纷的种子。合同条款中不应出现含糊不清或各方未完全统一意见的条文,以便于合同执行和检查。

装饰装修工程承包合同的内容,主要有以下15个方面:

(1)简要说明。

(2)签订工程施工合同的依据。如上级主管部门批准的有关文件的文号,经批准的建设计划、施工许可证等。

(3)工程的名称和地点。明确工程项目及施工地点,可为调整材料价差和计算相应的费用提供依据。

(4)工程造价。应明确建设项目的总造价。

(5)工程范围和内容。应按施工图列出工程项目内容一览表,表中分别注明工程量、计划投资、开竣工日期、工期及分期交付使用要求等。

(6)施工准备工作分工。应明确建设单位与施工单位双方施工准备工作的分工责任、完成时间等。

(7)承包方式。是包工包料还是包工不包料等,施工期间出现政策性调整的处理方法等。

(8)技术资料供应。应明确建设单位向施工单位供应技术资料的内容、份数、时间及其他有关事项。

(9)物资供应。应明确物资供应的分工、办法、时间、管理以及双方的职责。

(10)工程质量和交工验收。应明确工程质量的要求、检查验收标准和依据,发生工程质量事故的处理原则和方法,保修条件及保修期限等。

(11)工程拨款和结算方式。应明确工程预付款、工程进度款的具体拨付办法,设计变更、材料调价、现场签证等处理方法,延期付款计息方法和工程结算方法等。

(12)奖罚。在合同双方自愿的原则下,商定奖罚条款,如工期提前或拖后的奖罚及奖罚的结算方式、奖罚率(或额度)、支付办法等。

(13)仲裁。应明确合同当事人如发生争执而不能达成一致意见时,由仲裁机构或法律机关进行仲裁或判决等。

(14)合同份数和生效方式。应明确合同正本和副本的份数,并明确何时合同生效。

(15)其他条款。其他需要在合同中明确的权利、义务和责任等条款。

六、合同的履行

合同一旦签订,即具有法律效力,双方当事人必须严格履行合同全部条款,并承担各自的义务。合同不得因承包人或法人代表的变动而变更或解除。

为了保证合同的顺利进行,双方往往采用担保方式。通常的担保做法是:请担保人、预付担保金(由银行或保险公司出具保金)或以资产抵押等方式。担保人(或单位)以自己的名义或单位保证一方当事人履行合同,若被担保人不履行合同时,担保人要负连带责任。对方将依法没收担保金或变卖其抵押财产,收回违约造成的损失。

合同履行过程中,若因改变建设方案、变更计划、改变投资规模、较大地变更设计图纸等增减工程内容,打乱原施工部署,则应另签补充合同。补充合同是原合同的组成部分。

若因种种原因需解除合同,必须经双方共同协商同意,签订解除合同协议书。协议书未签署前,原合同仍然有效。

合同变更或解除所造成的经济损失,应本着公平合理的原则,由提出变更或解除合同的一方负责,并及时在合同履行中办理经济签证手续,发生争议或纠纷时,合同双方应主动协商,本着实事求是的原则,尽量求得合理解决。如协商不成,任何一方均可向合同约定的仲裁机构申请调解仲裁。若调解无效、仲裁不服,可向经济法院提出诉讼、裁决。

第三节　装饰装修工程施工索赔

签订工程承包合同后,在施工过程中可能发生许多问题,如发包方修改设计,额外增加工程项目,要求加快施工进度,以及招标文件中难免出现的与实际不符的错误等因素。由于这些原因,使施工单位在施工中付出了额外的费用,施工单位可通过合法的途径要求发包方偿还,这项工作叫做“施工索赔”。

参与索赔工作的人员,必须具有丰富的施工管理经验,熟悉施工中的各个环节,通晓各种建筑合同和建设法规,并掌握一定的财会知识。

一、施工索赔的依据

装饰装修工程施工索赔涉及面广,工程项目的各种资料是索赔的主要依据。为了保证索赔成功,承包方应指定专人负责收集和保管以下工程资料:

(1)施工进度计划表及其执行情况;

(2)施工人员计划表和日报表;

(3)施工备忘录和有关会议记录以及定期与甲方代表的谈话资料;

(4)施工材料和设备进场、使用情况;

(5)工程检查、实验报告;

(6)工程照片、来往有关信件;

(7)各项付款单据和工资薪金单据;

(8)所有的合同文件,包括标书、施工图纸和设计变更通知等。

二、施工索赔的内容与范围

装饰装修工程施工索赔,一般包括要求赔偿款项和要求延长工期。

下列费用均在索赔范围之内:

(1)人工费;

(2)材料及设备费；

(3)分包费和管理费；

(4)保险费和保证金；

(5)工程贷款利息等。

三、施工索赔的手续

发包方在改变或增加合同条款时，一般都规定有提出索赔的时间期限(一般在30d之内)，并经双方协商同意采纳赞同的条款，以便在提供工程资金问题上做出准确的估计和安排。

承包双方遇有索赔时，应在规定的期限内尽早向建设单位报送索赔通知，详细说明索赔的项目和具体要求，以免失掉索赔的机会。同时，应注意以下几点：

(1)索赔依据可靠；

(2)索赔费用准确；

(3)严格遵守索赔期限。

如果合理的索赔要求得不到承认或拒绝执行时，应尽可能通过建设单位的组织或其上级主管部门得到解决，或提交有关仲裁机关仲裁，这样解决索赔问题费用省、时间短。必要时可向法院提出索赔诉讼。

第四节　建筑装饰装修工程预决算的审计

一、建筑装饰装修工程预决算审计概述

我们在前面的章节中已经介绍过，从新建工程上说，建筑装饰装修工程是建筑工程的重要组成部分，建筑装饰装修工程预决算是确定建筑装饰造价的主要方式。因此，对建筑装饰装修工程预决算审计实际上就是对建筑工程造价审计的延伸。自从审计署成立以来，我国的建设项目审计工作发展较快，在短短的十余年时间内，经历了从无到有、从小到大、从浅到深的发展过程，即建设项目审计已经从基本建设审计延伸到固定资产投资审计，从财务审计延伸到工程造价审计，从工程造价审计延伸到项目投资效益和项目管理审计。近几年以来，我国经济体制改革工作不断深入，市场经济体系日益完善，投资规模不断扩大，社会各界都十分关注固定资产投资项目的建设情况。因此，建设项目审计工作也越发显得重要，造价审计，尤其是建筑装饰装修工程造价审计已成为我国项目审计的重点之一。加强对建筑装饰装修工程造价的管理，正确界定建设项目投资额度，是建设项目主管部门、建设单位、施工单位、监理公司、设计单位和审计机构等有关部门的共同任务。在本章中，我们所说的建筑装饰装修工程预决算审计，是指由独立的审计机构，依据党和国家在一定时期颁发的方针、政策、法律、法规以及相关的技术经济指标对建筑装饰装修工程预决算编制的准确性和合理性进行的审核与监督。

二、建筑装饰装修工程预决算审计的意义

审计建筑装饰装修工程施工图预决算是一项政策性和技术性很强的经济监督工作，审计机构应严格遵守国家现行政策、法令、规定和定额、工程量计算规则、取费标准等。由于施工图

预决算的编制工作在设计图纸产生之后完成，所以，审计施工图预决算是对设计方案适用性、经济性满足程度的进一步评价，可以通过这种评价，以解决在施工图设计时，设计单位对经济节约等基本问题考虑不周，另外也可以通过施工图预决算审计解决建设项目概、预决算脱节的问题，通过审计，将建筑装饰装修工程预决算报价控制在设计概算所允许的范围内，有利于合理确定和控制工程造价，充分发挥投资效益。具体说来，审计建筑装饰装修工程预决算，其作用主要表现如下：

（一）有利于落实项目建设计划，合理确定工程造价，提高经济效益

按照建设项目的建设程序要求，建设单位在正式开工之前，应编制项目建议书，并报送上级主管部门或国家、地方的有关权威部门审批，经批准后，进行可行性研究，编写可行性研究报告，经上级主管部门或国家、地方的有关权威部门批准后即可进行勘察设计，做好前期各项准备工作，以待开工。在此阶段，先后完成投资估算、设计概算和施工图预决算文件，批准的设计概算是建设单位筹集建设资金，确定投资计划的直接依据，施工图预决算在设计概算的控制下完成，以作为建筑装饰装修工程招标投标时确定标底、投标报价的主要依据，并为签订，施工合同服务。因此，审计建筑装饰装修工程预决算的实质就是把握项目投资计划，以保证建筑装饰工作顺利进行。竣工决算应在建筑装饰装修工程初步验收之后，正式验收之前编制完成，竣工决算是建筑装饰装修工程真实造价的直观反映，也是建筑装饰装修工程预决算标准的具体检验，其计算过程是否正确，直接影响建筑装饰项目的建造成本和投资效益。为此，审计机构必须对建筑装饰装修工程预决算进行审计，确保建筑装饰装修工程建造目标的实现。

（二）有利于建筑装饰装修工程招标投标工作的顺利开展

市场经济体制要求建筑市场引进招标投标的竞争机制，这是合理选择施工企业的有效途径，《中华人民共和国招标投标法》的出台，更加明确地揭示了这一点，它标志建筑市场日趋完善。从这一客观要求上看，审计建筑装饰装修工程预决算的深远意义已远远超过了预决算审计本身，按照我国有关部门的规定，建设招标的标底和投标报价应依据建设项目施工图预决算的编制要求完成。所以，审计施工图预决算有助于保证招标投标工作顺利开展。从这个意义上说，建筑装饰装修工程预决算审计是招标投标审计工作的延伸。

（三）有利于建设单位顺利筹集建设资金，施工单位合理安排人力、物力和财力

建筑装饰装修工程的成本是通过施工图预决算确定的，毋庸置疑，它是建设单位筹集建设资金的主要依据。同时，通过建筑装饰装修工程预决算，合理计算工程施工时所需的人力用量、材料用量和机械台班用量，施工企业据此进行内部核算，安排施工，组织人力、物力与财力，兼顾施工企业的管理水平和技术能力，编制施工进度计划，形成完整的施工组织设计文件，促进建筑装饰工作更加规范，以保证建筑装饰企业以最小的投入实现最大的产出，达到最佳的建造效益。

（四）有利于正确评价建筑装饰装修工程的投资效益

在投资决策阶段，可行性研究的主要内容是围绕建筑装饰项目的经济性与技术性的可行性分析而展开。在这个过程中，建筑装饰装修工程预决算是最重要的基础数据之一，其准确性程度，直接影响投资效益指标的真实性，例如，投资利润率这一静态指标等于年平均利润除以建设总投资，而建筑装饰装修工程预决算报价又是总投资的重要组成部分之一，由此可见，建筑装饰装修工程预决算不准确，则无法求得准确的投资利润率。从这个意义上说，搞好建筑装饰装修工程预决算，也为进一步深入进行项目投资效益审计打下良好的基础。为提高建筑装饰装修工程施工图预决算的质量,施工图预决算审计机构一方面帮助施工企业端正经营思想,提高建筑装饰装修工程预决算编制人员的业务水平,另一方面要加强各部门对施工图预决算审计的认识,提高预决算的准确性,根据客观、公正、实事求是的原则予以恰当的审计处理,以保证审计目标的实现。

三、建筑装饰装修工程预决算审计的特点

我国社会主义审计体系,由各个不同领域的专业审计所组成,如工业审计,商业审计、金融审计、财政审计、行政事业单位审计、固定资产投资审计等。建筑装饰装修工程预决算审计,是固定资产投资审计的重要组成内容之一,是我国审计体系的构成部分。因此,具有与其他专业审计相同的共性特征,主要表现为:

第一,建筑装饰装修工程预决算审计,必须在《中华人民共和国审计法》的统一指导下,在宪法规定的范围内,开展审计工作。这是我国各专业审计所具有的统一性。

第二,建筑装饰装修工程预决算审计与其他专业审计一样,具有独立性。它由独立的审计机构和独立的人员负责完成审计工作,这也是社会主义审计监督区别于其他经济监督的最基本特征。

第三,我国的审计工作是由国家授权审计机关来执行的,代表国家和人民利益,具有较高的权威性,因此,建筑装饰装修工程预决算审计也具有较高的权威性特征。

第四,由审计的独立性产生了审计工作的公正性,这也是建筑装饰装修工程预决算审计与其他专业审计所共有的显著特征。

以上内容是建筑装饰装修工程预决算审计与其他专业审计共性特征的四个方面,他们充分体现了社会主义审计监督与其他经济监督的不同方面。

由于建筑装饰装修工程的具体建造过程不同于一般单位和企业的生产活动过程,因此,建筑装饰装修工程预决算审计在与其他专业审计具有共性的基础上,又具有自身特点,这是由其自身的技术经济特征所决定的。

首先,建筑装饰装修工程具有单件性和固定性的特点,这就决定了建筑装饰装修工程计价的单一性和完整性。使建筑装饰装修工程预决算审计具有较强的独立性。

其次,建筑装饰装修工程施工过程较长,按照建筑装饰装修工程的建设程序要求,建筑装饰装修工程预算和决算分别在建筑装饰施工前和竣工阶段编制完成,因此,建筑装饰装修工程预决算审计具有动态性和长期性的特征。

另外,由于建筑工程的使用目的和要求不同,所以,建筑装饰的标准和做法也因工程不同而不同,致使建筑装饰装修工程报价水平参差不齐,建筑装饰装修工程预决算审计的难度也较大。

同时,建筑装饰装修工程的计价过程是一个技术经济综合性的计算过程,故此,建筑装饰装修工程预决算审计也带有较强的技术经济综合性的特征。

如上所述的几个特点,要求建筑装饰装修工程预决算审计的理论和实践过程,必须区别于其他专业审计,必须反映项目建筑装饰的基本特点,采用灵活多样的审计方法,力求体现建筑装饰装修工程预决算审计效果的完整性。

四、建筑装饰装修工程预决算审计要求

建筑装饰装修工程预决算是建设项目预决算体系的构成部分之一,所以,建筑装饰装修工

程预决算审计同建设项目预决算审计一样，应按照如下要求进行：

（一）审计范围的确定

1. 基础性项目预决算审计：基础性项目是指以中央财政投资为主的项目，主要是一些关系到国计民生的大中型建设项目。这类项目的建筑装饰装修工程预决算由审计署、审计署驻各地的特派员办事处负责审计完成，个别项目可委托当地审计机关审计或与当地审计机关联合审计。按照《中华人民共和国审计法》和《中国审计规范》的规定，政府审计机构重点审计基础性项目的概预决算执行情况和竣工决算的真实性和符合法规性情况等。

2. 公益性项目预决算审计：公益性项目是指以地方财政投资为主的建设项目。按照项目审计范围的划分要求，这类项目应由地方政府审计机构进行审计。通过审计建设项目的设计概算，检查投资计划的制定情况，通过决算审计，检查投资计划的执行情况和完成情况等。对这一类项目预决算的审计要求与基础性项目的审计要求基本一致。

3. 竞争性项目预决算审计：竞争性项目是指以企事业单位及实行独立经济核算的经济实体投资为主的建设项目，常见于一些中小型项目和赢利项目。对竞争性项目审计的目的是帮助企事业单位减少投资额浪费，提高投资效益。因此，这类项目的投资主体往往委托社会中介组织（如会计师事务所、审计事务所等）进行审计，对于额度较小或装饰比较简单的项目，建设单位也可能以内部审计为主进行审计把关。

（二）审计时间的界定

建筑装饰装修工程施工图预决算一般在开工前编制，所以，从理论上说，施工图预决算审计应在开工前进行。当前，在审计实务中，政府审计机构进行开工前审计时，施工图预决算是审计重点之一。除此之外，政府审计机构还可能在建设期审计概预决算的执行情况时，延伸审计施工图预决算的编制情况；对于招标投标项目，施工图预决算审计一般与招标投标审计工作一并完成。社会审计机构通过审计竣工决算而延伸到施工图预决算编制的审计；内部审计机构则采用跟踪审计的方式进行施工图预决算审计。

五、建筑装饰装修工程预决算审计的依据

在进行建筑装饰装修工程预决算审计之前，审计人员必须首先收集与建筑装饰装修工程预决算有关的依据和文献资料，以确保建筑装饰装修工程预决算审计工作能够公正、客观。按照建筑装饰装修工程预决算审计的客观要求，审计的依据大体可以分为如下五大主要部分。

（一）党和国家在一定时期颁发的方针、政策

建筑装饰装修工程预决算如何编制，必须按照党和国家的有关方针、政策要求进行。例如，党和国家有关部门在一定时期颁发的宏观调控政策、产业政策、中长期发展规划等，这些相关政策从宏观上指导建筑装饰装修工程预决算的编制过程，间接影响建筑装饰装修工程预决算的编制方法和计算思路，具有高层次的监督和指导作用。除此之外，与建筑装饰装修工程预决算的编制密切相关的地方、行业或国家的各项规定，直接影响建筑装饰装修工程预决算的编制方法和计算标准。例如，材料价格信息（包括实际价格和预决算价格）、各项费用的计算标准、计价程序及相应规定等。这些资料都是审计工作所必需的，审计建筑装饰装修工程预决算时，应做好资料的收集与准备工作。

（二）法律、法规

无论任何专业审计，都必须依法进行，建筑装饰装修工程预决算审计工作也不例外。当前

在建筑装饰装修工程预决算审计的理论与审计实务中,常常依据的法律有:《中华人民共和国审计法》、《建筑法》、《招标投标法》、《税法》、《经济合同法》等,常见的法规有:《中国审计规范》、地方或行业乃至国家的管理规定等。上述法律、法规,是建筑装饰装修工程预决算审计人员必不可少的审计依据,审计人员应不断学习,注意法律、法规的变化,深入理解其在审计实践中的重要作用,领会其精神实质,并能够准确、有效地运用法律武器维护国家利益。

(三)相关的技术资料

这里所说的技术资料主要是指与建筑装饰装修设计、施工和技术管理有关的资料,它们是建筑装饰装修工程预决算的直接依据,审计时,审计人员应向建设单位索取。这些资料主要有:经过图纸汇审的设计图纸(包括建筑施工图、结构施工图和建筑装饰效果图等),它是建筑装饰装修工程预决算编制时,计算工程量的重要依据;施工组织设计文件(包括施工现场布置平面图、施工进度计划、施工方案和施工安全措施等相关内容),这些资料涉及建筑装饰方法,影响定额套用和工程量的计量;施工企业的资质、级别证明资料(如施工企业的营业执照或营业执照的复印件、施工取费证书等),这是施工企业计算其他直接费、现场经费和间接费及计划利润、税金的直接依据;建筑装饰装修工程施工合同,它明确了建设单位和施工单位的责、权、利、明确了建筑装饰装修工程的承包方式,据此,审计人员可以确定审计重点和审计范围,以保证审计结果的合法合规性。

(四)建筑技术经济指标

主要指预决算定额,单位造价指标,材料用量指标等。定额是计算直接费的重要工具,审计之前,审计人员必须结合建筑装饰装修工程项目的特点对项目预决算进行分析,确认应选用的定额类型,使定额标准符合建筑装饰装修工程的实际标准及相关规范要求。单位造价指标和材料用量指标,一般通过审计经验或我国权威部门的统计资料所取得,它是评价建筑装饰装修工程预决算报价标准的主要数据之一,应用该两项指标作出审计估测,分析造价标准的高低程度,在此基础上,审计人员明确审计方法,以保证审计效率的提高。

(五)建筑装饰装修工程预决算资料

建筑装饰装修工程预决算,既是审计的依据,又是审计的对象。它是指由施工企业在开工前编制的确定建筑装饰装修工程预决算造价的文件。完整的建筑装饰装修工程预决算资料包括:建筑装饰装修工程预决算书、工料分析明细表、工程量计算书。其中,建筑装饰装修工程预决算书是必不可少的。在收集并使用这些依据时,应注意新制度、新原则、新规定、新精神和新方法。同时注意上述依据不断变化的具体过程,以保证审计依据使用的适时、适当和有效。

例如,就建筑装饰装修工程预决算定额而言,从全国各地使用的要求和标准上看,差别很大,究竟如何使用,应依地方建设管理部门的文件规定进行;再如,在建筑装饰装修工程预决算中需要计算材料价差,而材料价差计算中最重要的因素之一便是材料实际价格的确定,当前,各地方有关部门定期颁发的信息价、施工企业提供的发票价、市场平均价以及甲乙双方签订的采购合同价等,审计建筑装饰装修工程预决算时,以哪个价格为准,应综合参照地方文件规定并结合相应的法律法规进行确认,对于固定总价合同,还应把建筑装饰装修工程施工期间可能出现的价格变化考虑进去,以便使合同报价趋于真实准确,尽最大可能地降低合同当事人双方的风险。

由此可见,及时、准确地收集并合理使用审计依据对建筑装饰装修工程预决算审计来说是十分必要的。

六、建筑装饰装修工程预决算审计的程序

一切工作必须按照既定的程序进行，才会收到事半功倍的效果，这是经过我国多少年的工作实践已经证明了的真理。毋庸置疑，审计工作也不例外。建筑装饰装修工程预决算审计应按照如下程序进行：

（一）审前准备阶段

1. 确定审计项目

审计项目的选定一般根据一定时期党和国家的工作重点及群众反映和关心的问题，并考虑审计人员的数量、结构、素质，从审计机关当年度安排的审计计划及本级人民政府、有关部门交办的事项中选择。

2. 成立审计小组，编制审计工作方案

项目确定后，应根据被审项目特点组建建筑装饰装修工程预决算审计小组，该审计小组应由具有工程技术或技术经济专业技能的人员、财务人员和经济管理人员组成，并依据审计项目的大小和难易程度确定审计小组人员的数量。同时，明确审计组组长及其应承担的责任。而后，审计小组人员应到计划部门、项目主管部门、银行等单位了解项目的背景资料，如批准的项目建议书、可行性研究报告、设计文件、概算书、分年度投资计划和财务计划等。收集资料时，审计人员应注意了解各单位对项目的反映和看法，以获取更充分资料，必要时，可到项目建设地点查看，进一步收集第一手资料。在此基础上编制审计工作方案。

按照《中国审计规范》要求，审计机关为了审计小组能够顺利完成项目审计业务，达到预期审计目的，应编制项目审计方案。审计方案由审计组编写，实行审计组组长负责制。其主要内容包括：

（1）审计方案编制的依据；

（2）被审单位的名称和基本情况；

（3）审计的范围、内容、目标、重点、实施步骤和预定的起讫日期；

（4）审计组组长、审计组成员及其分工；

（5）编制审计方案的日期。

【例】 审计组在对某三星级宾馆的装饰工程预决算进行审计时，编制了这样一份审计方案：

×××宾馆项目装饰工程预决算审计方案

×××宾馆项目属于××建设单位，其宾馆装饰工程由×××建筑装饰装修工程公司负责施工，该施工企业的资质等级为国家一级，该项目的承包方式为“包工包料，按实结算”，宾馆为三星级设计标准，需要进行装饰部位主要有地面、墙面、天棚、门窗以及固定家具的制作与安装等，宾馆本身主体为七层框架结构，建筑面积为 8 812.43m^2，预决算报价为 5 324 713.65 元人民币。按照施工合同要求，该项目预计开工时间为 1999 年 12 月 4 日，竣工时间为 2000 年 3 月 8 日。

我审计小组依据《中国审计规范》、《招标投标法》、国家相关规定及“建造合同”等有关资料编制本审计方案，通过事先调查与了解得知与项目建造有关的信息，在此基础上，我们确定审计范围、内容、目标和重点。具体内容如下：

1. 审计范围与审计内容

(1)审计所有部位的工程量,包括立项是否正确、计算过程是否合规等相关内容;

(2)审计定额套用,包括定额的选用和使用两大主要方面;

(3)审计间接费、计划利润、材料价差等费用的计算是否正确,包括取费率和取费基数的确定;

(4)审计施工组织设计文件,包括施工方案与施工进度计划;

(5)审计招标投标工作,包括招标标底与投标报价的确定是否科学合理,招标投标程序是否合规等内容。

2. 审计目标

保证该建筑装饰项目施工图预决算的真实性、合法合规性和有效性。项目预决算经过审计后,其误差率应控制在正 3% ~ -3% 以内。

3. 审计重点

通过审计资料分析得知,该项目的工程量计算及材料价差的计算为审计重点,由于预决算报价较高,而且合同约定"包工包料,按实结算",因此,可以实施全面审计。

4. 审计的起讫日期

1999 年 12 月 8 日 ~ 1999 年 12 月 28 日

5. 审计小组人员分工

组长为张兵,组员有李强、邵辉、赵立。

×××宾馆项目审计小组

1999 年 12 月 6 日

(二)审计实施阶段

1. 下达审计通知书

审计小组按照预定的日期进驻被审单位,一般要召开一个由被审计单位领导和有关人员参加的进点会,审计小组向被审计单位说明审计目的、要求,并向参加会议的有关人员了解与建筑装饰项目预决算有关的情况,如建设单位的基本情况(包括机构设置与人员定编,项目现场负责人等),项目资金来源与数额、计划投放与实际投放的数额、项目概算及其调整等,与项目装饰施工有关的情况(包括建筑装饰标准、施工方式、材料供应要求、甲乙双方的权利、责任、义务等),设计单位与施工单位的基本情况及项目内部控制制度的建立与执行情况等。在此基础上,适当调整审计方案,选择项目审计要点,对有关资料、文件、合同、资金、实物等进行认真的审核和检查,以保证审计工作顺利进行。

2. 按照审计工作方案要求,采用合适的审计方法,进行具体的审计工作,并完成审计工作底稿具体的审计过程是指审计人员所进行的具体计算与评价工作,在计算与评价过程中,审计人员可能随时因审计需要进入现场测量、查看、核实或进行市场调研;与此同时,还应该及时完成审计工作底稿。这里所说的审计工作底稿,是指审计人员在审计中所形成的与审计事项有关的工作记录。它应该记载审计人员在审计中获取的证明材料的名称、来源和时间等,并附有证明材料。按照编制的顺序可分为分项目审计工作底稿和汇总审计工作底稿。分项目审计工作底稿应当由审计人员根据审计方案确定的项目内容,逐项逐事编制形成,做到一项一稿或一事一稿;汇总审计工作底稿应当在分项目审计工作底稿的基础上,按照分项目审计工作底稿的性质、内容进行分类归集,综合编制。

按照《中国审计规范》规定，审计工作底稿的主要内容是：

(1)被审计单位的名称；

(2)审计项目的名称以及审计实施的时间；

(3)审计过程记录；

(4)编制者的姓名及编制日期；

(5)复核者的姓名及复核日期；

(6)索引号及页次；

(7)其他应说明的事项。

3. 形成初步审计结论，并与被审计的有关单位(主要是建设单位和施工单位)交换审计意见对于建筑装饰装修工程预决算审计来说，这项工作十分必要，是审计实施阶段必不可少的工作环节之一。审计人员经过一定时间的计算与审核后，得出初步的审计结果(或审计结论)，在此基础上，与被审人员核对计算过程，以保证审计结果的正确性，经核对并交换意见之后，审计人员方可按照正确的审计结果酝酿编写审计报告。

审计报告是指审计组对审计事项实施审计后，就审计工作情况和审计结果向派出的审计机关提出的书面文书。凡发出审计通知书的审计事项，审计组实施审计后，都应当提出审计报告。

审计报告包括下列基本因素：

(1)标题；

(2)主送单位；

(3)审计报告的内容；

(4)审计组组长签名；

(5)报告日期。

审计报告的名称应当包括被审单位的名称、审计事项的主要内容和时间；对于政府审计项目来说，审计报告的主送单位是派出审计组的审计机关，对于社会中介组织审计的项目而言，主送单位是委托单位；审计报告的具体内容应包括：

(1)被审计工程的概况；

(2)审计概况；

(3)审计结果；

(4)审计依据和审计原则；

(5)审计中发现的问题和审计建议。

从规范审计的要求上看，审计报告应当内容完整，表述准确，结构合理，层次清晰，文字符合规范。

七、实例

H省审计机关某审计小组完成的×××宾馆建筑装饰装修工程预决算审计报告形式如下：

关于××单位×××宾馆建筑装饰装修工程预决算的审计报告(基审323号)H省审计机关：

根据审计机关有关的审计要求，审计小组于1999年12月8日~12月28日期间对××单位的×××宾馆建筑装饰装修工程预决算进行了审计，现将审计情况报告如下：

（一）工程概况

×××宾馆属于××建设单位，其室内装饰工程施工任务由××建筑装饰装修工程施工企业负责完成，该施工企业为一级全民企业，宾馆项目为三星级设计标准，施工方式为包工包料。宾馆装饰的主要部位有：墙面装饰、地面装饰、天棚装饰、门窗的制作与安装、固定家具的制作与安装等。宾馆项目的主体结构为框架结构，建筑面积为 8 812.43m^2，预决算报价为5 324 713.65元，合同规定开工日期为1999年12月4日，竣工日期为2000年3月8日。

（二）审计概况

本审计小组采用了定额套用、实际计算及调查了解等多种方法，本着实事求是，公平、客观的原则，对该项目所报的施工图预决算进行了审计，审计结果如下：

原送审金额为5 324 713.65元，审定金额为4 480 776.53元，审计核减金额为843 937.12元。审减比率为15.85%。

（三）审计依据

1. ×××宾馆项目建筑装饰装修工程预决算书
2. 设计图纸
3. 该地区定额站颁发的建筑材料价格信息
4. 该地区定额站于1998年颁发的《建筑装饰装修工程预决算定额》及配套的取费文件
5. 其他相关文件及有关资料等

（四）审计中发现的主要问题与建议

通过审计发现，原预决算中存在工程量计算不实，定额套用有误，个别取费计算不合理等一系列问题。希望建筑装饰施工企业加强对预决算编制工作的管理，使预决算编制的准确率能够提高；并建议建设单位和项目监理公司，严格把关，积极推行招标投标经济责任制，完善项目建设程序和管理体制，加强内部控制，保证项目投资效益，减少投资浪费和严格控制资金变相流失。

该建筑装饰装修工程预决算审计结果已经经过建设单位、施工单位的同意，并已签字认可。

审计组组长：张兵

组员：××　×××

2000年1月8日

八、审计的方法

（一）对比审计法

对比审计法，就是用已经进行建筑装饰完成的项目预决算或虽未完成但已审计过的项目预算对比审计拟建项目预决算的一种方法。对比审计一般有以下几种情况，可根据工程的不同条件，灵活掌握。

1. 两个工程采用一套图纸，但施工条件不同

这里所说的施工条件是指施工现场条件和施工时间的变化。众所周知，建筑装饰装修工程与建筑工程一样，其最显著的特征是单件性。因此，即便是设计的图纸一模一样，受其施工条件变化的影响，其工程造价也会不尽相同。在这样的条件下，利用已知项目的报价，调整由于现场条件变化，如施工方法的不同、施工机械类型的差异等所引起的工程造价的增减，可以

做到迅速确定拟审计项目造价的目的;另外,考虑施工时间的不一致,进一步调整材料费、人工费、机械费等相关费用,使拟审计项目的施工图预决算趋于合理。

2. 两个工程的设计相同,但建筑面积不同

可以根据单位造价指标进行估测,而后,进一步分析差异,确定准确结果。如进一步测算两个工程的分部分项工程的工程量之间的比例,比较分项工程报价,而后形成总价。

(二)重点抽查审计法

所谓重点抽查审计法,就是对一些结构复杂、设计标准高、造价大的工程,抽出一些分部分项对其工程量进行审计的方法。其优点是重点突出,审计时间短,效果显著。抽查审计时,应注意尽量做到抽查准确,以点带面,使抽查项目具有代表性,而要做到这一点,需要审计人员有丰富的实践经验,并掌握翔实的第一手资料,对于审计经验不甚丰富的审计人员来说,可以就原报送的施工图预决算进行分析,以选择量大或单价高的项目审计为主,谨慎从事,以防抽查不当引起审计结论失真。

(三)利用手册审计法

利用手册审计法的实质就是审计人员根据审计经验,在平时积累资料的基础上,对于标准设计的部位整理汇编形成审计手册,审计时,以手册为直接依据,对建筑装饰装修工程施工图预决算进行审计,以减少审计的工作量。这种方法在建筑工程施工图预决算中使用的较为频繁,但在装饰工程施工图预决算中,由于某些条件的变化,如设计风格多样性、设计标准的不一致性等,导致手册的适用范围狭窄,使这种审计方法受到了限制。

九、审计的主要内容

建筑装饰装修工程施工图预决算是确定建筑装饰装修工程预决算造价和工料消耗用量的文件,从一定意义上说,其造价构成主要表现为建筑工程费用;就施工图预决算的本质来说,它是确定建筑产品价格的一种特殊方法,尽管不同的建筑装饰装修工程由于种种原因而存在许多差异,但其造价计算的基本方法和基本原则还是大致相同的,所以,我们在此讨论建筑装饰装修工程施工图预决算的审计要点,具有普遍的实践意义。如前面有关章节所述,施工图预决算的费用构成主要有:直接工程费(包括直接费、其他直接费和现场经费三大主要部分)、间接费(包括施工企业管理费、财务费用、其他间接费等)、计划利润和税金(营业税、城市建设维护税、教育费附加)。由于直接费一般通过定额确定,而定额的使用又有一定的滞后性。因此,在进行建筑装饰装修工程施工图预决算编制时,除了需要按照国家文件规定计算上述费用之外,还必须考虑由于定额的滞后性而漏算的人工费价差、材料费价差、机械费价差等。同时,还要根据建筑装饰项目自身的特点(如施工场地情况、施工方案要求、施工合同要求等),确定建筑装饰装修工程预决算中还需另外增加的费用内容,例如,施工配合费、包干费等。由于建筑装饰装修工程施工图预决算涉及的费用内容较多,且计算过程繁琐,所以在施工图预决算文件中总是或多或少地存在各种问题。比如,工程量计算错误,高套定额,材料价格不实,取费不甚合理等。这就要求审计人员在实施建筑装饰装修工程预决算审计时,必须掌握适当的审计方法,并以下列内容为审计重点,以确保建筑装饰装修工程施工图预决算的准确性和真实性。

(一)审计建筑装饰装修工程施工图预决算的编制依据

1. 审计设计图纸

设计图纸由设计单位按照建设单位的使用要求设计完成,它是建筑装饰装修工程施工图

预决算编制的直接依据，设计图纸质量的好坏，将从根本上影响建筑装饰装修工程施工图预决算造价。所以，审计设计图纸的质量情况，应是施工图预决算审计的一项重要工作。审计设计图纸的设计质量情况，应首先注意设计单位的资质和级别。按照规定，甲级设计单位可以在全国范围内承揽大型项目的设计任务，乙级设计单位可以承揽中小型项目的设计任务，丙级设计单位可以承揽小型及零星项目的设计任务，丁级设计单位只能承揽零星项目和维修改造项目的设计任务。所以，审计时，应注重建筑装饰装修工程项目的规模，同时，还应注意建筑装饰装修工程的建筑级别和建设标准，注意建筑装饰装修工程设计单位的资质与级别是否名副其实，有无挂靠行为等。众所周知，达不到规定级别的设计单位意味着潜在的建筑装饰设计的质量风险。其次审计设计文件的构成是否完整。一般情况下，建筑装饰装修工程设计文件由建筑施工图纸、结构施工图和设计概算书三大部分构成，审计时，应注意设计文件是否齐全，概算标准是否符合建设要求等相关内容。最后，审计图纸设计的是否科学合理，是否经济适用，设计方案是否过于保守等问题。

2. 审计预决算定额

预决算定额是编制建筑装饰装修工程施工图预决算时使用的主要的技术经济指标之一，与其他专业工程定额一样，我国建筑装饰装修工程预决算定额以地方定额为主，到目前为止，没有完整的全国统一定额，而在地方，受多年管理体制约束，建筑装饰装修工程预决算定额来源比较混乱，除了各地建委系统的《建筑装饰装修工程预决算定额》之外，轻工系统的《建筑装饰装修工程预决算定额》也同时存在，究竟使用哪种定额，两大系统争论不休，审计人员在审计时，应按照各地管理部门有关文件规定执行。另外，对于那些尚无建筑装饰装修工程预决算定额的部分地区，应注意审计规定，并注意地方文件要求的预决算标准和预决算方法。

3. 审计建筑装饰材料的价格信息

这里所说的建筑装饰材料的价格信息主要指的是市场价格信息，它一般通过三种方式表现出来，一是地方有关部门（如定额站）定期（如一个季度）颁发的市场价格信息；二是建设单位、施工单位提供的采购发票或签订的合同单价信息；三是审计人员通过市场调查了解到的市场平均价格信息。当前，建筑装饰材料市场价格十分混乱，建筑装饰材料质量真假难辨，建筑装饰材料质价难于统一，开展审计工作十分困难。因此，对反映上述信息资料来源情况的真实性、时效性和可靠性的再确认就成了审计关键。审计人员应注意对上述资料的排查分析，鉴别真伪，并通过审计而去伪存真。

4. 审计施工企业的资质证明资料

主要审计施工企业提供的营业执照、取费证明等有关资料，以此确定施工企业的计费标准和取费等级。

当前，在我国各地工程造价的计算规定中，计算间接费的一般标准是根据工程类别和施工企业的资质、级别分别考虑，所以，审计时，应首先确认施工企业的等级标准，而后，依此审计其费用的计算是否正确。在对这一部分资料的审计与确认时，应特别注意施工企业资质和级别的真实性，注意有无高套级别，提高取费标准的问题发生。

5. 审计施工组织设计文件

首先应鉴定施工组织设计文件的可操作性，如施工方案是否可行，施工进度计划是否合理，施工现场布局是否完整；其次审计施工组织设计文件内容是否齐备，施工安全措施是否妥当；最后审计施工组织设计文件的编制过程是否规范，是否经过了建设单位的严格审核，是否经过了建设监理工程公司的同意与认可。

6. 审计单位建筑装饰装修工程施工图预决算造价指标

审计单位建筑装饰装修工程施工图预决算造价指标包括两个具体的工作环节，首先要根据装饰工程的装饰标准寻找市场平均建筑装饰造价标准；其次是在此基础上进行横向比较，评价拟审计建筑装饰装修工程报价的准确性程度，估测建筑装饰装修工程造价的高低情况；最后决定审计方法和审计重点。由于建筑装饰装修工程之间的差异比较大，进行横向比较也很困难，所以，在进行指标分析时，一般以部位为一比较单位，如墙面装饰单价比较，地面装饰单价比较，天棚装饰单价比较等，在进行指标法测算时，应注意相同部位的不同做法，如材料变化、价格变化、内部结构变化等，审计人员不能生搬硬套单位造价指标，应根据实际情况进行指标换算，以保证用这种方法的可靠性。

【例】 某审计单位在审计某一建筑装饰装修工程施工图预决算时，发现其全部报价为600 万元，建筑面积约为 10 000m^2，主要装饰部位有墙面装饰，地面装饰，天棚吊顶装饰等，整个工程的单位造价为 6 000 000 元 ÷ 10 000m^2 = 600 元/m^2。这个造价指标是高还是低，无法直接确定。所以，必须进一步查看各个部位的综合单价，假设在该项目中地面单价为 820 元/m^2，地面面层材料为花岗岩，且花岗岩购买价为 600 元/m^2，则在该决算中，地面施工时所花费的除了花岗岩材料费以外的各项费用综合报价为（820 - 600）= 220 元/m^2。经过市场调研后得知，制作花岗岩地面市场平均报价（不含花岗岩主材）指标为 500 元/m^2。这样一来，审计人员就可以初步确定被审计项目的地面部分单价高于市场价大约 170 元/m^2。依此类推，可逐一确定其他项目报价的准确率，而后计算整个工程报价的误差。

7. 审计工程量

工程量是指建筑装饰装修工程各个部位的工程数量及其大小。与建筑工程不同的是，建筑装饰装修工程的工程量一般以面积为单位来计量。所以，无论是工程量的计算还是审计，相对于建筑工程来说，其计算要求比较简单。审计时，应从两个方面加以考虑：一是审计工程量列示的项目是否正确，二是审计各个项目的数量大小是否准确。建筑装饰装修工程列项应以施工图纸、预决算定额为主要依据确定，按照要求，项目不得多列、少列和错列。下面是建筑装饰装修工程施工图预决算审计中经常发现的项目列错的例子：

【例】 某建筑装饰装修工程施工图预决算中将硬木踢脚线和踢脚线压条作为两个项目列入进来，分别按照踢脚线和装饰木线条套用了定额，问是否正确？

【解】 这样列项属于立项重复，因为在一般地区的建筑装饰装修工程预决算定额中，踢脚线项目中大都包括压条在内，压条的费用含在了踢脚线的定额单价之中。所以，该预算立项有误。从施工工艺上看，压条是踢脚线的构成部分，二者不可以分割计算。

【例】 某建筑装饰装修工程项目施工图预决算中，将抹灰脚手架列项为砌墙脚手架，其理由是两种脚手架的搭设形式和方法均相同。审计时，如何界定对错？

【解】 一般情况下抹灰脚手架与砌墙脚手架不能混为一谈，二者的定额单价也不尽相同，尽管搭设方法一致，搭设形式相同，但由于砌墙脚手架与抹灰脚手架的使用时间不同，同样面积下，砌墙脚手架的使用时间要长一些。因此，其材料摊销量较大，定额单价也就随之增高，这样看来，尽管脚手架项目没有增加，但却列错，间接地增大了工程造价。

建筑装饰装修工程的项目审计完成之后，审计各个项目尤其是主要项目的工程量计算过程，着重检查其预决算中的得数是否正确。例如，地面是否按实际铺设的净尺寸计算，计算墙面乳胶漆时是否扣除了门窗洞口面积等。审计工程量时，要求以国家或地方主管部门颁发的工程量计算规则为原则，对于小型项目，可以实施全面审计，对于大型项目，受审计时间的约束，实施全面审计可能比较困难。因此，可进行抽查审计，重点抽审单价较高或工程量较大的部位，以保证抽查审计的质量。

8. 审计各项费用

审计完工程量之后，审计人员应按照建筑装饰装修工程项目施工图预决算的顺序审计直接费、间接费、材料价差、计划利润及有关的独立费、税金等。其中，审计直接费的关键是审计定额套用的正确性程度，如定额选用是否恰当、定额编号的确认是否合理、定额换算是否正确等。关于这一部分内容的详细审计要求，我们在后面的章节中还会有进一步阐述，所以，在此不再赘述。审计间接费应注意原预决算中施工企业确定的取费基数和取费率是否正确，有无改变企业所属性质，提高取费率的现象发生，有无有意识地扩大取费基数等相关问题；审计材料价差应注意材料可能的购买时间，并注意材料市场价格可能出现的变化以及设计要求的材料质量等问题，注意质价的统一性。审计各项独立费（如施工配合费、包干费、点工费等）要注意独立费计算的条件和发生的可能性，避免以独立费的形式出现多计费用等系列问题，使工程造价的构成符合地方或国家的有关文件要求。审计计划利润与税金时应注意国家文件的调整与变化，注意其计算过程的合法、合规性。当前，在审计实务中，在计划利润和税金方面出现问题的项目并不多见，所以，这一部分审计属于常规性审计。

9. 审计人工消耗量和材料用量

这实际上是一个工料分析的过程，审计人员应根据定额标准、设计要求等相关资料完成人工消耗量和材料用量的测算与审核，因为这一部分内容直接影响工程造价。审计时应注意原预决算中是否按照定额规定的标准计算工日用量，有无擅自提高定额人工费标准的现象发生；主要材料和特殊材料用量是否按照图纸和定额规定标准计算，有无任意扩大工程量，提高材料损耗率的情况出现等问题。

【例】 某工程使用 300mm × 300mm 地砖铺地，地砖地面的工程量是 2 600m^2，审计时发现，工程量是正确的，但原预决算中地砖的数量为 31 778 块，其计算方法为：

(1)净用量：2 600 ÷ (0.3 × 0.3) = 28 889 块

(2)考虑 10% 的损耗求得总用量：28 889 × (1 + 10%) = 31 778 块

问：该结果是否正确？

【解】 首先查找定额，确定定额规定的损耗率和计算方法，根据定额得知，地砖的损耗率为 2%，不是 10%，所以，原计算结果不正确，正确结果应为：

28 889 × (1 + 2%) = 29 467 块。

施工图预决算一般反映在施工之前，所以对施工图预决算审计基本上围绕上述内容展开，而有关设计变更、施工进度与施工质量等内容的审计，则往往通过竣工决算审计反映出来。

复习题

1. 招标、投标的概念及其作用？
2. 简述招标、投标的过程？
3. 招标有哪些方式？

4. 什么是工程标底，工程标底分为哪几类？
5. 标底编制的依据？
6. 定标的概念？

第十一章　建筑装饰装修工程预算实例

【例】 某银行营业大厅装饰预算编制实例预算书，如图 11-1，图 11-2，图 11-3，图 11-4，图 11-5，图 11-6，图 11-7，图 11-8，图 11-9，图 11-10，图 11-11 所示。

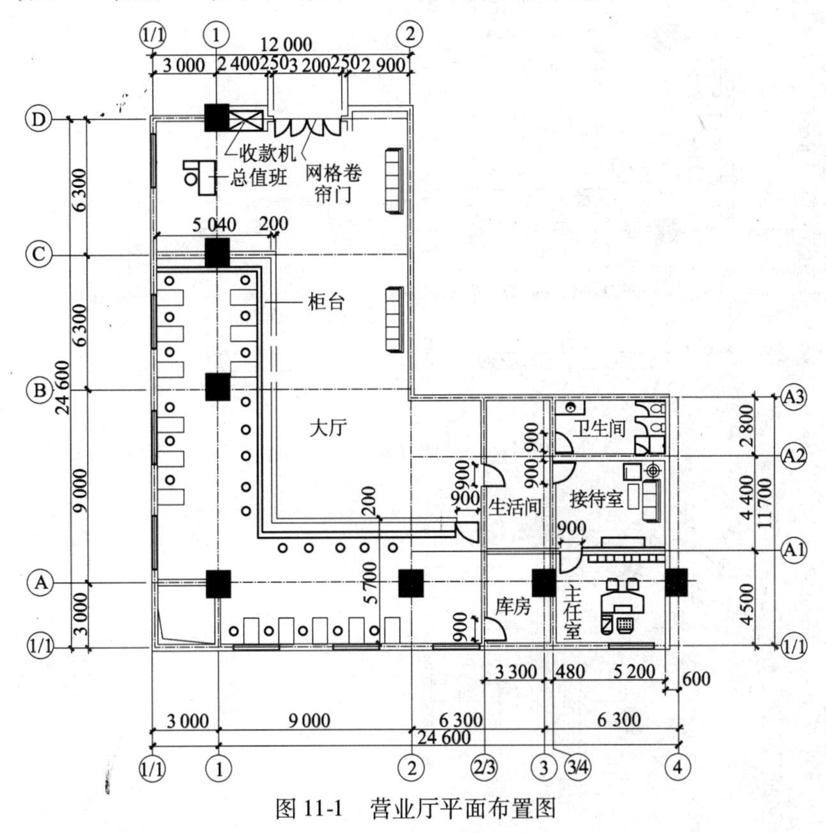

图 11-1　营业厅平面布置图

一、银行营业厅装饰设计说明(各部工程做法与要求)

1. 天棚

屋面板为现浇钢筋混凝土有梁板。

(1) 营业大厅

轻钢龙骨吊顶，纸面石膏板面层，板面白色乳胶漆二遍，嵌入式铝格栅日光灯及部分筒灯。营业柜台内吊顶底标高 3. 00m，营业柜台外大厅吊顶底标高 3. 50m，沿柜高低跌落 0. 50m。

(2) 主任室、接待室、生活间、库房

轻钢龙骨吊顶，纸面石膏板面层，板面白色乳胶漆二遍，嵌入式铝格栅日光灯。吊顶底标高 2. 80m，顶角线 50mm × 50mm 柚木线条，硝基清漆。

(3) 铝合金微孔板，吊顶底标高 2. 60m。

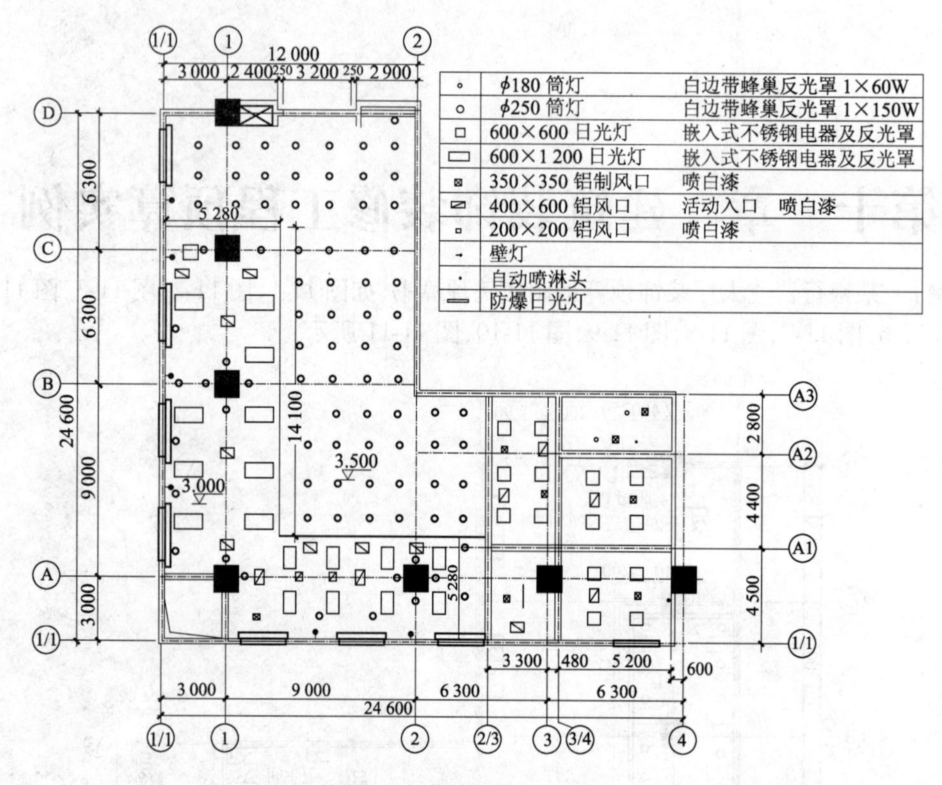

图 11-2 营业厅顶棚布置图

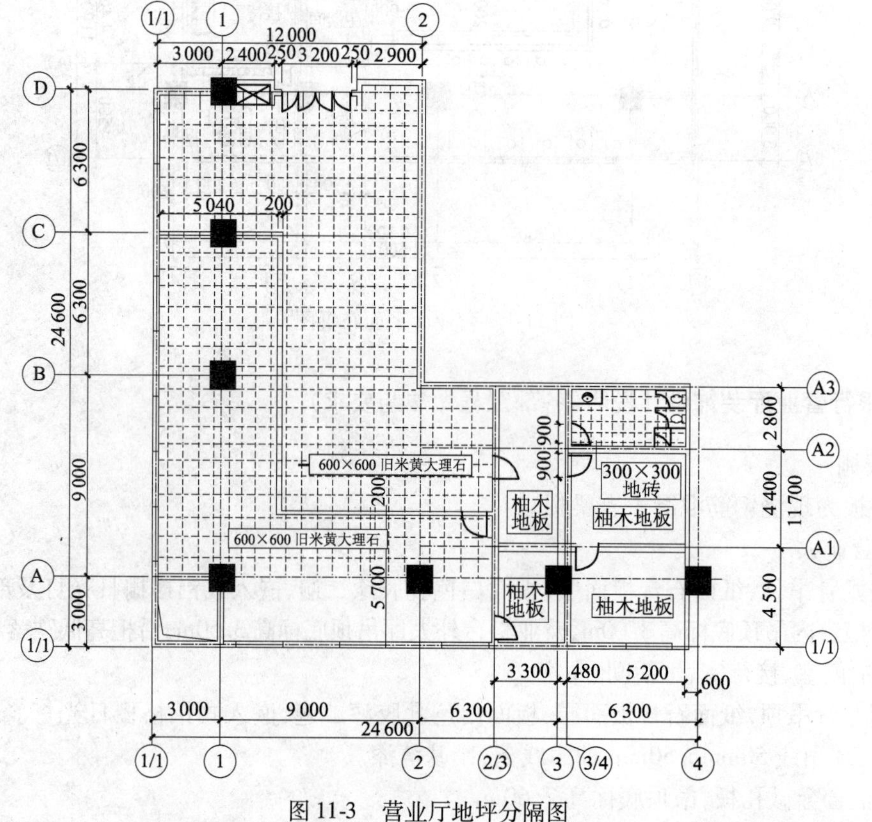

图 11-3 营业厅地坪分隔图

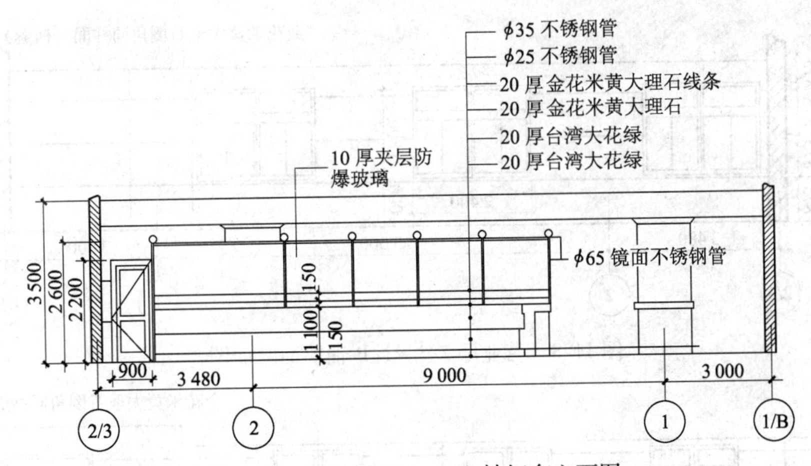

图 11-4　营业厅 2/3 ~ 1/B 轴柜台立面图

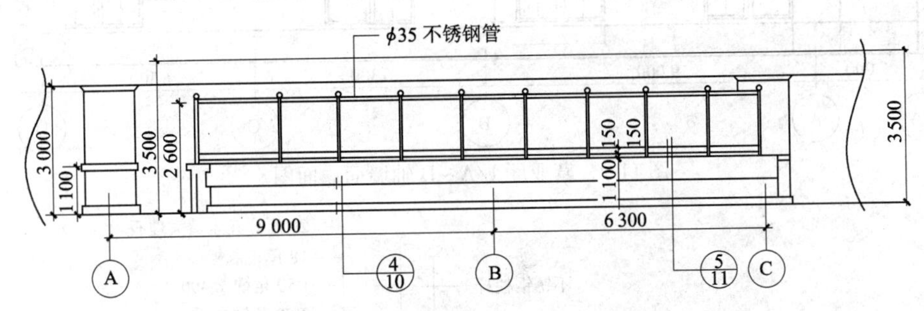

图 11-5　营业厅 A ~ C 柚木墙面立面图

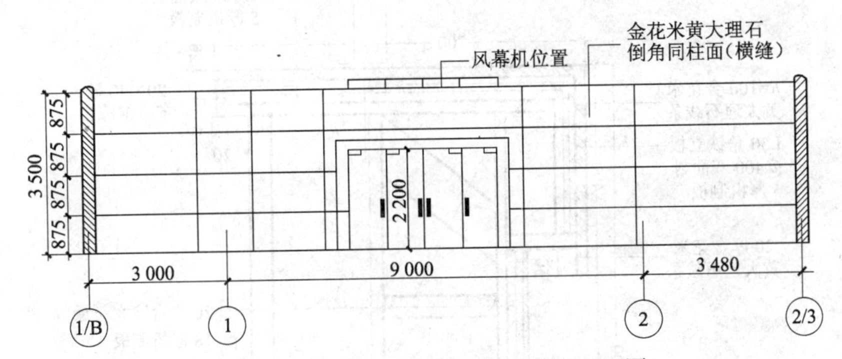

图 11-6　营业厅 1/B ~ 2/3 柚木墙面立面图

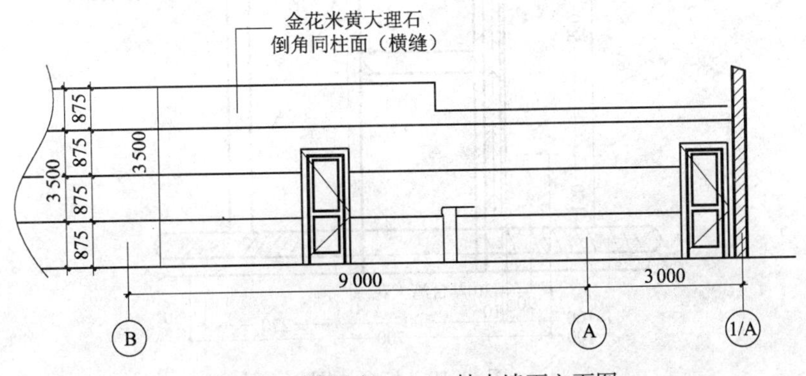

图 11-7　营业厅 B ~ 1/A 柚木墙面立面图

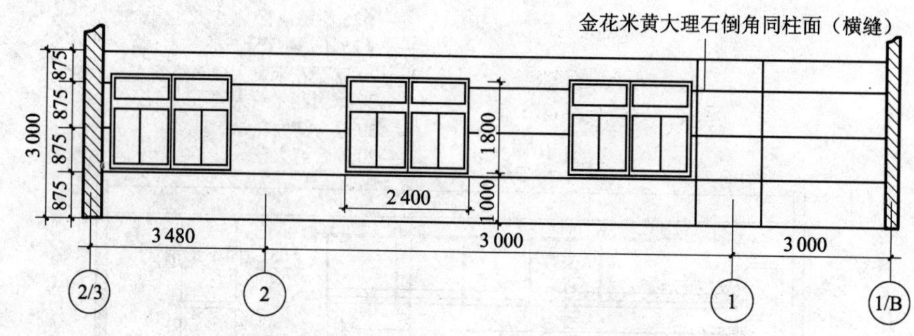

图 11-8　营业厅 2/3～1/B 轴墙面立面图

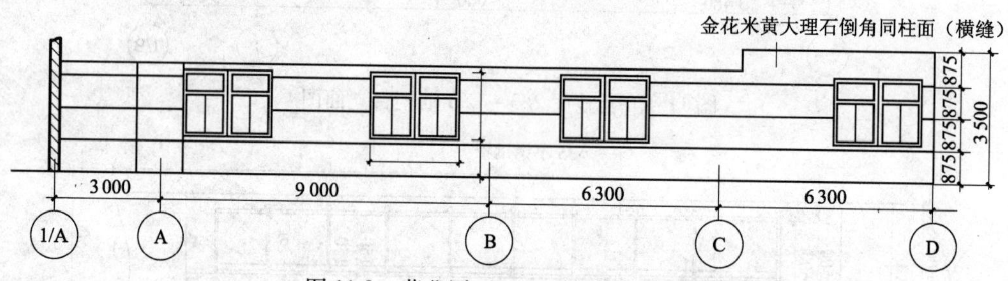

图 11-9　营业厅 1/A～D 轴墙面立面图

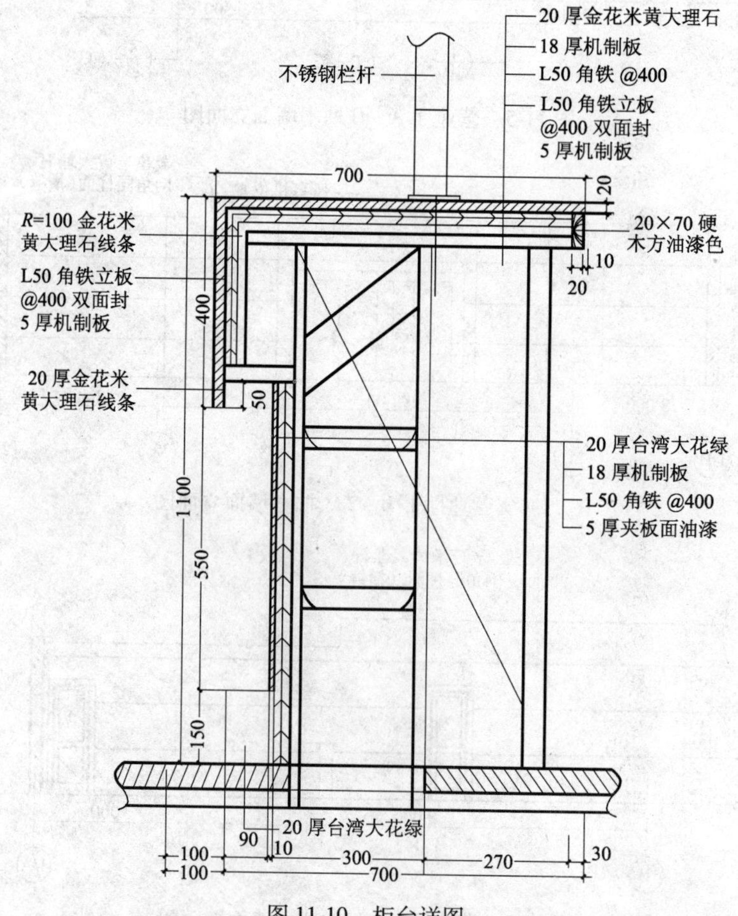

图 11-10　柜台详图

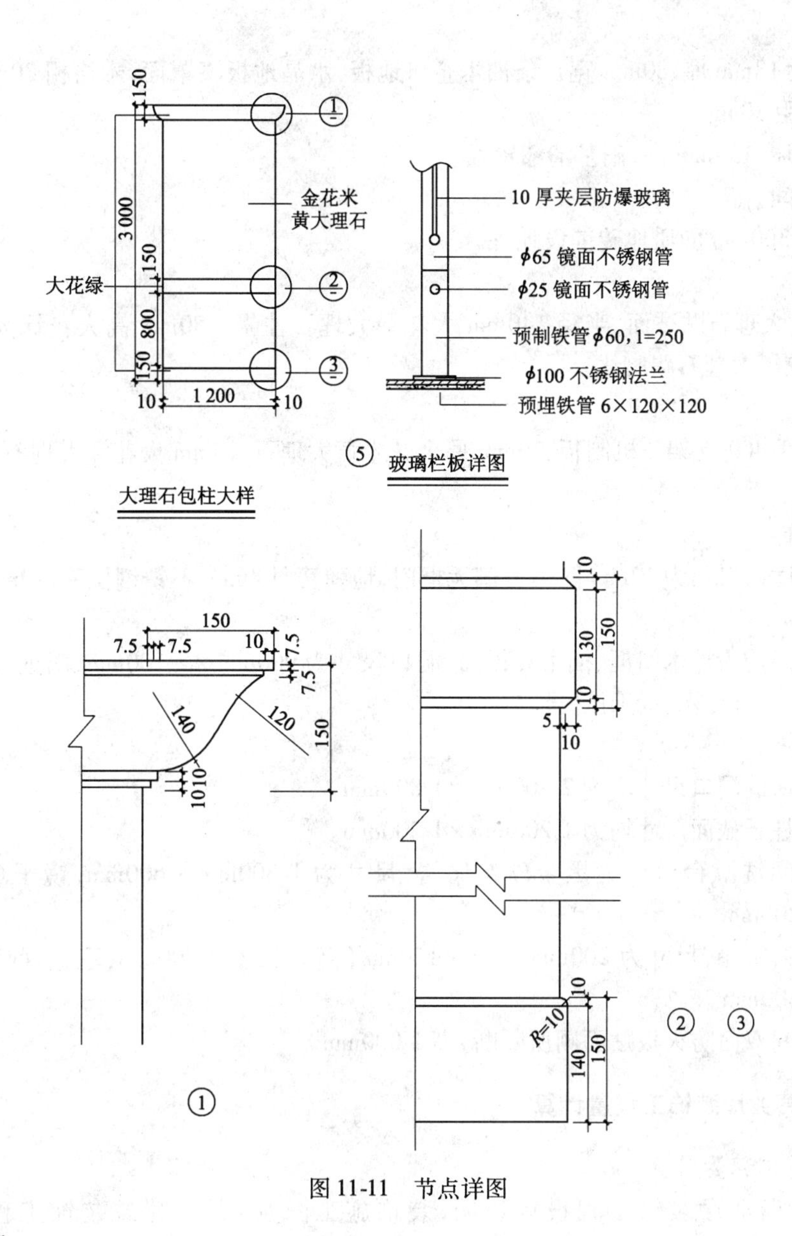

图 11-11　节点详图

2. 墙面

(1) 营业大厅

金花米黄大理石墙面。

(2) 主任室、接待室、生活间、库房

墙面白色乳胶漆两遍。

(3) 卫生间

墙面贴 200mm×280mm 墙砖。

3. 地面

(1) 营业大厅

600mm×600mm 旧米黄大理石。

(2) 主任室、接待室、生活间、库房

地坪铺设18mm厚、80mm宽长条柚木企口地板，水晶地板漆罩面，木格栅30mm×50mm，防腐处理、间距30mm。

柚木踢脚板150mm高，硝基清漆罩面。

(3)卫生间

300mm×300mm同质地砖铺设地坪。

4. 柱面

金花米黄大理石贴柱面，半径140mm大花绿大理石柱帽，150mm高大花绿大理石腰线，150mm高大花绿大理石踢脚线。

5. 柜台

L50角铁@400支架。机制板，20mm厚金花米黄大理石，20mm大花绿大理石贴柜台面及正、侧面。

6. 门装饰

(1)营业厅入口门为12mm防爆玻璃无框门，地弹簧，400mm不锈钢拉手，20mm厚大花绿大理石门套。

(2)其余门均为柚木门框、柚木夹板面，洞口尺寸为900mm×2 100mm，门框、门刷硝基清漆。且每一扇门均安装一套闭门器。

7. 其他

(1)所有窗的洞口尺寸均为2 400mm×1 800mm。

(2)所有柱子截面尺寸均为1 200mm×1 200mm。

(3)卫生间洗漱台台面为黑金砂花岗岩，尺寸为1 800mm×600mm，镜子玻璃尺寸为1 800mm×1 200mm。

(4)暗藏窗帘箱，尺寸为200mm(宽)×150mm(高)，长度2 700mm，垂直百叶帘，尺寸为2 400mm×1 800mm。

(5)卫生间双面防火板贴面厕所隔断，高2 000mm。

二、银行营业厅装饰工程量计算

(一)装饰工程量列项

根据银行营业厅装饰工程设计说明，装饰施工图及《某省建筑装饰工程预算定额(1998)》，列出下列计算工程量的项目(见表11-1)：

表11-1 各部工程装饰装修工程量项目表

序号	项目名称	单位	工程量
1	营业大厅的轻钢龙骨吊顶	m^2	
2	主任室、接待室、卫生间和库房的轻钢龙骨吊顶	m^2	
3	营业大厅、主任室、接待室、卫生间和库房的纸面石膏板顶棚面层	m^2	
4	纸面石膏板面乳胶漆二遍	m^2	
5	卫生间铝合金微孔板	m^2	
6	主任室、接待室、生活间、库房50mm×50mm柚木顶角线	m	
7	柚木顶角线硝基清漆	m^2	

续表

序 号	项 目 名 称	单 位	工 程 量
8	暗藏窗帘箱	m	
9	垂直百叶帘	m^2	
10	营业大厅金花米黄大理石墙面	m^2	
11	营业大厅金花米黄大理石柱面	m^2	
12	营业大厅半径 140mm 大花绿大理石柱帽	m	
13	柱面 150mm 高大花绿腰线	m^2	
14	柱面 150mm 高大花绿踢脚线	m^2	
15	营业大厅进口门大花绿大理石门套	m^2	
16	主任室、接待室、生活间和库房墙面乳胶漆	m^2	
17	主任室、接待室、生活间和库房 150mm 高柚木踢脚线	m^2	
18	柚木踢脚板硝基清漆	m^2	
19	卫生间墙面贴 200mm×280mm 墙面砖	m^2	
20	卫生间黑金砂花岗岩洗漱台	个	
21	卫生间镜子玻璃	m^2	
22	卫生间防火板贴面厕所隔断	m^2	
23	营业大厅 600mm×600mm 旧米黄大理石地坪	m^2	
24	主任室、接待室、生活间和库房柚木地板地坪	m^2	
25	柚木地板水晶地板漆	m^2	
26	卫生间 300mm×300mm 地砖地坪	m^2	
27	营业大厅进口处 12mm 防爆玻璃无框门	m^2	
28	无框玻璃门地弹簧	只	
29	无框玻璃门 40cm 不锈钢拉手	副	
30	柚木门框制作与安装	m^2	
31	柚木夹板门扇制作与安装	m^2	
32	柚木夹板门硝基清漆	m^2	
33	闭门器	个	
34	柜台 L50 角铁支架,机制板结构层	m	
35	柜台贴金花米黄大理石	m^2	
36	柜台贴大花绿大理石	m^2	
37	柜台不锈钢管 10mm 防爆玻璃栏板	m	

(二)装饰工程量计算

(1)营业大厅的轻钢龙骨吊顶

$S_{大厅}$ = 主墙面的净面积

$$=\underset{1/B\sim2/3\text{轴的净长}}{\underline{3.00+9.00+6.30-3.30-0.24}}\times\underset{1/A\sim D\text{的净长}}{\underline{24.60-0.24}}-\underset{2\sim2/3\text{轴的净长}}{\underline{6.30-3.30}}$$

$$\times \underset{A_3 \sim D\text{ 轴的净长}}{\underline{24.60-11.70}} - \underset{1/B \sim 1\text{ 轴与 }1/A \sim A\text{ 轴的面积}}{\underline{3.00 \times 3.00}}$$

$$+ \underset{\text{取款机上方凸出 D 轴的吊顶面积}}{\underline{(2.4-1.20/2-0.24) \times (1.2/2+0.12-0.24)}}$$

$$+ \underset{\text{门右侧凸出 D 轴的吊顶面积}}{\underline{(2.9-0.24-0.12) \times (1.2/2+0.12-0.24)}}$$

$$=14.76 \times 24.36-3.00 \times 12.90-9.00+1.56 \times 0.48+2.54 \times 0.48$$

$$=313.82(\mathrm{m}^2)$$

（2）主任室、接待室、生活间和库房的轻钢龙骨吊顶

$$S_{\text{主任室}} = \frac{5.22-0.12}{3/4\text{ 轴}\sim 4\text{ 轴的净长}} \times \frac{4.50-0.24}{1/A \sim A_1\text{ 轴的净长}}$$

$$=5.10 \times 4.26$$

$$=21.73(\mathrm{m}^2)$$

$$S_{\text{接待室}} = \frac{5.22-0.12}{3/4\text{ 轴}\sim 4\text{ 轴的净长}} \times \frac{4.40-0.24}{A_1 \sim A_2\text{ 轴的净长}}$$

$$=5.10 \times 4.16$$

$$=21.22(\mathrm{m}^2)$$

$$S_{\text{生活间}} = \frac{3.30+0.48-0.24}{2/3\text{ 轴}\sim 3/4\text{ 轴的净长}} \times \frac{4.4+2.8-0.24}{A_1 \sim A_3\text{ 轴的净长}}$$

$$=3.54 \times 6.96$$

$$=24.64(\mathrm{m}^2)$$

$$S_{\text{库房}} = \frac{3.30+0.48-0.24}{2/3\text{ 轴}\sim 3/4\text{ 轴的净长}} \times \frac{4.5-0.24}{1/A \sim A_1\text{ 轴的净长}}$$

$$=3.54 \times 4.26$$

$$=15.08(\mathrm{m}^2)$$

$$S = S_{\text{主任室}} + S_{\text{接待室}} + S_{\text{生活间}} + S_{\text{库房}}$$

$$=21.73+21.22+24.64+15.08$$

$$=82.67(\mathrm{m}^2)$$

（3）营业大厅、主任室、接待室、卫生间和库房的纸面石膏板顶棚面层实际面积和 S。

$$S=(1)+(2)+\text{高低跌落的展开面积}-\text{窗帘箱的面积}-\text{独立柱占地面积}$$

$$=313.82+82.67+\frac{3.0+9.0+6.3-3.3-0.24+14.1}{3.5\mathrm{m}\text{ 与 }3.0\mathrm{m}\text{ 高低跌落的净长}} \times \frac{0.50}{\text{跌落的高差}}$$

$$-\frac{2.70 \times 0.20 \times 8}{\text{窗帘箱的长度}\times\text{宽度}\times\text{数量}} - \frac{1.2 \times 1.2 \times 3}{\text{独立柱占地面积}}$$

$$=313.82+82.67+14.43-4.32-4.32$$

$$=402.28(\mathrm{m}^2)$$

（4）纸面石膏板面乳胶漆两遍

$$S=(3)=402.28(\mathrm{m}^2)$$

（5）卫生间铝合金微孔板面积 S。

$$S = \text{卫生间的净长} \times \text{净宽}$$

$$= \underset{3/4\text{轴}\sim4\text{轴的净长}}{\underbrace{5.22-0.12}} \times \underset{A_2\text{轴}\sim A_3\text{轴的净长}}{\underbrace{2.80-0.24}}$$

$$= 5.10 \times 2.56$$

$$= 13.06(\text{m}^2)$$

(6)主任室、接待室、生活间、库房50mm×50mm柚木顶角线

$$L = \text{各室的净周长}$$

$$L_{\text{主任室}} = \left[\frac{5.22-0.12}{3/4\text{轴}\sim4\text{轴的净长}} + \frac{4.50-0.24}{1/A\sim A_3\text{的净长}}\right] \times 2$$

$$= (5.10 + 4.26) \times 2$$

$$= 18.72(\text{m})$$

$$L_{\text{接待室}} = \left[\frac{5.22-0.12}{3/4\text{轴}\sim4\text{轴的净长}} + \frac{4.40-0.24}{1/A\sim A_3\text{的净长}}\right] \times 2$$

$$= (5.10 + 4.16) \times 2$$

$$= 18.52(\text{m})$$

$$L_{\text{生活间}} = \left[\frac{3.30+0.48-0.24}{2/3\text{轴}\sim3/4\text{轴的净长}} + \frac{4.4+2.8-0.24}{A_1\sim A_3\text{轴的净长}}\right] \times 2$$

$$= (3.54 + 6.96) \times 2$$

$$= 21.00(\text{m})$$

$$L_{\text{库房}} = \left[\frac{3.30+0.48-0.24}{2/3\text{轴}\sim3/4\text{轴的净长}} + \frac{4.5-0.24}{1/A\sim A_1\text{轴的净长}} + \frac{1.2-0.24}{\text{柱侧面}}\right] \times 2$$

$$= (3.54 + 4.26 + 0.96) \times 2$$

$$= 17.52(\text{m})$$

$$L = L_{\text{主任室}} + L_{\text{接待室}} + L_{\text{生活间}} + L_{\text{库房}}$$

$$= 18.72 + 18.52 + 21.00 + 17.52$$

$$= 75.76(\text{m})$$

(7)柚木顶角线硝基清漆

$$S = (6) \times \text{柚木顶角线展开面积} \times 0.87$$

$$= 75.76 \times \frac{0.075}{\text{展开面积(假设)}} \times \frac{0.87}{\text{其他木材面油漆的系数}}$$

$$= 4.94(\text{m}^2)$$

(8)暗藏窗帘箱

$$L = \text{窗帘箱的长度} \times \text{窗帘箱的数量} = 2.70 \times 8 = 21.60(\text{m})$$

(9)垂直百叶帘

$$S = \text{各扇窗的垂直百叶帘面积} \times \text{窗的数量} = 2.40 \times 1.80 \times 8 = 34.56(\text{m}^2)$$

(10)营业大厅金花米黄大理石墙面

$$S = \text{各墙面的净面积} + \text{门、窗的内侧面积}$$

墙面1：D轴上1/B～2轴之间，A_3轴上2～2/3轴之间的墙面面积

$$S_1=\Big[\underbrace{\frac{3.0+9.0+6.3-3.3-0.24}{1/B\text{轴}\sim2/3\text{轴的净长}}}+\underbrace{\frac{(1.2/2-0.12)+(1.20-0.24)}{\text{柱侧壁}}}$$

$$+\Big[\frac{(1.2/2-0.12)\times2+(1.2-0.24)\times2}{\text{入口处墙侧壁}}\Big]\times\frac{3.50}{\text{墙净高}}-\frac{3.2\times2.20}{\text{无框门面积}}$$

$$=(14.76+1.44+2.88)\times3.50-7.40$$

$$=59.38(m^2)$$

墙面2：2轴上D～A_3轴之间，2/3轴上A_3～1/A之间的墙面面积

$$S_2=\frac{24.60+0.60-0.24-0.12-5.28}{3.50\text{吊顶处的墙面净长}}\times3.50+\frac{5.28\times3.0}{3.0\text{吊顶处的墙面净长}}$$

$$-\frac{0.9\times2.1\times2}{\text{门的面积}}+\frac{0.12\times(2.1\times2+0.9)}{\text{门侧面的面积}}\times2$$

$$=19.56\times3.50+5.28\times3.0-3.78+1.22$$

$$=81.74(m^2)$$

墙面3：A轴上1/B～1轴之间，1/A轴上1～2/3之间的墙面面积

$$S_3=\Big[\frac{3.0+9.0+6.3-3.30-0.24}{A/1\text{交界处柱侧面净长}}+(1.20/2-0.12)\times2\Big]\times3.0$$

$$-\frac{2.4\times1.8\times3}{\text{窗的面积}}+\frac{2.4+1.8\times2\times0.12\times3}{\text{窗侧壁}}$$

$$=(14.76+0.48\times2)\times3.0-12.96+3.70$$

$$=37.90(m^2)$$

墙面4：1轴上1/A～A轴之间，1/B轴上A～D之间的墙面面积

$$S_4=\Big[\frac{5.28+14.10}{1/A\text{到高低跌落处的净长}}+\frac{(1.2/2-0.12)\times2}{A/1\text{交界处柱侧面净长}}\Big]\times3.0$$

$$+\frac{24.60-0.24-5.28-14.10}{\text{高低跌落处到D轴的净长}}\times3.50-\frac{2.4\times1.8\times3}{\text{窗的面积}}+\frac{(2.4+1.8\times2\times0.12\times3)}{\text{窗侧壁}}$$

$$=(19.38+0.96)\times3.0+4.98\times3.50-12.96+3.70$$

$$=69.19(m^2)$$

$$S=S_1+S_2+S_3+S_4$$

$$=59.38+81.74+37.90+69.19$$

$$=248.12(m^2)$$

(11)营业大厅金花米黄大理石柱面

$$S=(\text{独立柱的周长}\times\text{高度}-\text{大花绿的面积})\times\text{柱的数量}$$

$$=\frac{1.2\times4.0}{\text{独立柱的周长}}\times3.0-\frac{(0.15+0.15+0.15)\times1.2\times4}{\text{大花绿的面积}}\times\frac{3}{\text{柱的数量}}$$

$$=36.72(m^2)$$

(12)营业大厅半径140大花绿大理石柱帽

$$L=\text{独立柱的周长}\times\text{独立柱的数量}=1.2\times4\times3=14.40(m)$$

(13)柱面150mm高大花绿腰线

$$S=\text{独立柱的周长}\times\text{腰线的宽度}\times\text{独立柱的数量}$$
$$=\underset{\text{柱的周长}}{\underline{1.2\times4}}\times\underset{\text{腰线的宽度}}{\underline{0.15}}\times3$$
$$=2.16(m^2)$$

(14)柱面150mm高大花绿踢脚线

$$S=(1.2\times4\times3)\times0.15=14.40m\times0.15=2.16(m^2)$$

(15)营业大厅入口门大花绿大理石门套

$$S=\text{内外两面的门套周长}\times\text{宽度}\times\text{侧面的周长}\times\text{宽度}$$
$$=\underset{\text{门套周长}}{\underline{[(2.2+0.20)\times2+3.2]\times2}}\times0.20+\underset{\text{门套侧面的周长}}{\underline{2.20+2.20+3.20}}\times0.24$$
$$=3.20+1.82$$
$$=5.02(m^2)$$

(16)主任室、接待室、生活间、库房墙面乳胶漆

$$S=\text{各室的周长}\times\text{吊顶底的高度}-\text{门窗洞口的面积}+\text{门窗内侧面的面积}$$

$$S_{\text{主任室}}=\underset{\text{墙面毛面积}}{\underline{(6)\text{中}L_{\text{主任室}}\times2.80}}-\underset{\text{门的面积}}{\underline{0.90\times2.10}}-\underset{\text{窗的面积}}{\underline{2.4\times1.8}}$$
$$+\underset{\text{门侧壁}}{\underline{(0.90+2.10\times2)\times0.12}}+\underset{\text{窗侧壁}}{\underline{(1.8+2.40)\times2\times0.12}}$$
$$=18.72\times2.80-1.89-4.32+0.61+1.01$$
$$=47.83(m^2)$$

$$S_{\text{接待室}}=\underset{\text{墙面毛面积}}{\underline{(6)\text{中}L_{\text{接待室}}\times2.80}}-\underset{\text{门的面积}}{\underline{0.90\times2.10\times2}}+\underset{\text{门侧壁}}{\underline{(0.90+2.10\times2)\times0.12\times2}}$$
$$=18.52\times2.80-3.78+1.22$$
$$=49.30(m^2)$$

$$S_{\text{生活间}}=\underset{\text{墙面毛面积}}{\underline{(6)\text{中}L_{\text{生活间}}\times2.80}}+\underset{\text{门的面积}}{\underline{0.90\times2.10\times3}}+\underset{\text{门侧壁}}{\underline{(0.90+2.10\times2)\times0.12\times3}}$$
$$=21.00\times2.80-5.76+1.84$$
$$=54.88(m^2)$$

$$S_{\text{库房}}=\underset{\text{库房周长}}{\underline{(6)\text{中}L_{\text{库房}}}}\times2.80-\underset{\text{门的面积}}{\underline{0.90\times2.10}}+\underset{\text{门内侧面的面积}}{\underline{(0.90+2.10\times2)\times0.12}}$$
$$=17.52\times2.80-1.89+0.61$$
$$=47.78(m^2)$$

$$S=S_{\text{主任室}}+S_{\text{接待室}}+S_{\text{生活间}}+S_{\text{库房}}$$
$$=47.83+49.30+54.88+47.78=199.79(m^2)$$

(17)主任室、接待室、生活间、库房150mm高柚木踢脚线

$$L=\text{顶角线的长度}=75.76(m)$$

(18)柚木踢脚板硝基清漆

$$L=75.76(\text{m})$$

(19)卫生间墙面贴200mm×280mm墙面砖

$$S=\text{卫生间墙的周长}\times\text{高度}-\text{门的面积}+\text{门内侧面的面积}$$

$$=\left(\underset{3/4\sim4\text{ 墙的净长}}{\underline{5.22-0.12}}+\underset{A_2\sim A_3\text{ 墙的净长}}{\underline{2.80-0.24}}\right)\times2\times2.6$$

$$-\underset{\text{门的面积}}{\underline{0.90\times2.10}}-\underset{\text{门内侧面的面积}}{\underline{(0.90+2.10\times2)\times0.12}}$$

$$=15.32\times2.60-1.89+0.61$$

$$=38.55(\text{m}^2)$$

(20)卫生间黑金砂花岗岩洗漱台1个

(21)卫生间玻璃镜子

$$S=1.80\times1.20=1.96(\text{m}^2)$$

(22)卫生间防火板贴面厕所隔断

$$S=\left(\underset{A_2\sim A_3\text{ 墙的净长}}{\underline{2.8-0.24}}+\underset{\text{分隔隔断的长度}}{\underline{1.5\times2}}\right)\times\underset{\text{高度}}{\underline{2.0}}=11.12(\text{m}^2)$$

(23)营业大厅600mm×600mm旧米黄大理石地坪

$$S=\text{营业大厅的净面积}-\text{独立柱的面积}=\underset{1/B\text{ 轴}\sim2/3\text{ 轴的净长}}{\underline{3.0+9.0+6.3-3.3-0.24}}$$

$$\times\underset{1/A\sim D\text{ 轴的净长}}{\underline{24.60-0.24}}-\underset{2\sim2/3\text{ 轴的净长}}{\underline{6.3-3.3}}\times\underset{A_3\sim D\text{ 轴的净长}}{\underline{24.60-11.70}}$$

$$-\underset{1/B\sim1/A\sim A\text{ 轴的面积}}{\underline{3.0\times3.0}}-\underset{\text{取款机占地面积}}{\underline{(1.2/2-0.12)\times(2.40-0.60-0.24)}}$$

$$+\underset{\text{入口门右侧凸出 D 轴的面积}}{\underline{(1.2/2-0.24+0.12)\times(2.9-0.24-0.12)}}-\underset{\text{独立柱占地面积}}{\underline{1.2\times1.2\times3}}$$

$$=14.76\times24.36-3.0\times12.9-3.0\times3.0-0.48\times2.54-1.2\times1.2\times3$$

$$=306.31(\text{m}^2)$$

(24)主任室、接待室、卫生间和库房铺设木龙骨、水泥砂浆冲筋找平、胀管螺栓固定

$$S=(2)\text{中的 }S_{\text{主任室}}+S_{\text{接待室}}+S_{\text{生活间}}+S_{\text{库房}}+\text{门洞空圈开口部分面积}$$

$$=82.67+\underset{\text{门洞空圈开口部分面积}}{\underline{0.9\times0.24\times3}}$$

$$=83.32(\text{m}^2)$$

(25)主任室、接待室、卫生间和库房柚木地板地坪

$$S=83.32(\text{m}^2)$$

(26)柚木地板水晶漆

$$S=83.32(\text{m}^2)$$

(27)卫生间地坪 300mm×300mm 地砖

$$S=13.06(\mathrm{m}^2)$$

(28)营业大厅进口处 12mm 防爆玻璃无框门

$$S=\underset{\text{无框门的面积}}{\underline{3.2\times2.20}}=7.04(\mathrm{m}^2)$$

(29)无框玻璃门地弹簧 4 只

(30)无框玻璃门 40cm 不锈钢拉手 4 副

(31)柚木门框制作与安装

$$S=\text{门洞口面积}=0.9\times2.1\times6=11.34(\mathrm{m}^2)$$

(32)柚木夹板门扇制作与安装

$$S=0.9\times2.1\times6=11.34(\mathrm{m}^2)$$

(33)柚木夹板门硝基清漆

$$S=11.34(\mathrm{m}^2)$$

(34)闭门器 6 个

(35)柜台 L50 角铁支架,机制板结构层

$$\begin{aligned}L&=\underset{\text{1/B 轴 ~2/3 轴的净长}}{\underline{3.0+9.0+6.3-3.3-0.24}}+\underset{\text{A/B 轴中的柜台 ~C 轴的净长}}{\underline{3.0+9.0+6.3-0.12-5.7-0.2+0.10}}\\&\quad-\underset{\text{柱占的长度}}{\underline{1.2}}-\underset{\text{门的宽度}}{\underline{0.9}}\\&=14.76+12.38-1.2-0.9\\&=25.04(\mathrm{m})\end{aligned}$$

(36)柜台贴金花米黄大理石

$$\begin{aligned}S&=25.04\times\left(\underset{\text{柜台下前侧板的宽度}}{\underline{0.4}}+\underset{\text{柜台台面的宽度}}{\underline{0.7}}\right)\\&=25.04\times1.1=27.54(\mathrm{m}^2)\end{aligned}$$

(37)柜台贴大花绿大理石

$$S=\underset{\text{柜台前侧板的宽度}}{\underline{0.15+0.55+0.05}}\times25.04=0.75\times25.04=18.78(\mathrm{m}^2)$$

(38)柜台不锈钢管 10mm 防爆玻璃栏板

$$L=25.04(\mathrm{m})$$

(三)套用定额

根据《××省建筑及装饰工程预算定额(1998)》,编制装饰工程定额直接费预算书见表 11-2 所示。

[注]:以上计算公式中,横线下新注文字不是分母,而是该项说明。

表 11-2　装饰工程预算书

定额编号	项　目　名　称	单　位	数　量	单　价	合　计
	(一)楼地面工程				
1—22	营业大厅 600mm×600mm 旧米黄大理石	$10m^2$	30.63	2 546.96	78 013.00
1—87	铺设木龙骨,水泥砂浆冲筋找平用胀管螺栓固定	$10m^2$	8.33	289.38	2 411.00
1—91	柚木企口地板地坪	$10m^2$	8.33	1 348.95	11 237.00
1—100	柚木踢脚线制作与安装	$100m^2$	0.76	1 129.24	858.00
1—60	卫生间 300mm×300mm 地砖	$10m^2$	1.31	704.04	922.00
	小计				93 441.00
	(二)墙、柱面工程				
2—21	金花米黄大理石墙面	$10m^2$	24.82	2 688.42	66 727.00
2—23	金花米黄大理石柱面	$10m^2$	3.67	2 984.24	10 952.00
估	半径 140 大花绿大理石柱帽	m	14.40	150.00	2 160.00
2—23	大花绿大理石柱面	$10m^2$	0.22	2 984.24	657.00
2—23	大花绿大理石踢脚	$10m^2$	0.22	2 984.24	657.00
2—23	大花绿大理石门套	$10m^2$	0.50	2 984.24	1 492.00
2—66	卫生间墙面砖	$10m^2$	3.86	1 070.63	4 133.00
估	卫生间黑金丝花岗岩台面	个	1	600.00	600.00
估	防火板贴面厕所隔断	个	11.12	350.00	3 892.00
2—23	柜台贴金花米黄大理石	$10m^2$	2.75	2 984.24	8 207.00
2—23	柜台贴大花绿大理石	$10m^2$	1.88	2 984.24	5 610.00
	小计				105 087.00
	(三)天棚工程				
3—2	装配式(U)型轻钢龙骨(复杂)	$10m^2$	31.38	319.81	10 036.00
3—11	装配式(U)型轻钢龙骨(简单)	$10m^2$	8.27	291.92	2 414.00
3—50	纸面石膏板天棚面层	$10m^2$	40.23	243.35	9 790.00
估	铝合金微孔板	$10m^2$	13.06	140.00	1 828.00
	小计				24 068.00
	(四)门窗工程				
4—78	无框玻璃门	$10m^2$	0.70	3 974.14	2 782.00
4—112	无框玻璃门地弹簧	个	4.0	125.69	503.00
4—121	40mm 圆形带锁不锈钢拉手	副	4.0	229.20	917.00
4—86	柚木门框制作与安装	$10m^2$	1.13	667.13	754.00
4—93	柚木夹板门扇制作与安装	$10m^2$	1.13	3 638.59	4 112.00
4—113	闭门器安装	个	6	95.67	574.00
	小计				9 642.00
	(五)油漆、涂料工程				
5—247	顶棚乳胶漆三遍	$10m^2$	40.23	53.93	2 170.00

续表

定额编号	项 目 名 称	单 位	数 量	单 价	合 计
5—156	柚木顶角线硝基清漆	$10m^2$	0.49	344.30	169.00
5—247	墙面乳胶漆三遍	$10m^2$	19.99	53.93	1 078.00
5—158	踢脚线硝基清漆	10m	7.58	68.65	520.00
5—145	柚木夹板门硝基清漆	$10m^2$	1.13	995.11	1 124.00
5—224	木地板水晶漆	$10m^2$	8.83	114.30	1 009.00
	小计				6 070.00
	(六)其他零星工程				
6—26	柚木装饰条(条宽在50mm以内)	100m	0.76	451.76	343.00
6—56	暗窗帘盒	100m	0.22	3 836.67	844.00
6—63	垂直百叶帘	$10m^2$	3.46	437.16	1 513.00
6—100	卫生间镜子玻璃	$10m^2$	0.20	989.83	198.00
估	柜台结构层	m	25.04	650.00	16 276.00
估	厚10mm防爆玻璃栏板	m	25.04	800.00	20 032.00
	小计				39 206.00
	定额直接费小计				277 514.00

【例】 天津某外贸地毯厂产品展销楼装饰装修工程(概)预算实例

一、工程概况

(一)工程名称

本工程为某地毯厂及兄弟厂产品展销楼，为客户选样、订货、洽谈等业务提供服务。(见图11-12，图11-13，图11-14，图11-15)

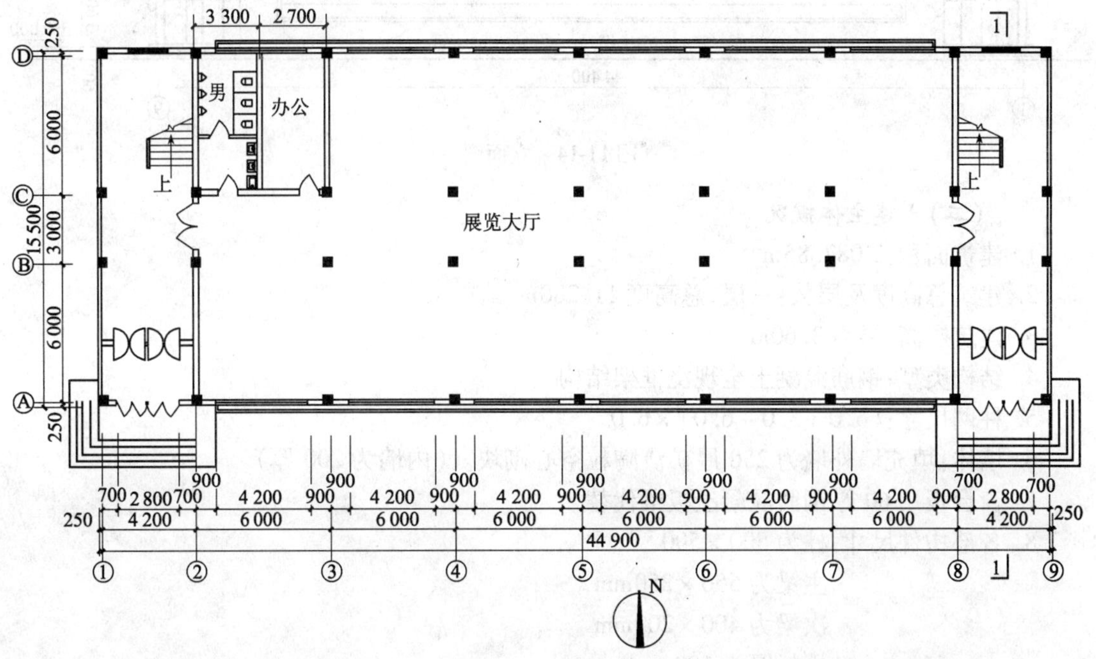

图11-12　首层平面图

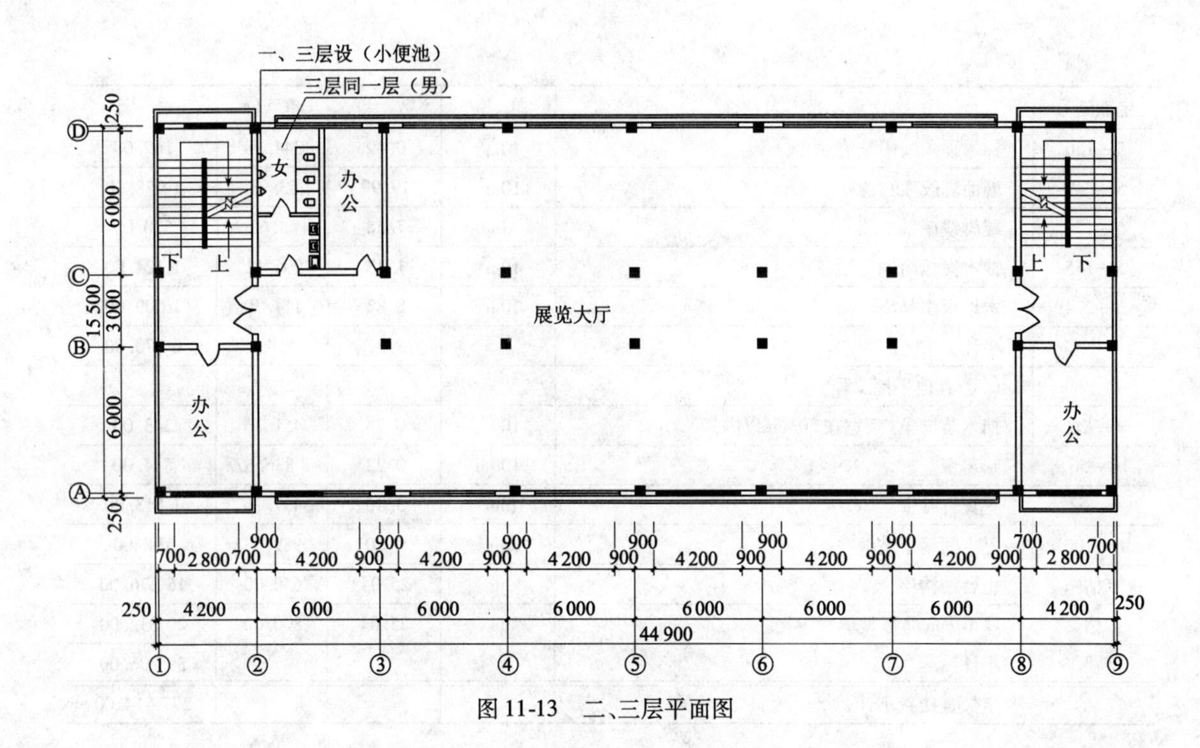

图 11-13　二、三层平面图

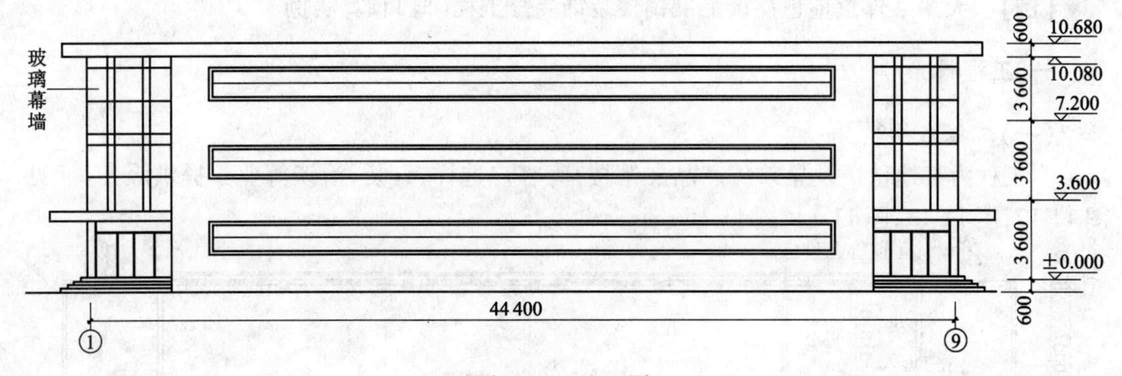

图 11-14　立面图

（二）土建主体概况

1. 建筑面积:2 087. 85m^2
2. 建筑总高度及层数:三层,总高度 11. 280m
3. 建筑层高:层高 3. 60m
4. 结构类型:钢筋混凝土全现浇框架结构
5. 柱网尺寸:(6. 0 + 3. 0 + 6. 0) × 6. 0
6. 墙体:填充墙外墙为 250 厚矿渣陶粒空心砌块。(内墙为 200 厚)
7. 窗台板用 60 厚钢筋混凝土板梁代替
8. 各部构件尺寸:柱为 500 × 500

　　主梁为 550 × 250mm

　　次梁为 400 × 200mm

　　楼板厚为 100mm

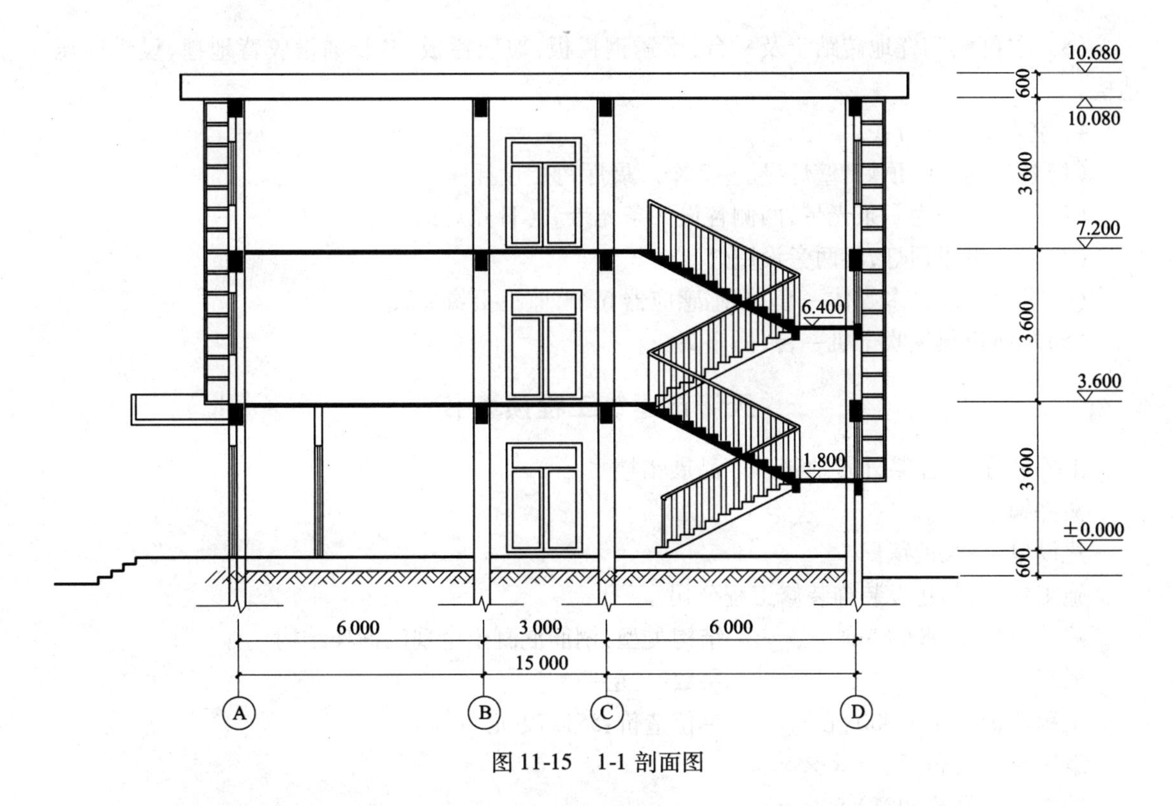

图 11-15　1-1 剖面图

9. 屋面构造：顶板上铺 60 厚泡沫聚苯烯板，抹 30 厚 1：2 水泥砂浆，内铺 150×150 钢筋网片，表面铺设乳胶沥青毡，刷防水乳胶涂料两道。

10. 外窗带型窗为塑料窗主体施工时安装好。

11. 主体几层抹灰均完成，木抹子交活。外墙作内抹珍珠岩保温砂浆。

12. 展厅设可拆装移动式 PVC 隔断高 20m，按展品需要任意分隔。

（三）装饰装修工程主要内容

1. 两端入口门廊上部前后里面均作玻璃幕墙。门廊檐口为红色无光瓷砖贴面。入口墙面贴大理石。

2. 入口大门：外门为无框玻璃推拉自动开启门，外设铝合金卷帘门。内门帷幕框落地玻璃自由门。

3. 室内装饰：

（1）内墙面刮腻子刷聚丙烯酸两道。厕所墙面贴白瓷砖到顶。

（2）地面：展厅、办公均铺大理石，厕所铺陶瓷缸砖。

（3）柱子：贴大理石到顶，设木墙群 1 200mm 高，包木门套。

（4）踢脚板全部贴黑色大理石。

（5）吊顶：办公展厅为铝合金 T 型龙骨，多孔石膏板吊顶，厕所为铝合金 T 型龙骨，PVC 板吊板。楼梯间同办公。

（6）各房间门：均为实木欧式门（900×2 700），展厅为自由门（1 800×2 700）。

（7）厕所隔断和小门采用 PVC 隔板高 1 900mm，前室设 1 500 长两孔盥洗大理石台面，不锈钢水盆和节水龙头。

(8)楼梯间:陶瓷地砖踏步及平台,不锈钢拦板,玻璃栏板,踏步铺设胶背地毯,设铜质压毡棍。

4. 室内电气部分:

(1)各房间设吸顶灯、壁灯、插座2个。展厅每层设插座6个。

(2)展厅中间为一条光带,两侧各设3条光带。(日光灯遮光罩)

(3)入口设吸顶灯,门两旁设壁灯。

(4)展厅每层设多媒体一套、烟感感应器6个,监视摄像2眼。

(5)厕所设热风吹干机一台、插座2个。

天津市建筑工程预算书

工程名称:天津某外贸地毯厂产品展销楼

文件编号:

建设单位:某地毯厂

施工单位:某建设装饰装修工程公司

建筑面积:2 087.85m^2　　结构类型:钢筋混凝土全现浇框架结构

檐高:11.280m　　层数:三层

工程造价:1 151 900 元　　单位造价:551.72 元/m^2

编制单位:(盖章)× × × × ×

编制人:(资格印章)× × ×

校对人:(资格印章)× × ×

审核人:(资格印章)× × ×

装饰装修预算说明

一、本预算是在建筑工程主体抹面完成后承包,故不包括装饰装修工程基处。

二、本预算是根据2000年建筑工程预算基价编制的,差价是按天津市2001年工程造价总调整系数计算。细目省略。

三、工程中电器、水暖等安装工程不在本预算内。

四、未尽事宜按施工规范和通常做法考虑。

表11-3　建筑工程价格计算程序表

工程名称:

项目名称	行次	项目计算公式	金额
预算基价合计	1	1 029 596.52	1 029 596.52
利润	2	[1]×0.075	77 219.7
施工组织措施费	3	0	0
差价	4	7 207.2	7 207.2
合计	5	[1]+[2]+[3]+[4]	1 114 023.22
含税工程造价分析	6	[5]×(1+0.034)	1 151 900

表 11-4　装饰装修工程预算书(二)

工程名称:　　　　　　　　　　　　　　　　　　　　　　　　总建筑面积:2 087.85m^2

定额编号	项　目　编　号	单　位	基　价	工程量	合　价
10—20	铺大理石地面	m^2	265.87	1 652.46	439 339.54
10—22	贴大理石踢脚板	m^2	285.22	130.00	37 078.60
10—34	铺厕所缸砖地面	m^2	65.14	61.40	3 999.596
10—37	铺楼梯踏步平台陶瓷地砖	m^2	111.03	97.20	10 792.116
10—39	楼梯间踢脚板贴大理石	m^2	79.32	46.8	3 712.176
10—28	铺门廊、台阶、花岗岩板	m^2	421.35	19.20	8 089.92
10—81	钢化玻璃全栏板	m^2	60.63	19.50	11 825.285
10—82	不锈钢栏杆扶手	m	78.59	52.80	4 149.552
10—120	挂贴大理石柱面	m^2	336.37	171.75	57 771.547
10—153	厕所贴白瓷砖墙面	m^2	68.20	237.60	16 204.32
10—158	外墙贴无光瓷砖	m^2	78.39	1 163.80	91 230.282
10—218	铝合金茶色玻璃幕墙(型材 175×65)	m^2	541.75	135.00	73 136.25
10—222	展厅厕所活动塑料隔墙	m^2	95.19	476.50	45 358.035
10—252	T 型铝合金龙骨吊顶(不上人)450 方格	m^2	19.75	1 771.00	34 977.25
10—302	石膏板(按在 T 型龙骨上)	m^2	8.40	1 771.00	14 876.4
10—232	厕所木龙骨	m^2	53.04	54.0	2 864.16
10—291	塑料扣板	m^2	39.33	54.0	2 123.82
10—363	铝合金卷闸门	m^2	37.46	13.00	486.98
10—364	铝合金卷闸门附件安装	套	48.51	2.0	97.02
10—591	内墙刷多彩涂料三遍	m^2	10.95	888.50	9 729.075
8—40	木墙裙 1.2m 高油毡一层,用油点粘贴	m^2	3.72	246.40	916.608
10—182	木墙裙龙骨基层 45cm^2 以内中距 50 以内	m^2	56.00	246.40	13 798.4
10—203	木墙裙制作安装	m^2	42.38	246.40	10 442.432
6—62	木装板门制作安装	m^2	190.01	57.30	10 887.573
10—456	油漆单层木门硝基清漆	m^2	114.29	57.3	6 548.817
10—459	筒子板油漆	m^2	71.48	111.80	7 991.464
10—459	木墙裙油漆	m^2	71.48	246.40	17 612.672
10—468	暖气罩木夹板平墙式制作安装	m^2	93.48	70.50	6 590.34
10—447	暖气罩油漆三遍	m^2	17.30	70.50	1 219.65
10—636	0.2m^2 以内金属美术字砖墙安装制作	个	26.47	12.0	317.64
10—660	窗台板水磨石综合预制	m^2	104.29	90.70	9 459.103
10—675	硬木筒子板带木筋制作安装	m^2	168.96	111.80	18 889.728

续表

定额编号	项　目　编　号	单　位	基　价	工程量	合　价
10—680	铝合金窗帘轨双轨明装	m	41.34	240.60	9 946.404
10—678	硬木窗帘盒双轨制做安装	m	82.34	240.00	19 811.004
10—459	硬木窗帘盒双轨油漆	m^2	71.48	59.14	4 227.327 2
10—687 换	洗漱台上镜箱(塑料框)5 000 × 1 000	个	230.40	4.5	1 036.8
询价	落地玻璃平开大门	套	5 230	2	10 460
4—30	满堂红脚手架(吊顶净高 3.6 ~ 5.2m)	m^2	6.52	1 652.46	10 774.039
5—65 换	材料水平运输(综合)	m^3	换 12.5	41.6	520
15—1 代	垂直运输(檐高 20m 之内,延用附加)	工日	2.28	120	273.6
总计				1 029 596.52	

附录:工程量清单计价表格

________________________________工程

工 程 量 清 单

招　标　人:________________　　工程造价
（单位盖章）　　咨　询　人:________________
（单位资质专用章）

法定代表人
或其授权人:________________
（签字或盖章）

法定代表人
或其授权人:________________
（签字或盖章）

编　制　人:________________
（造价人员签字盖专用章）

复　核　人:________________
（造价工程师签字盖专用章）

编制时间:　　年　月　日　　复核时间:　　年　月　日

封—1

______________________工程

招 标 控 制 价

招标控制价(小写)：______________________

(大写)：______________________

招 标 人：______________________
(单位盖章)

工程造价
咨 询 人：______________________
(单位资质专用章)

法定代表人
或其授权人：______________________
(签字或盖章)

法定代表人
或其授权人：______________________
(签字或盖章)

编 制 人：______________________
(造价人员签字盖专用章)

复 核 人：______________________
(造价工程师签字盖专用章)

编制时间：　年　月　日　　复核时间：　年　月　日

封—2

投 标 总 价

招　标　人：______________________________

工 程 名 称：______________________________

投 标 总 价（小写）：______________________________

（大写）：______________________________

投　标　人：______________________________
（单位盖章）

法定代表人
或其授权人：______________________________
（签字或盖章）

编　制　人：______________________________
（造价人员签字盖专用章）

编 制 时 间：　年　月　日

封—3

________________________________工程

竣 工 结 算 总 价

中标价(小写):____________________(大写):____________________

结算价(小写):____________________(大写):____________________

发 包 人:__________ 承 包 人:__________ 工程造价 咨 询 人:__________

(单位盖章) (单位盖章) (单位资质专用章)

法定代表人 或其授权人:__________ 法定代表人 或其授权人:__________ 法定代表人 或其授权人:__________

(签字或盖章) (签字或盖章) (签字或盖章)

编 制 人:____________________ 核 对 人:____________________

(造价人员签字盖专用章) (造价工程师签字盖专用章)

编 制 时 间: 年 月 日 核 对 时 间: 年 月 日

封—4

总 说 明

工程名称：　　　　　　　　　　　　　　　　　　　　　　　　　　第　页共　页

表—01

工程项目招标控制价/投标报价汇总表

工程名称：　　　　　　　　　　　　　　　　　　　　　　　　　　第　页共　页

序号	单项工程名称	金额(元)	其 中		
			暂估价（元）	安全文明施工费(元)	规费（元）
合　计					

注:本表适用于工程项目招标控制价或投标报价的汇总。

表—02

单项工程招标控制价/投标报价汇总表

工程名称：　　　　　　　　　　　　　　　　　　　　　　　　第　页共　页

序号	单位工程名称	金额（元）	其　中		
			暂估价（元）	安全文明施工费（元）	规费（元）
	合　计				

注：本表适用于单项工程招标控制价或投标报价的汇总。暂估价包括分部分项工程中的暂估价和专业工程暂估价。

表—03

单位工程招标控制价/投标报价汇总表

工程名称：　　　　　　　　　　　　　　标段：　　　　　　　　　　　　第　页共　页

序号	汇总内容	金额(元)	其中:暂估价(元)
1	分部分项工程		
1.1			
1.2			
1.3			
1.4			
1.5			
2	措施项目		
2.1	安全文明施工费		
3	其他项目		
3.1	暂列金额		
3.2	专业工程暂估价		
3.3	计日工		
3.4	总承包服务费		
4	规费		
5	税金		
招标控制价合计 =1 +2 +3 +4 +5			

注:本表适用于单位工程招标控制价或投标报价的汇总,如无单位工程划分,单项工程也使用本表汇总。

表—04

工程项目竣工结算汇总表

工程名称：　　　　　　　　　　　　　　　　　　　　　　　第　页共　页

序号	单项工程名称	金额（元）	其中	
			安全文明施工费（元）	规费（元）
合　计				

表—05

单项工程竣工结算汇总表

工程名称：　　　　　　　　　　　　　　　　　　　　第　页共　页

序号	单位工程名称	金额(元)	其中	
			安全文明施工费(元)	规费(元)
	合　计			

表—06

单位工程竣工结算汇总表

工程名称：　　　　　　　　　　　　　　标段：　　　　　　　　　　　　　第　页共　页

序号	汇　总　内　容	金　额(元)
1	分部分项工程	
1.1		
1.2		
1.3		
1.4		
1.5		
2	措施项目	
2.1	安全文明施工费	
3	其他项目	
3.1	专业工程结算价	
3.2	计日工	
3.3	总承包服务费	
3.4	索赔与现场签证	
4	规费	
5	税金	
竣工结算总价合计 =1 +2 +3 +4 +5		

注：如无单位工程划分，单项工程也使用本表汇总。

表—07

分部分项工程量清单与计价表

工程名称：　　　　　　　　　　　　　　标段：　　　　　　　　　　　　　　第　页共　页

序号	项目编码	项目名称	项目特征描述	计量单位	工程量	金　额(元)		
						综合单价	合价	其中：暂估价
本页小计								
合　计								

注：根据建设部、财政部发布的《建筑安装工程费用组成》（建标[2003]206号）的规定，为计取规费等的使用，可在表中增设其中："直接费"、"人工费"或"人工费+机械费"。

表—08

工程量清单综合单价分析表

工程名称： 标段： 第 页共 页

<table>
<tr><td colspan="2">项目编码</td><td colspan="2"></td><td colspan="2">项目名称</td><td colspan="2"></td><td colspan="2">计量单位</td><td colspan="2"></td></tr>
<tr><td colspan="12">清单综合单价组成明细</td></tr>
<tr><td rowspan="2">定额编号</td><td rowspan="2">定额名称</td><td rowspan="2">定额单位</td><td rowspan="2">数量</td><td colspan="4">单 价</td><td colspan="4">合 价</td></tr>
<tr><td>人工费</td><td>材料费</td><td>机械费</td><td>管理费和利润</td><td>人工费</td><td>材料费</td><td>机械费</td><td>管理费和利润</td></tr>
<tr><td></td><td></td><td></td><td></td><td></td><td></td><td></td><td></td><td></td><td></td><td></td><td></td></tr>
<tr><td></td><td></td><td></td><td></td><td></td><td></td><td></td><td></td><td></td><td></td><td></td><td></td></tr>
<tr><td></td><td></td><td></td><td></td><td></td><td></td><td></td><td></td><td></td><td></td><td></td><td></td></tr>
<tr><td></td><td></td><td></td><td></td><td></td><td></td><td></td><td></td><td></td><td></td><td></td><td></td></tr>
<tr><td colspan="2">人工单价</td><td colspan="6">小 计</td><td></td><td></td><td></td><td></td></tr>
<tr><td colspan="2">元/工日</td><td colspan="6">未计价材料费</td><td colspan="4"></td></tr>
<tr><td colspan="8">清单项目综合单价</td><td colspan="4"></td></tr>
<tr><td rowspan="8">材料费明细</td><td colspan="5">主要材料名称、规格、型号</td><td>单位</td><td>数量</td><td>单价（元）</td><td>合价（元）</td><td>暂估单价（元）</td><td>暂估合价（元）</td></tr>
<tr><td colspan="5"></td><td></td><td></td><td></td><td></td><td></td><td></td></tr>
<tr><td colspan="5"></td><td></td><td></td><td></td><td></td><td></td><td></td></tr>
<tr><td colspan="5"></td><td></td><td></td><td></td><td></td><td></td><td></td></tr>
<tr><td colspan="5"></td><td></td><td></td><td></td><td></td><td></td><td></td></tr>
<tr><td colspan="5"></td><td></td><td></td><td></td><td></td><td></td><td></td></tr>
<tr><td colspan="7">其他材料费</td><td>—</td><td></td><td>—</td><td></td></tr>
<tr><td colspan="7">材料费小计</td><td>—</td><td></td><td>—</td><td></td></tr>
</table>

注：1. 如不使用省级或行业建设主管部门发布的计价依据，可不填定额项目、编号等。

2. 招标文件提供了暂估单价的材料，按暂估的单价填入表内“暂估单价”栏及“暂估合价”栏。

表—09

措施项目清单与计价表(一)

工程名称：　　　　　　　　　　　　标段：　　　　　　　　　　　　第　页共　页

序号	项目名称	计算基础	费率(%)	金额(元)
1	安全文明施工费			
2	夜间施工费			
3	二次搬运费			
4	冬雨季施工			
5	大型机械设备进出场及安拆费			
6	施工排水			
7	施工降水			
8	地上、地下设施、建筑物的临时保护设施			
9	已完工程及设备保护			
10	各专业工程的措施项目			
11				
12				
合　计				

注：1. 本表适用于以“项”计价的措施项目。

2. 根据建设部、财政部发布的《建筑安装工程费用组成》(建标[2003]206号)的规定，“计算基础”可为“直接费”、“人工费”或“人工费＋机械费”。

表—10

措施项目清单与计价表(二)

工程名称:　　　　　　　　　　　　标段:　　　　　　　　　　第　页共　页

序号	项目编码	项目名称	项目特征描述	计量单位	工程量	金额(元)	
						综合单价	合价
本页小计							
合　计							

注:本表适用于以综合单价形式计价的措施项目。

表—11

其他项目清单与计价汇总表

工程名称：　　　　　　　　　　　标段：　　　　　　　　　　　第　页共　页

序号	项目名称	计量单位	金额(元)	备　注
1	暂列金额			明细详见表—12—1
2	暂估价			
2.1	材料暂估价		—	明细详见表—12—2
2.2	专业工程暂估价			明细详见表—12—3
3	计日工			明细详见表—12—4
4	总承包服务费			明细详见表—12—5
5				
合　计				—

注：材料暂估单价进入清单项目综合单价，此处不汇总。

表—12

暂列金额明细表

工程名称：　　　　　　　　　　　　标段：　　　　　　　　第　页共　页

序号	项目名称	计量单位	暂定金额(元)	备　注
1				
2				
3				
4				
5				
6				
7				
8				
9				
10				
11				
合　计				—

注：此表由招标人填写，如不能详列，也可只列暂定金额总额，投标人应将上述暂列金额计入投标总价中。

表—12—1

材料暂估单价表

工程名称：　　　　　　　　　　标段：　　　　　　　　　　第　页共　页

序号	材料名称、规格、型号	计量单位	单价(元)	备　注

注：1. 此表由招标人填写，并在备注栏说明暂估价的材料拟用在哪些清单项目上，投标人应将上述材料暂估单价计入工程量清单综合单价报价中。

2. 材料包括原材料、燃料、构配件以及按规定应计入建筑安装工程造价的设备。

表—12—2

专业工程暂估价表

工程名称：　　　　　　　　　　　　　　　标段：　　　　　　　　　　　　　　第　页共　页

序号	工　程　名　称	工程内容	金额(元)	备　注
合　计				—

注：此表由招标人填写，投标人应将上述专业工程暂估价计入投标总价中。

表—12—3

计日工表

工程名称: 标段: 第 页共 页

编号	项 目 名 称	单位	暂定数量	综合单价	合价
一	人 工				
1					
2					
3					
4					
人 工 小 计					
二	材 料				
1					
2					
3					
4					
5					
6					
材 料 小 计					
三	施工机械				
1					
2					
3					
4					
施工机械小计					
总 计					

注:此表项目名称、数量由招标人填写,编制招标控制价时,单价由招标人按有关计价规定确定;投标时,单价由投标人自主报价,计入投标总价中。

表—12—4

总承包服务费计价表

工程名称：　　　　　　　　　　　　　标段：　　　　　　　　　　第　页共　页

序号	项　目　名　称	项目价值(元)	服务内容	费率(%)	金额(元)
1	发包人发包专业工程				
2	发包人供应材料				
合　计					

表—12—5

索赔与现场签证计价汇总表

工程名称：　　　　　　　　　　　　　标段：　　　　　　　　　　　　　第　页共　页

序号	签证及索赔项目名称	计量单位	数量	单价(元)	合价(元)	索赔及签证依据
本页小计						—
合　计						—

注：签证及索赔依据是指经双方认可的签证单和索赔依据的编号。

表—12—6

费用索赔申请(核准)表

工程名称: 　　　　　　　　　　标段: 　　　　　　　　　　编号:

<table>
<tr><td colspan="2">致:______________________________（发包人全称）
根据施工合同条款第_____条的约定,由于__________原因,我方要求索赔金额(大写)______________元,(小写)______________元,请予核准。
附:1. 费用索赔的详细理由和依据:
2. 索赔金额的计算:
3. 证明材料:
承包人(章)
承包人代表______
日　　期______</td></tr>
<tr><td>复核意见:
根据施工合同条款第____条的约定,你方提出的费用索赔申请经复核:
□不同意此项索赔,具体意见见附件。
□同意此项索赔,索赔金额的计算,由造价工程师复核。
监理工程师______
日　　期______</td><td>复核意见:
根据施工合同条款第____条的约定,你方________提出的费用索赔申请经复核,索赔金额为(大写)________元,(小写)______元。
造价工程师______
日　　期______</td></tr>
<tr><td colspan="2">审核意见:
□不同意此项索赔。
□同意此项索赔,与本期进度款同期支付。
发包人(章)
发包人代表______
日　　期______</td></tr>
</table>

注:1. 在选择栏中的“□”内作标识“√”。

2. 本表一式四份,由承包人填报,发包人、监理人、造价咨询人、承包人各存一份。

表—12—7

现场签证表

工程名称： 标段： 编号：

<table>
<tr><td>施工部位</td><td></td><td>日　期</td><td></td></tr>
<tr><td colspan="4">致：____（发包人全称）
根据_______（指令人姓名）　年　月　日的口头指令或你方_______（或监理人）　年　月　日的书面通知，我方要求完成此项工作应支付价款金额为（大写）______________元，（小写）______________元，请予核准。
附：1. 签证事由及原因：
2. 附图及计算式：
承包人（章）
承包人代表_______
日　期_______</td></tr>
<tr><td colspan="2">复核意见：
你方提出的此项签证申请经复核：
□不同意此项签证，具体意见见附件。
□同意此项签证，签证金额的计算，由造价工程师复核。
监理工程师_______
日　期_______</td><td colspan="2">复核意见：
□此项签证按承包人中标的计日工单价计算，金额为（大写）_______元，（小写）_______元。
□此项签证因无计日工单价，金额为（大写）_______元，（小写）_______元。
造价工程师_______
日　期_______</td></tr>
<tr><td colspan="4">审核意见：
□不同意此项签证。
□同意此项签证，价款与本期进度款同期支付。
发包人（承）_______
发包人代表_______
日　期_______</td></tr>
</table>

注：1. 在选择栏中的"□"内作标识"√"。

2. 本表一式四份，由承包人在收到发包人（监理人）的口头或书面通知后填写，发包人、监理人、造价咨询人、承包人各存一份。

表—12—8

规费、税金项目清单与计价表

工程名称：　　　　　　　　　　　　　　标段：　　　　　　　　　　第　页共　页

序号	项目名称	计算基础	费率(%)	金额(元)
1	规费			
1.1	工程排污费			
1.2	社会保障费			
(1)	养老保险费			
(2)	失业保险费			
(3)	医疗保险费			
1.3	住房公积金			
1.4	危险作业意外伤害保险			
1.5	工程定额测定费			
2	税金	分部分项工程费+措施项目费+其他项目费+规费		
合　　计				

注：根据建设部、财政部发布的《建筑安装工程费用组成》(建标[2003]206号)的规定，"计算基础"可为"直接费"、"人工费"或"人工费+机械费"。

表—13

工程款支付申请(核准)表

工程名称： 标段： 编号：

致：____（发包人全称）

我方于________至________期间已完成了________工作，根据施工合同的约定，现申请支付本期的工程款额（大写）________元，（小写）________元，请予核准。

序号	名称	金额(元)	备注
1	累计已完成的工程价款		
2	累计已实际支付的工程价款		
3	本周期已完成的工程价款		
4	本周期完成的计日工金额		
5	本周期应增加和扣减的变更金额		
6	本周期应增加和扣减的索赔金额		
7	本周期应抵扣的预付款		
8	本周期应扣减的质保金		
9	本周期应增加或扣减的其他金额		
10	本周期实际应支付的工程价款		

承包人(章)

承包人代表________

日　　期________

复核意见：

□与实际施工情况不相符，修改意见见附表。

□与实际施工情况相符，具体金额由造价工程师复核。

监理工程师________

日　　期________

复核意见：

你方提出的支付申请经复核，本期间已完成工程款额为（大写）________元，（小写）________元，本期间应支付金额为（大写）________元，（小写）________元。

造价工程师________

日　　期________

审核意见：

□不同意。

□同意，支付时间为本表签发后的15天内。

发包人(承)________

发包人代表________

日　　期________

注：1. 在选择栏中的"□"内作标识"√"。

2. 本表一式四份，由承包人填报，发包人、监理人、造价咨询人、承包人各存一份。

表—14

参考文献

1. 朱志杰主编. 建筑高级装饰施工和报价. 北京:中国建筑工业出版社,1992
2. 建设部公布天津市建设工程定额管理研究站. 全国统一建筑基础定额. 北京:中国建筑工业出版社,1995
3. 天津市建筑工程预算基价(上、中、下册). 北京:中国建筑工业出版社,1999
4. 北京市建委组编. 建筑装饰工程概预算与投标报价. 北京:北京工业大学出版社,2000
5. 李宏扬等编著. 建筑装饰工程造价与审计. 北京:中国建材工业出版社,2000
6. 许炳权主编. 现代建筑装饰技术. 北京:中国建材工业出版社,1998
7. 某学院教学楼,某地毯厂产品展销中心等工程预算书,2001
8. 沈杰等编著. 建筑工程定额与预算. 南京:东南大学出版社,1999.
9. 涂朋主编. 中国建筑装饰行业年鉴(2006 年). 中国建筑工业出版社,2007